D1750890

Friedrich
Mit SPS erfolgreich automatisieren

Lieber Wolfram,

ob einer im Leben viel oder wenig erreicht,
liegt nicht nur in seiner Hand
und hängt auch nicht nur von seinen Fähigkeiten ab.
Eine große Rolle spielen Umstände,
die von Zufällen abhängen
und die man nicht im Griff hat.
Der alte Fritz sagte über einen seiner Generäle:
"Er ist ein guter General, aber er hat kein Fortune".
Ich wünsche Dir,
daß es Dir nicht so gehen möge.

Dein Vater

Alfred Friedrich

Mit **SPS** erfolgreich automatisieren

- SPS-Steuerungsprojektierung
- Programmentwicklung
- Praktisch erprobte Anwendungsbeispiele

Mit 208 Abbildungen und 32 Tabellen

Franzis'

Die Deutsche Bibliothek – CIP-Einheitsaufnahme

Friedrich, Alfred:
Mit SPS erfolgreich automatisieren : SPS-Steuerungs-
projektierung ; Programmentwicklung ; praktisch
erprobte Anwendungsbeispiele / Alfred Friedrich. -
Poing : Franzis, 1994
ISBN 3-7723-6813-1

© 1994 Franzis-Verlag GmbH, 85586 Poing

Sämtliche Rechte - besonders das Übersetzungsrecht - an Text und Bildern vor-
behalten. Fotomechanische Vervielfältigungen nur mit Genehmigung des Verlages.
Jeder Nachdruck, auch auszugsweise und jede Wiedergabe der Abbildungen, auch in
verändertem Zustand, sind verboten.

Satz: Typo spezial Ingrid Geithner, Erding
Druck: Offsetdruck Heinzelmann, München
Printed in Germany - Imprimé en Allemagne.

ISBN 3-7723-6813-1

Vorwort

Das vorliegende Buch spricht Facharbeiter, Techniker und Ingenieure an, die sich in das Gebiet der Automatisierung von Fertigungsprozessen mit Hilfe der SPS-Technik einarbeiten möchten.

Die Grundlagen der Verarbeitung binär digitaler Signale (Logik, Speicher, Zeitglieder, Schieberegister, Zähler) werden im erforderlichen Umfang dargestellt und auch die SPS-Technik und vor allem die Programmierung werden exemplarisch vorgestellt, so daß auch Anfänger auf dem Gebiet der Steuerungstechnik den Darlegungen folgen können.

Es wird anhand von vielen Beispielen vor allem aus dem Maschinenbau praktisch und anschaulich dargestellt, wie man Ablaufsteuerungen nach gut systematisierten Methoden auf effektive Weise gestalten und mit SPS-Technik realisieren kann.

Das Buch wird vor allem dann eine große Hilfe sein, wenn es darum geht, SPS zur Steuerung von Rationalisierungsmitteln einzusetzen.

Die mit spezieller Symbolik als Gleichungssysteme und/oder als Graphen dargestellten Programmablaufsteuerungen können natürlich in vielen Fällen auch problemlos mit verbindungsprogrammierbarer Elektronik, Relaistechnik oder Pneumatik realisiert werden, so daß auch den Anwendern dieser Technik das Buch wertvolle Anregungen geben wird.

Computerfans und SPS-Spezialisten, denen der Umgang mit Personalcomputern und Programmiersoftware oder mit Programmiergeräten und der SPS-Technik geläufig ist, die Kontakt- und Funktionspläne eingeben und diese auch in Anweisungslisten umformen können, haben manchmal noch Probleme, wenn es darum geht, Programmsteuerungen ausgehend von der technischen Aufgabenstellung zu gestalten.

Mit Hilfe dieses Buches können sie es erlernen, mathematische Modelle für Steuerungen abzuleiten und mit unterschiedlichen symbolischen Mög-

Vorwort

lichkeiten als Grundlage für die SPS-Programmierung darzustellen. Diese Leser sollen sich auf das Studium der Abschnitte 3 und 4 konzentrieren.

Streng genommen gehören zur Lösung eines Automatisierungsproblems mit SPS-Technik drei Aufgaben, die sequentiell abzuarbeiten sind:
— die Ableitung eines programmierfähigen mathematischen Modells, das das technische Problem, wo auch immer es angesiedelt ist, im Maschinenbau, im Anlagenbau oder in irgendeiner anderen technischen Richtung, der steuerungstechnischen Lösung zuführt (Modellierung),
— die Darstellung des Modells in einer für die angewandte SPS verständlichen Sprache (Programmierung), und schließlich
— der Einbau der SPS in den Automaten, d. h. der Anschluß der Hilfsenergie der Ein- und Ausgänge und die Eingabe des Programms mit Hilfe entsprechender Programmiertechnik (Inbetriebnahme).

Da in der vorhandenen SPS-Literatur die Abarbeitung der 1. Aufgabe stets etwas zu kurz kommt, soll dieser wichtigen Aufgabe, deren Lösung die Voraussetzung für jede SPS-Programmierung darstellt, hier der entsprechende Platz eingeräumt werden.

Es geht in der Praxis nicht vordergründig um die Programmierung der SPS, sondern um die Lösung eines technischen oder technologischen Problems mit Hilfe der SPS-Technik.

Diese Technik ist zum Glück für alle Maschinen- und Anlagenbauer von den Elektronikern so weit entwickelt worden, daß sie problemlos auch von Nichtelektronikern zur Lösung von Automatisierungsproblemen eingesetzt werden kann.

Das vorliegende kleine Buch ist für Maschinen- und Anlagenbauer geschrieben, die SPS-Technik einsetzen wollen. Es kann aber auch Elektronikern helfen, die Probleme der Maschinen- und Anlagenbauer noch besser verstehen zu lernen.

Abschließend möchte ich mich bei den vielen Studenten der Fachhochschule für Technik und Wirtschaft, Schmalkalden, und dem Laboringenieur, Herrn Dipl.-Ing. FH Brückner, dafür bedanken, daß sie mich besonders bei der Laborerprobung der vielen Beispiellösungen wirkungsvoll unterstützt haben.

Inhalt

1	**Mathematische Grundlagen der SPS-Technik**	9
1.1	Logische Funktionen — ihre Darstellung und Vereinfachung	9
1.2	Die mathematische Darstellung von Signalspeichern und Zeitgliedern	20
1.3	Zähler und Schieberegister	24
2	**Die Programmierung der Grundstrukturen in STEP 5**	25
2.1	Grundkenntnisse über Aufbau und Wirkungsweise von SPS	25
2.2	Inbetriebnahme von SPS	27
2.3	Die Befehle zur Bitverarbeitung	30
2.4	Anwendung der analogen Schnittstellen und der Wortverarbeitung bei der MODICON A020 plus	45
2.5	Einige Besonderheiten bei der Programmierung der MODICON A120	61
3	**Methodologische Grundlagen zur Projektierung von Programmsteuerschaltungen**	71
3.1	Die stellbefehlsorientierte Projektierung	71
3.1.1	Die Analyse des Steuerungsproblems	71
3.1.2	Das Wesen des stellbefehlsorientierten Entwurfs	75
3.1.3	Besonderheiten bei intermittierend gesteuerten Bauteilen	81
3.2	Der speicherminimierte Schaltungsentwurf	87
3.2.1	Zielstellung und Wesen dieses Entwurfsverfahrens	87
3.2.2	Graphische Darstellung des Steuerungsproblems — 2. Stufe	90
3.2.3	Ableitung der Setz- und Rückstellbefehle für die Speicher	92
3.2.4	Ableitung der Stellbefehle mit Hilfe des Karnaughverfahrens	92
3.2.5	Darstellung des Funktionsplanes	94
3.2.6	Ableitung der AWL aus den Strukturgleichungen	95
3.2.7	Besonderheiten des speicherminimierten Entwurfs	96
3.3	Das Taktkettenverfahren	102
3.4	Die Petrinetzmethode	108
3.4.1	Das Wesen der Petrinetzmethode	108
3.4.2	Erläuterung der Anwendung des Petrinetzentwurfsverfahrens	112

Inhalt

4	**Projektierungsbeispiele**	125
4.1	Beispiele zum stellbefehlsorientierten und speicherminimierten Entwurf	125
4.2	Beispiele zum SPS-oientierten Petrinetzentwurf	137
4.3	Automatisierung von Fertigungsprozessen nach unterschiedlichen Entwurfsverfahren	223

1 Mathematische Grundlagen der SPS-Technik

1.1 Logische Funktionen — ihre Darstellung und Vereinfachung

Wenn man eine Steuerung für irgendeinen Prozeßablauf entwickeln will, muß man in der Regel eine Vielzahl logischer Zusammenhänge berücksichtigen. Solche Zusammenhänge formuliert man mit Hilfe der Grundfunktionen der Schaltalgebra. Da es auch hier darum geht, Gedanken prägnant und einfach zu formulieren, benötigt man als Anwender von SPS-Technik ein bestimmtes Grundwissen über Grundfunktionen, Rechenregeln und Methoden der Schaltalgebra.

Es hilft vor allem bei der Projektierung, einfache und überschaubare Schaltungsstrukturen abzuleiten.

Als einfache Möglichkeit zur Veranschaulichung der schaltalgebraischen Grundfunktionen und Axiome soll der elektromechanische Kontakt herangezogen werden.

Ein solcher Kontakt kann ein binär-digitales Signal mit dem Infomationsgehalt von einem Bit (1 oder 0) hervorragend veranschaulichen.

Dabei soll ganz einfach von der Festlegung ausgegangen werden, daß ein Kontakt immer dann das 0-Signal veranschaulicht, wenn er sich in der Lage befindet, in der er gezeichnet wurde. 1-Signal soll bedeuten, daß der Kontakt in die andere, nicht gezeichnet Lage geht.

Arbeitskontakt
(Schließer)

Wechselkontakt
(Wechsler)

Ruhekontakt
(Öffner)
Darstellung des 0-Signals

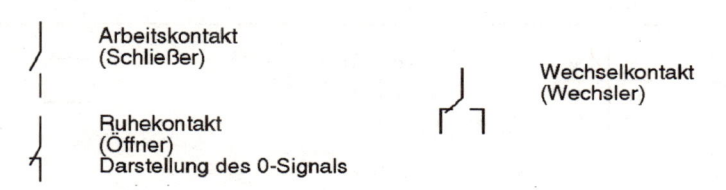

Abb. 1.1 Darstellung des 0-Signals

1 Mathematische Grundlagen der SPS-Technik

Diese Kontakte können mechanisch oder elektromechanisch betätigt werden.

Wenn der Stößel gedrückt wird (Schalter) oder der Magnet anzieht (Relais, Schütz), gehen die Kontakte in die andere nicht gezeichnete Lage, d. h. der Arbeitskontakt schließt, der Ruhekontakt öffnet und der Wechsler wechselt.

Diese Kontakte verkörpern also das 1-Signal, d. h. den Stromfluß durch die Magnetspule oder die Kraftwirkung auf den Stößel.

Wenn man Kontakte miteinander verschaltet, kommt man zu bestimmten Grundfunktionen, die dann schließlich auch in der SPS mit Bitverknüpfungseinheiten realisiert werden.

Diese Grundfunktionen werden in der folgenden Tabelle einmal etwas ausführlicher dargestellt:

Tabelle 1.1

Schaltung	Schaltungsbelegungstabelle	Bezeichnung und mathematische Formulierung	Symbol im FUP
(Reihenschaltung x_0, x_1)	x_0 x_1 y 0 0 0 0 1 0 1 0 0 1 1 1	UND-Funktion oder Konjunktion $y = x_0 \; x_1$ oder $y = x_0 \wedge x_1$ oder $y = x_0 \; \& \; x_1$	x_0, x_1 → & → y
(Parallelschaltung x_0, x_1)	x_0 x_1 y 0 0 0 0 1 1 1 0 1 1 1 1	ODER-Funktion oder DISJUNKTION $y = x_0 \vee x_1$	x_0, x_1 → ≥1 → y
(Ruhekontakt x)	x y 0 1 1 0	NEGATION $y = \overline{x}$	x → 1 ○ → y

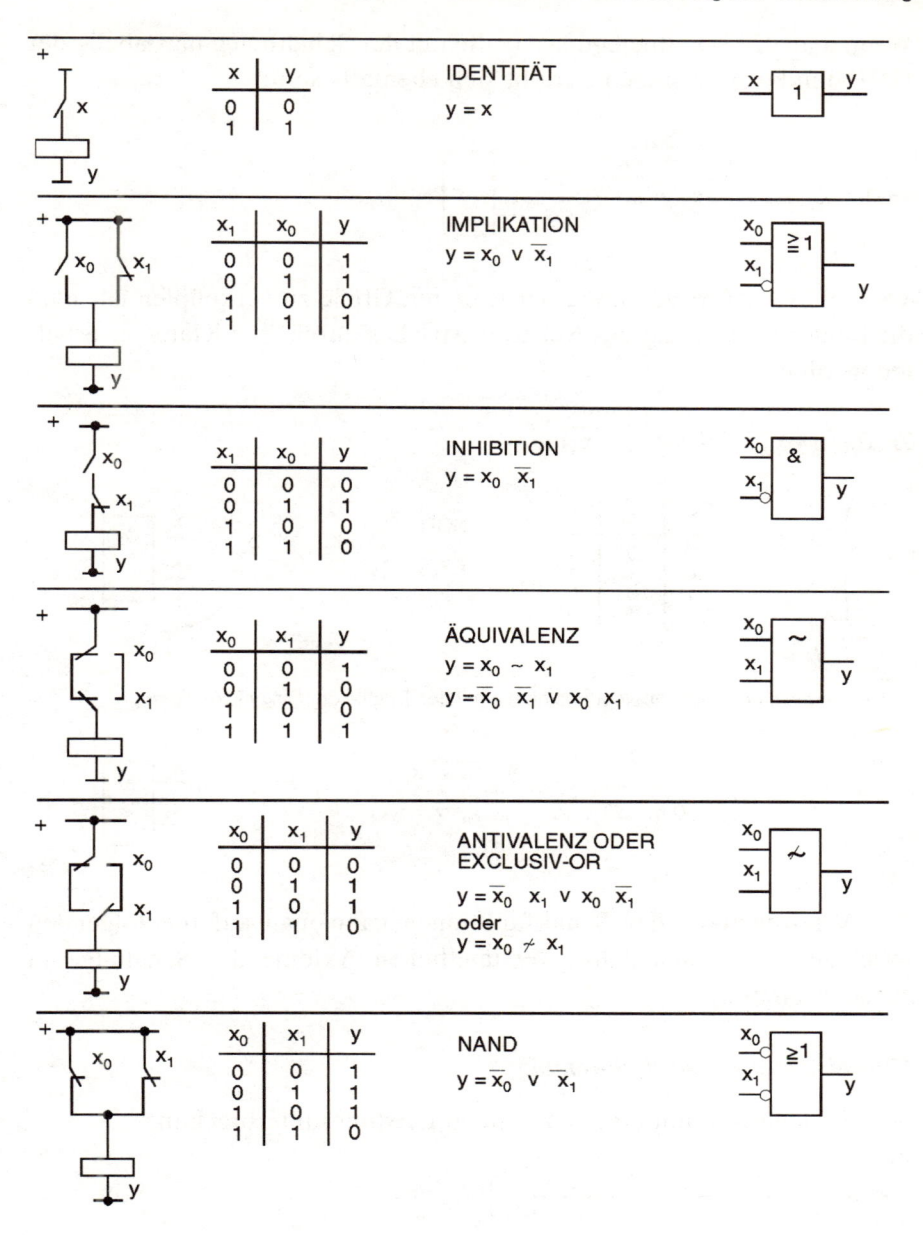

1.1 Logische Funktionen — ihre Darstellung und Vereinfachung

x	y
0	0
1	1

IDENTITÄT
$y = x$

x_1	x_0	y
0	0	1
0	1	1
1	0	0
1	1	1

IMPLIKATION
$y = x_0 \vee \overline{x_1}$

x_1	x_0	y
0	0	0
0	1	1
1	0	0
1	1	0

INHIBITION
$y = x_0\ \overline{x_1}$

x_0	x_1	y
0	0	1
0	1	0
1	0	0
1	1	1

ÄQUIVALENZ
$y = x_0 \sim x_1$
$y = \overline{x_0}\ \overline{x_1} \vee x_0\ x_1$

x_0	x_1	y
0	0	0
0	1	1
1	0	1
1	1	0

ANTIVALENZ ODER EXCLUSIV-OR

$y = \overline{x_0}\ x_1 \vee x_0\ \overline{x_1}$
oder
$y = x_0 \not\sim x_1$

x_0	x_1	y
0	0	1
0	1	1
1	0	1
1	1	0

NAND
$y = \overline{x_0} \vee \overline{x_1}$

Da ein Öffner die NEGATION bedeutet und eine Parallelschaltung das ODER veranschaulicht, liest man diese Gleichung aus der Schaltung direkt ab.

11

1 Mathematische Grundlagen der SPS-Technik

Wenn man die Schaltbelegungstabelle mit der Schaltbelegungstabelle der UND-Funktion vergleicht, ergibt sich ebenfalls sofort:

$$y = \overline{x_0 \vee x_1}$$
$$\text{D.h.} \quad \overline{x_0} \; \overline{x_1} = \overline{x_0 \vee x_1}$$

Wenn dieser Ausdruck mit einer weiteren Größe zu verknüpfen ist, muß die bindende Wirkung des Negationsstriches durch eine Klammer erhalten werden.

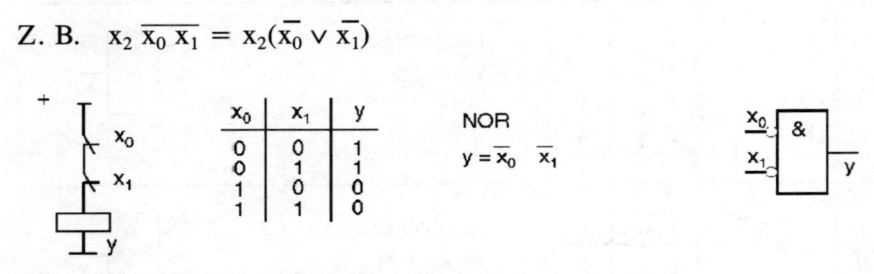

Z. B. $\quad x_2 \overline{x_0 \, x_1} = x_2(\overline{x_0} \vee \overline{x_1})$

x_0	x_1	y
0	0	1
0	1	1
1	0	0
1	1	0

NOR
$$y = \overline{x_0} \; \overline{x_1}$$

Der Vergleich der Schaltbelegungstabelle mit der Tabelle der Disjunktion liefert:

$$y = \overline{x_0 \vee x_1}$$
$$\text{D.h.} \quad \overline{x_0 \vee x_1} = \overline{x_0} \; \overline{x_1}$$

Zur Vereinfachung der Schaltfunktionen kann man auf die folgenden anschauchlichen und sofort verständlichen Axiome der Schaltalgebra zurückgreifen:

Hinweise zur Veranschaulichung

— 0 ist identisch mit einer dauernden Leistungsunterbrechung

$$y = 0$$

— 1 ist eine dauernde Seitenverbindung

$$y = 1$$

1.1 Logische Funktionen — ihre Darstellung und Vereinfachung

— Gleichbezeichnete Kontakte gehören zum gleichen Relais und werden deshalb immer gleichzeitig geschaltet!

Axiome:

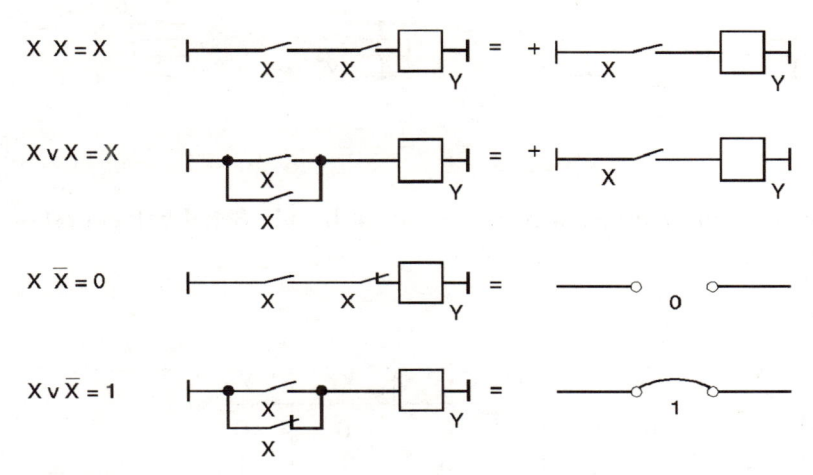

$X\,X = X$

$X \vee X = X$

$X\,\bar{X} = 0$

$X \vee \bar{X} = 1$

Abb. 1.2

$1\,X = X; \quad 0\,X = 0; \quad 1 \vee X = 1; \quad 0 \vee X = X$

$0\,0 = 0; \quad 1\,1 = 1; \quad 0\,1 = 0; \quad 0 \vee 0 = 0; \quad 1 \vee 1 = 1; \quad 1 \vee 0 = 1$

In der Schaltalgebra ist auch Vertauschen, Ausklammern und Zusammenfassen möglich.

Beispiele:

$X_0\,X_1\,X_2 = (X_0\,X_1)X_2 = X_0(X_1\,X_2) = (X_0\,X_2)X_1 = (X_2\,X_1)X_0$ usw.

Das gleiche gilt auch für die ODER-Funktion.
$X_0 \vee X_1 \vee X_2 = (X_0 \vee X_1) \vee X_2 = X_0 \vee (X_1 \vee X_2) = = (X_0 \vee X_2) \vee X_1$ usw.

Das Ausklammern ist in der Schaltalgebra in beiden Rechenarten möglich.

Es gilt:
$X_0\,X_1 \vee X_0\,X_2 = X_0(X_1 \vee X_2)$ und auch
$(X_0 \vee X_1)(X_0 \vee X_2) = X_0 \vee X_1\,X_2,$

was sich durch einen Vergleich der Kontaktschaltungen mit Hilfe einer Schaltbelegungstabelle sofort folgendermaßen bestätigen läßt:

1 Mathematische Grundlagen der SPS-Technik

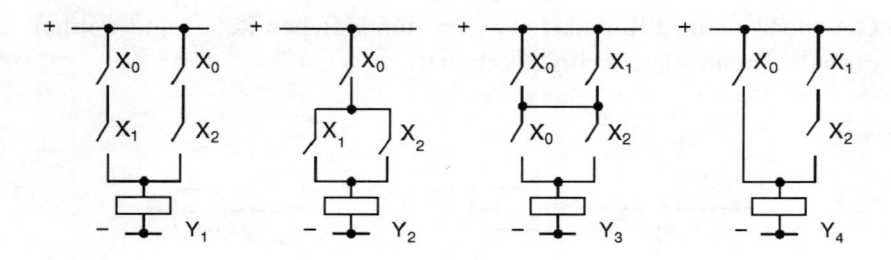

Abb. 1.3

Aus den Kontaktschaltungen liest man die folgende Schaltbelegungstabelle ab:

Tab. 1.2

X_2	X_1	X_0	y_1	y_2	y_3	y_4
0	0	0	0	0	0	0
0	0	1	0	0	1	1
0	1	0	0	0	0	0
0	1	1	1	1	1	1
1	0	0	0	0	0	0
1	0	1	1	1	1	1
1	1	0	0	0	1	1
1	1	1	1	1	1	1

Der Vergleich der Spalten läßt erkennen, daß tatsächlich $y_1 = y_2$ und $y_3 = y_4$ ist. Das Ausklammern ist also in der Tat in beiden Fällen möglich.

Mit Hilfe der angegebenen Axiome und Gesetze lassen sich logische Ausdrücke umformen.

Das ist zum Zweck der Vereinfachung oder aus Gründen der Anpassung an vorhandene Bauelemente oft notwendig.

Die folgenden Umformungen dienen der Vereinfachung von Schaltfunktionen:

$y_1 = \underline{X_0 \vee \overline{X}_0 X_1} = X_0 1 \vee \overline{X}_0 X_1 = X_0(X_1 \vee \overline{X}_1) \vee \overline{X}_0 X_1 = X_0 X_1 \vee X_0 \overline{X}_1 \vee \overline{X}_0 X_1$
$= X_0 X_1 \vee X_0 \overline{X}_1 \vee X_0 X_1 \vee \overline{X}_0 X_1 = X_0(X_1 \vee \overline{X}_1) \vee X_1(X_0 \vee \overline{X}_0) = \underline{X_0 \vee X_1}$.

1.1 Logische Funktionen — ihre Darstellung und Vereinfachung

Diese hier mit Hilfe von Axiomen abgeleitete Rechenregel wird gern zur Vereinfachung von Schaltfunktionen herangezogen. Als Ansatz wurde bei dieser Rechnung $1 = X_1 \vee \overline{X}_1$ verwendet.

Die nachfolgende Rechung zeigt, daß auch $1 = 1 \vee X_1$ zur gewünschten Vereinfachung führt:

$y_1 = X_0 \vee \overline{X}_0 X_1 = X_0 1 \vee \overline{X}_0 X_1 = X_0(1 \vee X_1) \vee \overline{X}_0 X_1 = X_0 \vee X_0 X_1 \vee \overline{X}_0 X_1$

$\quad\, = X_0 \vee X_1(X_0 \vee \overline{X}_0) = X_0 \vee X_1$

$y_2 = X_2 X_1 \vee X_2 \overline{X}_0 \vee X_1 X_0$

$\quad\, = X_2 X_1(X_0 \vee \overline{X}_0) \vee X_2 \overline{X}_0 \vee X_1 X_0 = X_2 X_1 X_0 \vee X_2 X_1 \overline{X}_0 \vee X_2 \overline{X}_0 \vee X_1 X_0$

$\quad\, = X_0(X_2 X_1 \vee X_1) \vee \overline{X}_0(X_2 X_1 \vee X_2)$

$\quad\, = X_0[X_1(X_2 \vee 1)] \vee \overline{X}_0[X_2(X_1 \vee 1)] = X_0 X_1 \vee \overline{X}_0 X_2$

$y_3 = (X_2 \vee X_1)(X_2 \vee \overline{X}_0)(X_1 \vee X_0)$

$\quad\, = (X_2 \vee X_1)(X_2 X_1 \vee X_1 \overline{X}_0 \vee X_2 X_0 \vee X_0 \overline{X}_0)$

$\quad\, = (X_2 \vee X_1)(X_2 X_1 \vee X_1 \overline{X}_0 \vee X_2 X_0)$

$\quad\, = X_2 X_1 \vee X_2 X_1 \overline{X}_0 \vee X_2 X_0 \vee X_2 X_1 \vee X_1 \overline{X}_0 \vee X_2 X_1 X_0$

$\quad\, = \overline{X}_0(X_2 X_1 \vee X_1) \vee X_2(X_1 \vee X_0 \vee X_1 X_0)$

$\quad\, = \overline{X}_0[X_1(X_2 \vee 1)] \vee X_2[X_1 \vee X_0(1 \vee X_1)]$

$\quad\, = \overline{X}_0 X_1 \vee X_2 X_1 \vee X_2 X_0 = \overline{X}_0 X_1 \vee X_2 X_1 \vee X_2 X_0 \vee \overline{X}_0 X_0$

$\quad\, = \overline{X}_0(X_1 \vee X_0) \vee X_2(X_1 \vee X_0) = (X_1 \vee X_0)(\overline{X}_0 \vee X_2)$

$y_4 = X_3 X_2 \overline{X}_1 X_0 \vee X_3 X_2 X_1 X_0 = X_3 X_2 X_0(\overline{X}_1 \vee X_1) = X_3 X_2 X_0$

$y_5 = \overline{X}_3 X_2 \overline{X}_1 X_0 \vee \overline{X}_3 X_2 X_1 X_0 \vee X_3 X_2 \overline{X}_1 X_0 \vee X_3 X_2 X_1 X_0$

$\quad\, = X_2 X_0[\overline{X}_3(\overline{X}_1 \vee X_1) \vee X_3(\overline{X}_1 \vee X_1)] = X_2 X_0$

$y_6 = \overline{X}_3 \overline{X}_2 \overline{X}_1 X_0 \vee \overline{X}_3 \overline{X}_2 X_1 X_0 \vee \overline{X}_3 X_2 \overline{X}_1 X_0 \vee \overline{X}_3 X_2 X_1 X_0 \vee X_3 \overline{X}_2 \overline{X}_1 X_0$

$\quad\, \vee X_3 \overline{X}_2 X_1 X_0 \vee X_3 X_2 \overline{X}_1 X_0 \vee X_3 X_2 X_1 X_0$

$\quad\, = X_0 \{\overline{X}_3[\overline{X}_2(\overline{X}_1 \vee X_1) \vee X_2(\overline{X}_1 \vee X_1)] \vee X_3[\overline{X}_2(\overline{X}_1 \vee X_1) \vee X_2(\overline{X}_1 \vee X_1)]\}$

$\quad\, = X_0$

1 Mathematische Grundlagen der SPS-Technik

Wie diese wenigen Beispiele erkennen lassen, ist das Vereinfachen von logischen Strukturen mit Hilfe der elementaren Rechneregeln eine recht langwierige und unübersichtliche Arbeit, deren Ergebnis bei der Ansatzsuche sehr stark vom Zufall abhängt.

Es wurden deshalb Rechenverfahren entwickelt, die übersichtlicher sind und schneller zum Ziel führen. In der Steuerungstechnik hat sich das Karnaughverfahren sehr gut bewährt.

Die Bestandteile der Funktionen y_4, y_5 und y_6 beispielsweise kann man mit Hilfe der folgenden schematischen Darstellungen eindeutig angeben:

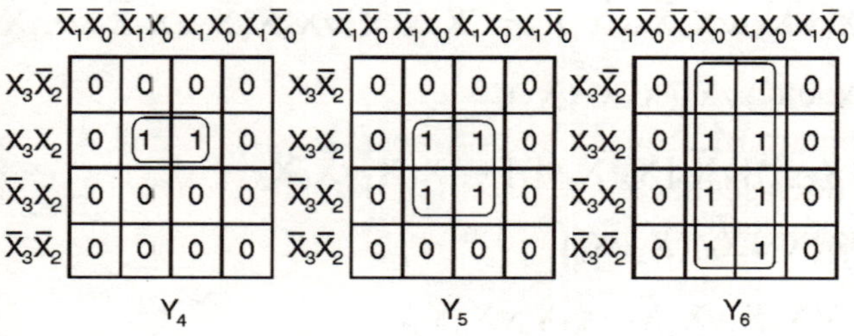

	$\bar{X}_1\bar{X}_0$	$\bar{X}_1X_0$	X_1X_0	$X_1\bar{X}_0$		$\bar{X}_1\bar{X}_0$	$\bar{X}_1X_0$	X_1X_0	$X_1\bar{X}_0$		$\bar{X}_1\bar{X}_0$	$\bar{X}_1X_0$	X_1X_0	$X_1\bar{X}_0$
$X_3\bar{X}_2$	0	0	0	0	$X_3\bar{X}_2$	0	0	0	0	$X_3\bar{X}_2$	0	1	1	0
X_3X_2	0	1	1	0	X_3X_2	0	1	1	0	X_3X_2	0	1	1	0
$\bar{X}_3X_2$	0	0	0	0	$\bar{X}_3X_2$	0	1	1	0	$\bar{X}_3X_2$	0	1	1	0
$\bar{X}_3\bar{X}_2$	0	0	0	0	$\bar{X}_3\bar{X}_2$	0	0	0	0	$\bar{X}_3\bar{X}_2$	0	1	1	0
		Y_4					Y_5					Y_6		

Abb. 1.4

Die Randbeschriftung der 1-Felder entspricht den einzelnen Funktionsteilen. Nach Karnaugh bildet man aus den 1-Feldern Zweier-, Vierer- oder Achterblöcke und läßt beim Aufschreiben der Randbeschriftung die gestrichen und ungetrichen vorkommenden Eingangsgrößen wegfallen.

Dabei erhält man sofort die vereinfachten Schaltfunktionen:

$y_4 = X_3 X_2 X_0$,

$y_5 = X_2 X_0$ und

$y_6 = X_0$ (siehe auch rechnerische Ableitung).

Beim Bilden von Feldern gelten die Vorschriften):
- Felder müssen so groß wie möglich sein,
- sie dürfen sich teilweise überdecken,
- Randfelder sind möglich,
- ein Viererreckfeld ist möglich.

1.1 Logische Funktionen — ihre Darstellung und Vereinfachung

Der folgende Karnaughplan demonstriert diese Möglichkeiten:

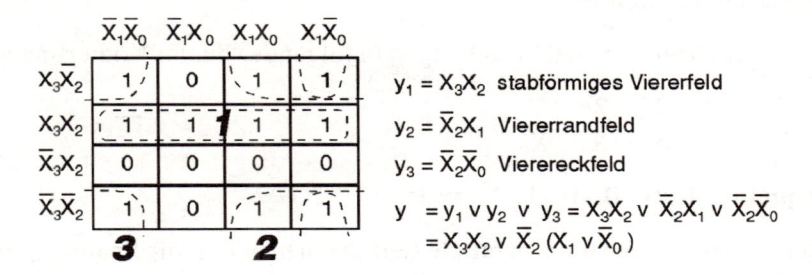

	$\overline{X}_1\overline{X}_0$	$\overline{X}_1 X_0$	$X_1 X_0$	$X_1 \overline{X}_0$
$X_3 \overline{X}_2$	1	0	1	1
$X_3 X_2$	1	1	1	1
$\overline{X}_3 X_2$	0	0	0	0
$\overline{X}_3 \overline{X}_2$	1	0	1	1

$y_1 = X_3 X_2$ stabförmiges Viererfeld
$y_2 = \overline{X}_2 X_1$ Viererrandfeld
$y_3 = \overline{X}_2 \overline{X}_0$ Viererreckfeld
$y = y_1 \lor y_2 \lor y_3 = X_3 X_2 \lor \overline{X}_2 X_1 \lor \overline{X}_2 \overline{X}_0$
$ = X_3 X_2 \lor \overline{X}_2 (X_1 \lor \overline{X}_0)$

Abb. 1.5

Wenn man bedenkt, daß diese Funktion vor der Vereinfachung immerhin aus 10 elementaren Konjunktionen bestand, hat sich mit Hilfe des Karnaughplanes doch sehr schnell eine minimierte logische Struktur ergeben. Zur Vereinfachung von Stellbefehlen leistet dieser Plan bei der Projektierung von Programmsteuerungen gute Dienste.

Angenommen eine Schaltfunktion y hängt von den drei binären Eingangssignalen X_0, X_1 und X_2 ab und soll immer dann, wenn zwei beliebige dieser Eingangsgrößen gleich 1 sind, das Einschalten der dritten Eingangsgröße verhindern, so läßt sich diese Schaltfunktion mit einem Dreierkarnaughplan sofort folgendermaßen ermitteln:

Abb. 1.6

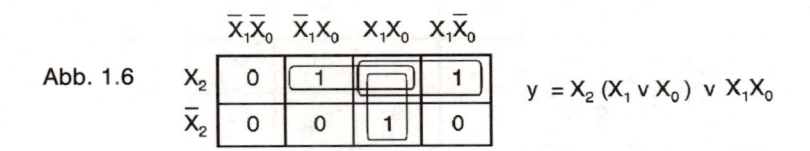

	$\overline{X}_1\overline{X}_0$	$\overline{X}_1 X_0$	$X_1 X_0$	$X_1 \overline{X}_0$
X_2	0	1	1	1
$\overline{X}_2$	0	0	1	0

$y = X_2 (X_1 \lor X_0) \lor X_1 X_0$

$X_2 X_1 X_0$ ist ein Leerfeld, da diese Kombination wegen der Wirkung von y nicht existiert. Solche Leerfelder kann man beliebig werten. Hier wurde wegen der günstigeren Vereinfachung eine 1-Wertung vorgenommen.

Bei der Entwicklung größerer Programmablaufsteuerungen benötigt man manchmal auch Fünfer- oder Sechserkodierungen. Die Stellbefehle werden dann mit entsprechend großen Karnaughplänen ermittelt.

1 Mathematische Grundlagen der SPS-Technik

Die Anwendung dieser Pläne soll anhand des folgenden einfachen Beispiels erläutert werden:

Die Dezimalzahlen von 0 bis 63 liegen in folgender dualer Kodierung vor:

$2^5 \quad 2^4 \quad 2^3 \quad 2^2 \quad 2^1 \quad 2^0$
$X_5 \quad X_4 \quad X_3 \quad X_2 \quad X_1 \quad X_0$

Beispiel $\quad 1 \quad 0 \quad 0 \quad 0 \quad 1 \quad 1 \quad = 35.$

Praktisch soll es sich um 6 parallele Leitungen handeln, die Spannung führen können oder nicht (1 oder 0). Eine Kontrollampe y soll alle Zahlen anzeigen, deren Einer 0, 1, 2, 3, 4, oder 5 sind. Die Lösung kann mit Hilfe des folgenden Sechserkarnaughplanes ermittelt werden:

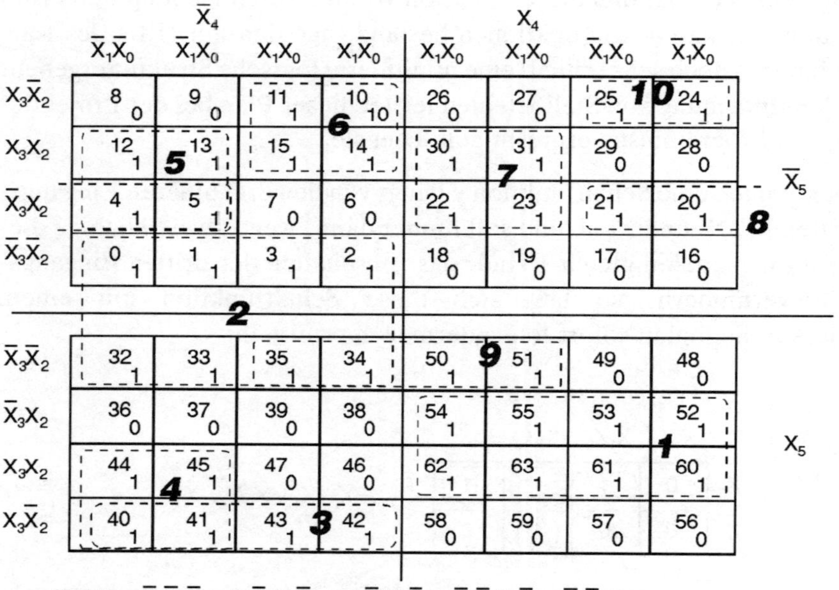

$y = X_5X_4X_3 \vee \bar{X}_4\bar{X}_3\bar{X}_2 \vee X_5\bar{X}_4X_3\bar{X}_2 \vee X_5\bar{X}_4X_3\bar{X}_1 \vee \bar{X}_5\bar{X}_4X_2\bar{X}_1 \vee \bar{X}_5\bar{X}_4X_3X_1$
$\vee \bar{X}_5X_4X_2X_1 \vee \bar{X}_5X_3X_2\bar{X}_1 \vee X_5\bar{X}_3X_2X_1 \vee \bar{X}_5X_4X_3\bar{X}_2X_1$

Abb. 1.7

Häufiger kommt es vor, daß eine Programmablaufsteuerung zwischen 16 und 32 Takte aufweist, also ein Fünferkarnaughplan benötigt wird. In diesem Falle entfällt X_5, $\bar{X}_5$ und die untere Hälfte des obigen Sechserkarnaughplans.

1.1 Logische Funktionen — ihre Darstellung und Vereinfachung

Bei Fünfer- und Sechserkarnaughplänen muß beachtet werden, daß die gebildeten Felder in bezug auf die Hauptgrenzen genauso symmetrisch sein müssen wie die Randfelder bezüglich des Randes. Hauptgrenzen sind die Grenzen zwischen X_4 und $\overline{X}_4$ und zwischen X_5 und $\overline{X}_5$.

Damit die Möglichkeiten der Felderbildung in Karnaughplänen noch etwas ausführlicher dargestellt werden können, sollen abschließend noch die Schaltfunktionen zur Umkodierung des Dualcodes der Ziffern 0 bis 9 in den Code für eine Siebensegmentanzeige dieser Ziffern abgeleitet werden.

Die Anzeigeelemente werden folgendermaßen bezeichnet:

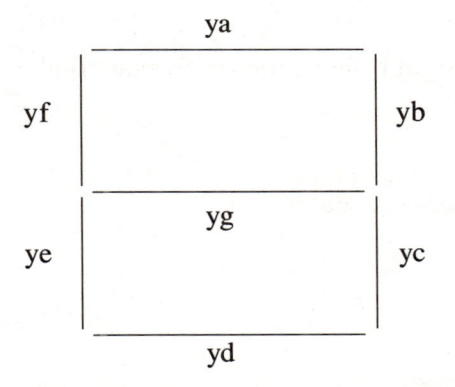

```
              ya
      ┌──────────────┐
  yf  │              │  yb
      │              │
      ├──────────────┤
      │      yg      │
  ye  │              │  yc
      └──────────────┘
              yd
```

Damit ergibt sich die folgende Schaltbelegungstabelle für die Segmentfunktionen mit den dualen Eingängen X_3, X_2, X_1 und X_0.

Tab. 1.3

n	X_3	X_2	X_1	X_0	y_a	y_b	y_c	y_d	y_e	y_f	y_g
0	0	0	0	0	1	1	1	1	1	1	0
1	0	0	0	1	0	1	1	0	0	0	0
2	0	0	1	0	1	1	0	1	1	0	1
3	0	0	1	1	1	1	1	1	0	0	1
4	0	1	0	0	0	1	1	0	0	1	1
5	0	1	0	1	1	0	1	1	0	1	1
6	0	1	1	0	1	0	1	1	1	1	1
7	0	1	1	1	1	1	1	0	0	0	0
8	1	0	0	0	1	1	1	1	1	1	1
9	1	0	0	1	1	1	1	1	0	1	1

1 Mathematische Grundlagen der SPS-Technik

Für y_a und y_b ergeben sich damit die folgenden Karnaughpläne mit jeweils sechs frei verfügbaren Feldern:

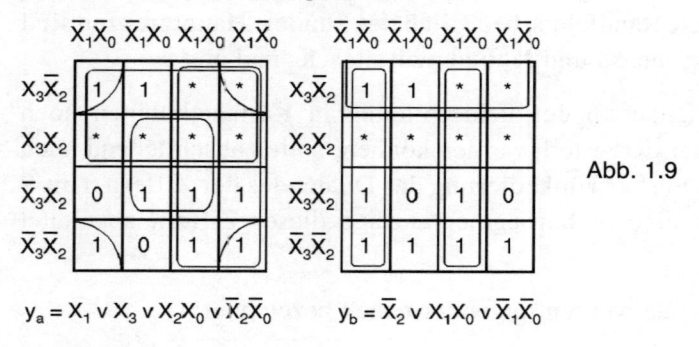

	$\bar{X}_1\bar{X}_0$	$\bar{X}_1X_0$	X_1X_0	$X_1\bar{X}_0$		$\bar{X}_1\bar{X}_0$	$\bar{X}_1X_0$	X_1X_0	$X_1\bar{X}_0$
$X_3\bar{X}_2$	1	1	*	*	$X_3\bar{X}_2$	1	1	*	*
X_3X_2	*	*	*	*	X_3X_2	*	*	*	*
$\bar{X}_3X_2$	0	1	1	1	$\bar{X}_3X_2$	1	0	1	0
$\bar{X}_3\bar{X}_2$	1	0	1	1	$\bar{X}_3\bar{X}_2$	1	1	1	1

$y_a = X_1 \vee X_3 \vee X_2X_0 \vee \bar{X}_2\bar{X}_0$ $\quad y_b = \bar{X}_2 \vee X_1X_0 \vee \bar{X}_1\bar{X}_0$

Abb. 1.9

* : Freiverfügbares Feld

Nach der gleichen Methode ergibt sich für die restlichen Segmentfunktionen:

$y_c = \bar{X}_1 \vee X_0 \vee X_2,$

$y_d = X_3 \vee X_1(\bar{X}_2 \vee \bar{X}_0) \vee \bar{X}_2\bar{X}_0 \vee X_2\bar{X}_1X_0,$

$y_e = \bar{X}_0(\bar{X}_2 \vee X_1),$

$y_f = X_3 \vee \bar{X}_1\bar{X}_0 \vee X_2(\bar{X}_1 \vee \bar{X}_0)$ und

$y_g = X_3 \vee X_1\bar{X}_0 \vee X_2\bar{X}_1 \vee X_1\bar{X}_2.$

1.2 Die mathematische Darstellung von Signalspeichern und Zeitgliedern

Steuerungen im Maschinenbau sind im allgemeinen keine reinen Kombinationssteuerungen (nur logische Signalverarbeitung), sondern Programmablauf- oder Zeitplansteuerungen.

Solche Programmsteuerungen sind technische Systeme mit n Eingangs- und m Ausgangsgrößen, bei denen zu bestimmten Zeitpunkten, die durch den Ablauf des Prozesses und mit Hilfe von Zeitgliedern bestimmt sind (Programmablaufsteuerungen) oder ausschließlich mit Hilfe von Zeitgliedern bestimmt werden (Zeitplansteuerungen), auf der Grundlage der vorhandenen Ein- und Ausgangsgrößen und der Lage der Zeitpunkte neue Ausgangsgrößen bestimmt werden, die direkt oder nach einer bestimmten zeitlichen Verarbeitung auch als Eingänge wirken können.

1.2 Die mathematische Darstellung von Signalspeichern und Zeitgliedern

Wenn die Lage der Zeitpunkte bei gleichen Ein- und Ausgangsgrößen darüber entscheiden soll, wie sich die Ausgangsgrößen ändern sollen, muß die Steuerung über diese Lage informiert sein. Das wird dadurch möglich, daß die Steuerung sich etwas merken kann. Wenn die gleiche Ein- und Ausgangsgrößensituation z. B. das zweite Mal vorkommt, muß die Steuerung eben wissen, daß diese Situation schon einmal da war. Das kann sie nur, wenn sie es sich gemerkt hat. Dazu braucht sie Merker oder Signalspeicher, deren Darstellung als Logikplansymbol im Zusammenhang mit dem Signal-Zeit-Diagramm die Funktion ausführlich beschreibt.

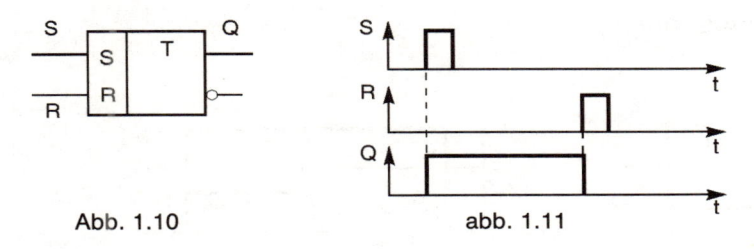

Abb. 1.10   abb. 1.11

Das Setzen eines gesetzten Speichers ist genauso wirkungslos wie das Rücksetzen eines rückgesetzten.

Moderne SPS haben für Signalspeicher besondere Befehlssätze. Man kann Singalspeicher allerdings auch mit Logikbefehlen realisieren. Folgende Strukturen werden in der Elektromechanik, der verbindungsprogrammierbaren Elektronik und der Pneumatik gern als Signalspeicher eingesetzt:

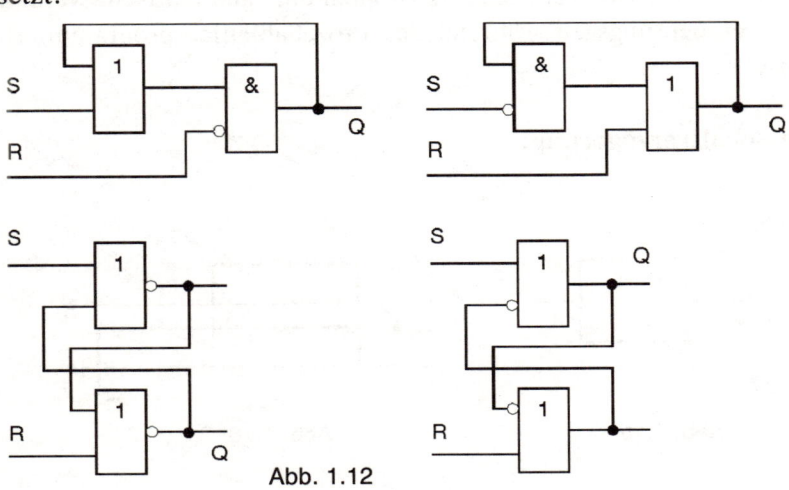

Abb. 1.12

1 Mathematische Grundlagen der SPS-Technik

Wenn SPS keine besonderen Speicherbefehle haben, wie das bei älteren Modellen manchmal der Fall ist, kann man Singalspeicher z. B. durch Nutzung dieser Strukturen leicht mit Logikbefehlen programmieren. In der Steuerungstechnik kommen hauptsächlich drei Arten von Zeitgliedern zum Einsatz:

die Einschalt- oder Ansprechverzögerung,
die Ausschalt- oder Abfallverzögerung und
der Impulsformer oder die monostabile Kippstufe.

Einschaltverzögerung:

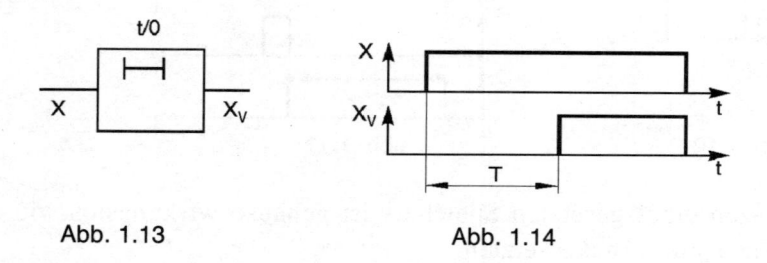

Abb. 1.13   Abb. 1.14

Diese Art der Verzögerung kann bei Verwendung von SPS-Technik in der Regel direkt programmiert werden. Die Verzögerungszeit T wird bei Systemen mit reiner Bitverarbeitung (einfache Steuerungen ohne analoge Schnittstellen) mit Hilfe der Programmiertechnik fest eingegeben. Bei Systemen mit Wortverarbeitung ist auch eine automatische Veränderung der Verzögerungszeit während des Prozeßablaufes programmierbar (s. Abschnitt 2.4).

Ausschaltverzögerung:

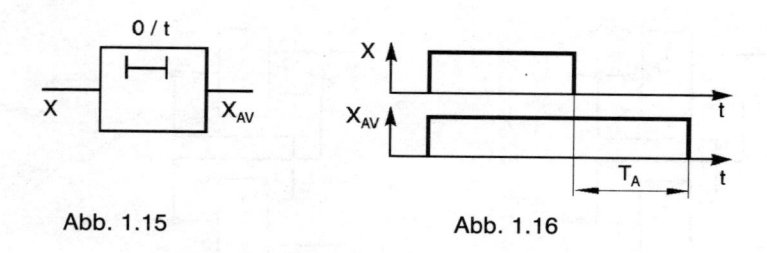

Abb. 1.15   Abb. 1.16

1.2 Die mathematische Darstellung von Signalspeichern und Zeitgliedern

Die Ausschaltverzögerung wird durch doppelte Negation einer Einschaltverzögerung realisiert.

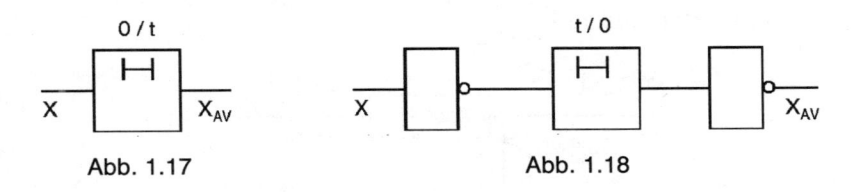

Abb. 1.17

Abb. 1.18

Monostabile Kippstufe:

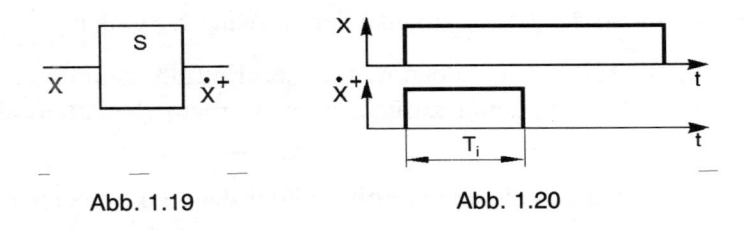

Abb. 1.19

Abb. 1.20

Wenn sehr kurze Impulse zum Setzen oder Rücksetzen von Signalspeichern benötigt werden, nutzt man in der SPS-Technik zur Realisierung von monostabilen Kippstufen die Zykluszeit der Steuerung (s. Abschnitt 2.3).

Werden längere Impulse mit einer programmierbaren Impulsdauer T_1 benötigt, setzt man die folgende Ersatzstruktur ein:

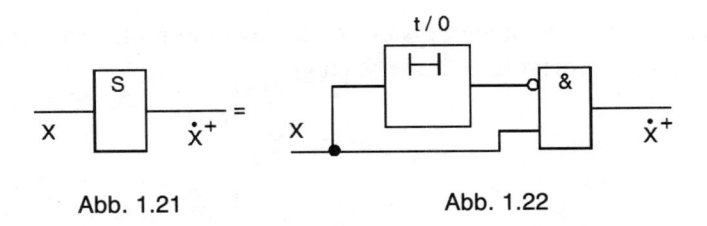

Abb. 1.21

Abb. 1.22

1.3 Zähler und Schieberegister

Leicht programmierbar sind bei fast allen SPS Vorwärtszähler mit fest einprogrammierter Endzahl.

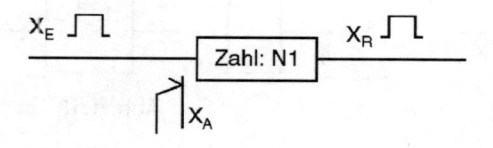

Abb. 1.23

N1 wird fest eingegeben. Wenn X_E eine Anzahl von N1 0/1-Impulsflanken hatte, wird genau bei der N1. 0/1-Flanke der Ausgang X_A gleich 1.

Weitere Impulsflanken bei X_E haben nun keinen Einfluß mehr. Erst ein Impuls bei X_R stellt den Zähler zurück, so daß erneut gezählt werden kann.

Diese Zähler ersetzen den einfachen Rollenzähler der Elektromechanik.

Bei Systemen mit Wortverarbeitung kann die Endzahl im Verlauf des Prozesses automatisch geändert werden (s. Abschnitt 2.4).

Manche SPS gestatten auch die Programmierung von Vor- und Rückwärtszählern auf sehr einfache Weise (s. Abschnitt 2.5).

Mit etwas mehr Aufwand können Zähler selbstverständlich bei allen SPS auch als Schieberegister nach dem Master-Slave-Prinzip programmiert werden (s. Abb. 2.16).

Relativ einfach können Schieberegister und Dualzähler realisiert werden, wenn die SPS über Wortverarbeitung verfügt.

2 Die Programmierung der Grundstrukturen in STEP 5

2.1 Grundkenntnisse über Aufbau und Wirkungsweise von SPS

Wenn man eine SPS einsetzen will, muß man die Bedeutung aller Anschlußklemmen dieser SPS genau kennen. Eine exakte Information darüber liefern die Anschlußschemen, die von allen Herstellern in sehr übersichtlicher Form mitgeliefert werden.

Zwei Beispiele dazu werden im nächsten Abschnitt erläutert. Wenn man sein spezielles Anwenderprogramm für die SPS selbst entwickeln und die Programmierung auch eigenhändig durchführen möchte, benötigt man darüber hinaus einige globale Kenntnisse über die innere Funktion solcher Steuerungen und unbedingt methodologische Kenntnisse auf dem Gebiet der Projektierung von Steuerungen (s. Abschnitt 3 und 4).

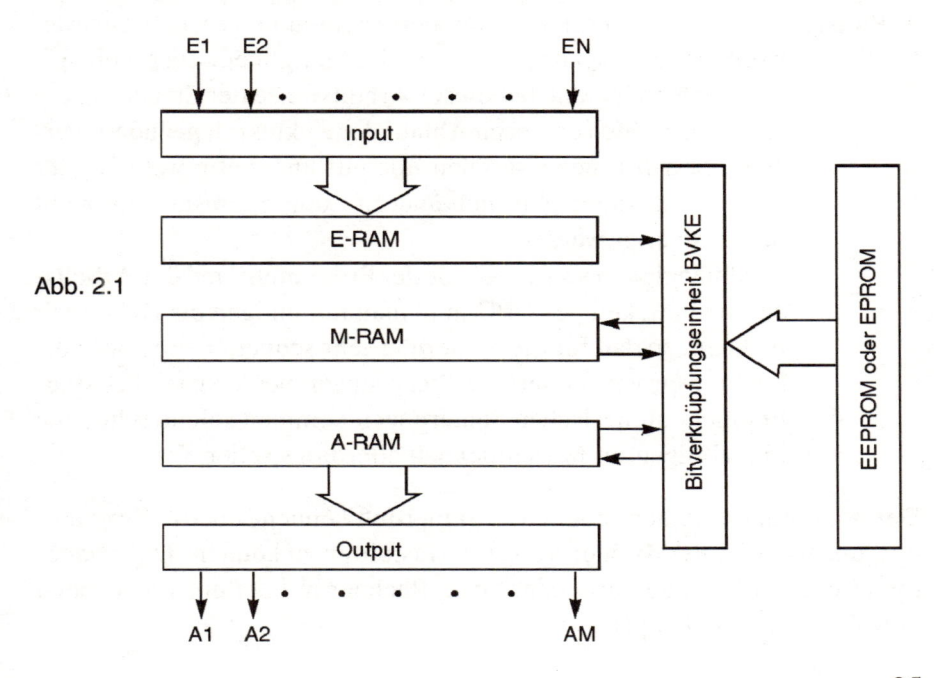

Abb. 2.1

2 Die Programmierung der Grundstrukturen in STEP 5

Die Funktion einer Steuerung mit reiner Bitverarbeitung kann anhand des Blockschaltplanes (*Abb. 2.1*, S. 25) relativ leicht beschrieben werden.

Das nicht eingezeichnete Steuerwerk sorgt dafür, daß während eines Arbeitszyklus die folgenden drei Arbeitsphasen stets hintereinander ablaufen:

1. Phase: Nacheinander werden alle Eingänge abgefragt und deren Signale auf dem E-RAM abgespeichert.

2. Phase: Nach den auf dem EEPROM oder EPROM gespeicherten Vorschriften (Anwenderprogramm, Schaltplan) werden die auf den RAM-Speichern abgelegten binär digitalen Signale zu neuen Merkersignalen oder Ausgangssignalen verknüpft und auf dem M-RAM oder A-RAM abgespeichert. Ausgeführt werden diese Verknüpfungen von der CPU, die im einfachsten Fall eine BVKE (Bitverknüpfungseinheit) ist.
Bei komfortableren Steuerungen mit Wortverarbeitung kommuniziert die BVKE noch mit mindestens einer WVKE (Wortverknüpfungseinheit). Darauf wird im Abschnitt 2.4 etwas näher eingegangen.

3. Phase: Nachdem das gesamte Anwenderprogramm abgearbeitet wurde, werden die Ausgangsbefehle an die Stellglieder ausgegeben.
Zu beachten ist, daß bei dieser Arbeitsweise der Steuerung die Ausgangsgrößen erst nach Ablauf der Zykluszeit geändert werden und daß Eingangsgrößen, die nur kurzzeitig während der Rechenzeit ihren Zustand ändern, unter Umständen nicht berücksichtigt werden.
In Abhängigkeit von der Größe der Programme und der Arbeitsgeschwindigkeit der CPU muß man mit einigen ms Zykluszeit rechnen, so daß für die Steuerung sehr schneller Prozesse verbindungsprogrammierbare Steuerungen besser geeignet sind. Bei nicht numerischen Steuerungen kommen solche schnellen Signalfolgen im Maschinenbau allerdings selten vor.

Der Anwender muß den möglichen Signalfluß kennen, um die Programmierung des EEPROMs oder EPROMs ausführen zu können. Dazu benötigt er ein Programmiergerät oder einen Rechner mit der entsprechenden Software (Lit.: [1] bis [9]).

2.2 Inbetriebnahme von SPS

Aus sicherheitstechnischen Gründen sind Nichtelektrikern besonders solche SPS zu empfehlen, die mit einer Versorgungsspannung von 24 V DC arbeiten. Um kapazitives Überkoppeln zu vermeiden, müssen bei stark EMV-störbehafteter Umgebung die Leitungen für die Eingänge von den störbehafteten Leitungen räumlich getrennt werden.

Die Beschriftung der Klemmenbelegungspläne findet man an den Steuerungen wieder, so daß es auch Nichtelektrikern keinerlei Schwierigkeiten bereitet, solche Steuerungen anzuschließen.

Die *Abb. 2.2* stellt den Klemmenbelegungsplan für die MODICON A020 plus dar, einer kleinen SPS der AEG mit 20 Eingängen und 16 Ausgängen im Bitbereich und 4 analogen Eingängen und einem analogen Ausgang.

Wenn die Steuerung nur zur Bitverarbeitung eingesetzt werden soll, benötigt man nur eine Versorgungsspannung von 24 V DC. Das Bezugspotential wird an M und alle M2-Anschlüsse angeschlossen. Das +24 V-Potential wird an UB und an alle mit L gekennzeichneten Klemmen angelegt.

Das +24 V-Potential an PF gibt alle Ausgänge frei. Ein Öffner zwischen Pf und +24 V kann also als Sicherheitsschalter eingesetzt werden. Über den Anschluß eines Erweiterungsgerätes an die Klemmen LOGIK 1 bis 4 kann die Steuerung auf 40 Eingänge und 32 Ausgänge erweitert werden.

Wenn die Analoganschlüsse genutzt werden sollen (s. Abb. 2.2), ist ein zweites Potential von +10 V erforderlich.

Genauso übersichtlich ist der Klemmenbelegungsplan für die kleine SIEMENS SPS SIMATIC S5U101 aufgebaut. Diese Steuerung hat 20 Eingänge und 12 Ausgänge (s. *Abb. 2.3*). Eine Verarbeitung analoger Signale ist bei dieser Steuerung nicht möglich.

Die angeführten Steuerungen und auch die kleinen Steuerungen der Baureihe SUCOS von Klöckner und Möller sind sehr gut für den Einstieg in die SPS-Technik geeignet.

2 Die Programmierung der Grundstrukturen in STEP 5

Anschluß (Versorgung, Ein- und Ausgänge, Masse):
Der Anschluß erfolgt über abziehbare Schraubklemmen (Schraub-/Steckklemmen und die Leitungen für die Eingänge und die Versorgung 24 V DC von oben, die für die Ausgänge von unten zuführen).

Bei stark EMV-störbehafteter Umgebung:
Leitungen für Eingänge und Geberspannungen müssen von den störbehafteten Leitungen räumlich getrennt werden (kapazitives Überkoppeln).

Der Anschluß ist entsprechend der nachfolgenden Klemmenbelegung vorzunehmen:

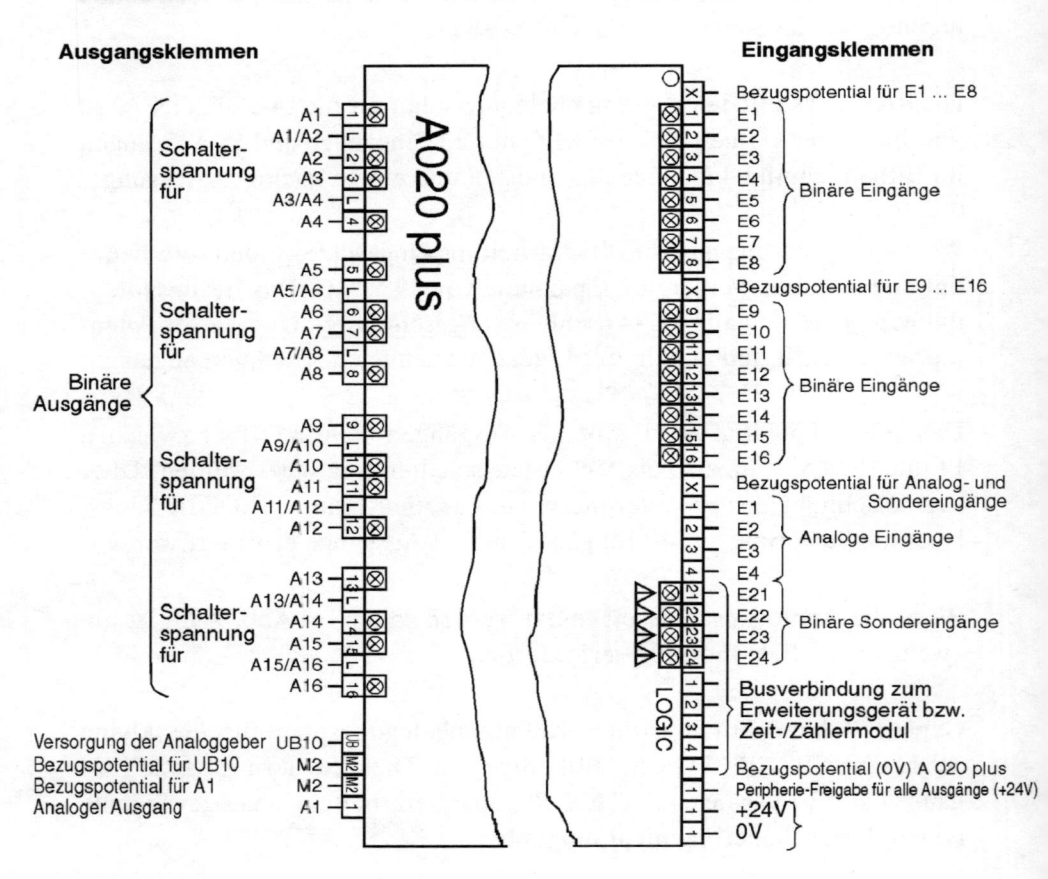

Abb. 2.2

2.2 Inbetriebnahme von SPS

Transistor-Version
(6ES5 101-8UA33)

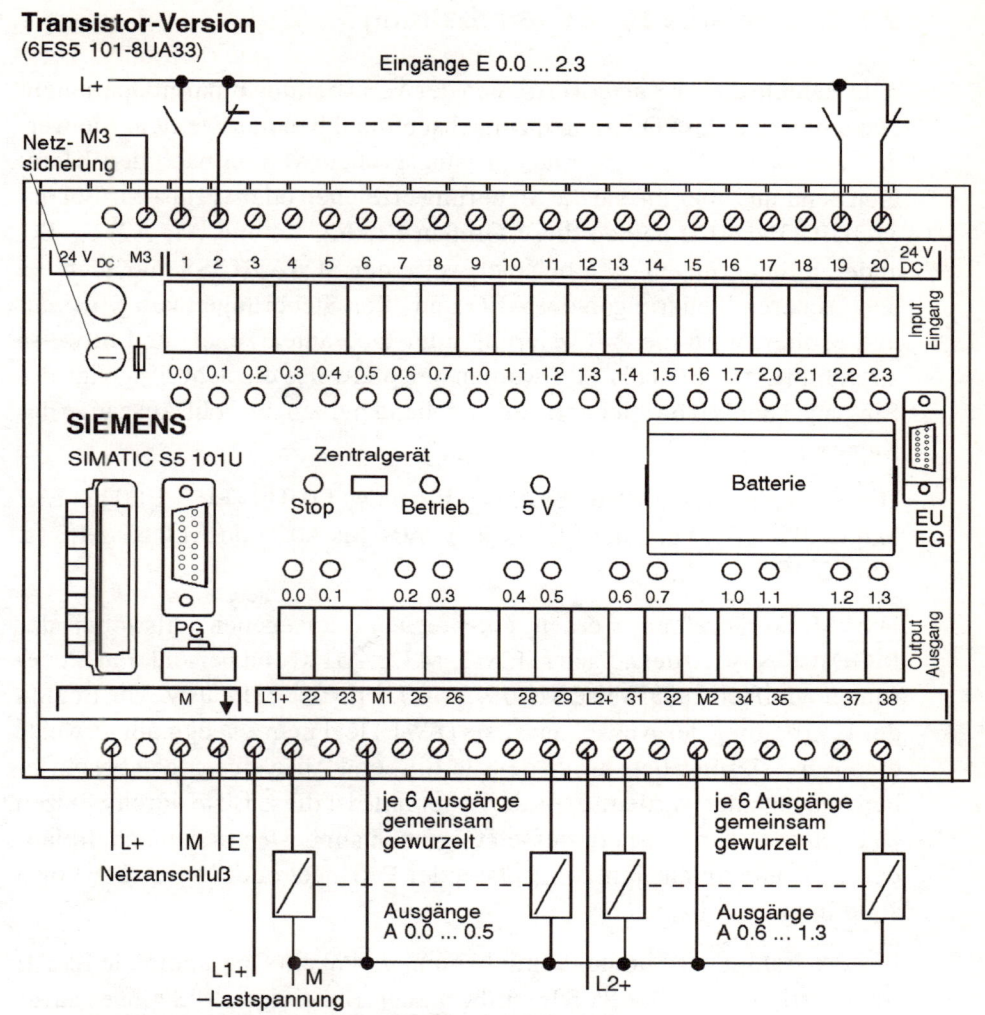

Anschlußbelegung des Zentralgeräts 101U (Transistor-Version) Abb. 2.3
Ausbaugrad: 20 Eingänge/12 Ausgänge

Netzanschluß:
L+ : Positive Spannung 24 V DC   ⏚ : Betriebs-Erde
M : Bezugsspannung von L+ 0 V DC   Lastspannung: 24 V DC
Die Anschlüsse M, M_1, M_2, M_3 und E sind intern galvanisch verbunden.
Die interne Verbindung zwischen M, M_1, M_2, M_3 und E muß durch externe Verdrahtung unbedingt entlastet werden.
Die Lastspannung, Geberspannung und Netzspannung können auch aus einer gemeinsamen Spannungsquelle gespeist weden.

2.3 Die Befehle zur Bitverarbeitung

Alle Befehle dieser Kategorie dienen der Verarbeitung binärer Operanden. Dazu müssen diese Operanden zunächst einmal benannt werden. Sie werden adressiert. Eingangs- und Ausgangsgrößen werden nach den Klemmen benannt, über die sie die Steuerung erreichen oder verlassen. Bei der MODICON A020 heißen diese Größen E1, E2, ... und A1, A2, ... Bei anderen Steuerungen, wie beispielsweise der SIMATIC S5 und auch bei den größeren Steuerungen der AEG und allen Steuerungen von Klöckner und Möller, wird die Adressierung aller Operanden kanal- und bitweise ausgeführt. Mit E0.0 bis E0.7 werden beispielweise die acht Eingänge des Eingangskanals 0 bezeichnet. Entsprechend heißen die acht Ausgänge des Kanals 1 A1.0, A1.1 bis A1.7.

Die SIMATIC S5U101 hat nur die 20 Eingänge E0.0 bis E0.7, E1.0 bis E1.7 und E2.0 bis E2.3 und die 12 Ausgänge A0.0 bis A0.7 und A1.0 bis A1.3 (s. Abb. 2.3).

Die Merkeradressen werden entsprechend angegeben, also bei der MODICON A020 dekadisch M1, M2, M3 ... M120 und bei anderen Steuerungen vielfach kanalweise M0.0 ... M0.7, M1.0 ... M1.7 usw. Vor Beginn der Erarbeitung der Anweisungsliste (AWL) legt man zweckmäßigerweise eine Adressierungsliste an, in der die Ein- und Ausgänge genau beschrieben und benannt werden. Erforderlichenfalls ist diese Liste durch Skizzen zu ergänzen. Die Merkeradressen trägt man am besten in den Schaltplan, der als Kontaktplan, Funktionsplan oder Petrinetz oder in welcher Form auch immer vorliegt, ein.

Ein Programm wird immer damit beginnen, daß ein Operant in die BVKE transportiert wird. Die BVKE wird geladen. Bei einigen SPS gibt es dafür den speziellen Befehl „Laden", symbolisiert durch L. Führende SPS-Hersteller haben diesen Befehl durch U ersetzt. U steht eigentlich für die UND-Verknüpfung und bedeutet: „Transportiere den entsprechenden Operanten in die BVKE und führe eine UND-Verknüpfung mit deren Inhalt aus". Da der Inhalt der BVKE im normierten Zustand der Steuerung und nach jedem Ausgangsbefehl gleich 1 wird, ist der Logikbefehl U am Anfang eines Befehlssatzes also identisch mit einem Transportbefehl.

UE1 am Anfang eines Befehlssatzes bedeutet also, daß der Wert von E1 vom E-RAM von der BVKE übernommen wird. Nun können z. B.

2.3 Die Befehle zur Bitverarbeitung

logische Verknüpfungen mit anderen Operanten vorgenommen werden.

Die Rechenergebnisse können ausgegeben oder zwischengespeichert oder zum Setzen oder Rücksetzen von Signalspeichern verwendet werden. Zeitglieder und Zähler könne ebenfalls programmiert werden.

Alle für die Bitverarbeitung erforderlichen Befehle sollen anhand der folgenden einfachen Programmablaufsteuerung erläutert werden.

Ein elektrischer Antrieb bewege mit Hilfe einer Spindel einen Maschinentisch zwischen einer linken und einer rechten Endlage. Der linke Endlagenschalter heißt b_L und der rechte b_R. In Ausgangsposition steht der Maschinentisch links. Nach Betätigen von T_R führt der Tisch eine programmierte Anzahl von Pendelbewegungen aus und bleibt dann wieder in Ausgangsposition stehen. Der Tisch kann zu jedem Zeitpunkt zwischen den Endlagen durch T_A gestoppt werden und fährt nach dem „Stopp unterwegs" durch T_L nach links und durch T_R nach rechts an. Der Zähler wird dadurch nicht beeinflußt. Eine Pendelbewegung gilt dann als beendet, wenn b_R erreicht wurde. Nach dem Einschalten der Hilfsenergie ist eine Inbetriebnahme des Automaten erst möglich, wenn vorher der Inbetriebnahmetaster T_S kurzzeitig betätigt wurde.

Für die Lösung des Problems ergibt sich z. B. nach der Petrinetzmethode (s. Abschnitt 3.4) der auf Seite 32 (*Abb. 2.4*) aufgeführte Funktionsplan.

Alle Eingangs-, Merker- und Ausgangsadressen sind im Funktionsplan enthalten, so daß hier eine spezielle Adressierungsliste nicht erforderlich ist. Es soll für dieses Beispiel die Anweisungsliste mit ausführlicher Erläuterung der Programmschritte aufgeschrieben werden. Zur Porgammierung der MODICON A020 werden ein PC und die Software AKL eingesetzt:

U E21	Transport von E21 in die BVKE	
O(	ODER-Verknüpfung mit der logischen Funktion 1	
U E23	E23 in die BVKE	⎫ Erzeugung der
UNE1	UND-Verknüpfung mit E1	⎬ logischen
U M2	UND-Verknüpfung mit M2	⎭ Funktion 1
)	Abschluß der ODER-Verknüpfung mit der log. Funktion 1	
O(	ODER-Verknüpfung der logischen Funktion 2	

31

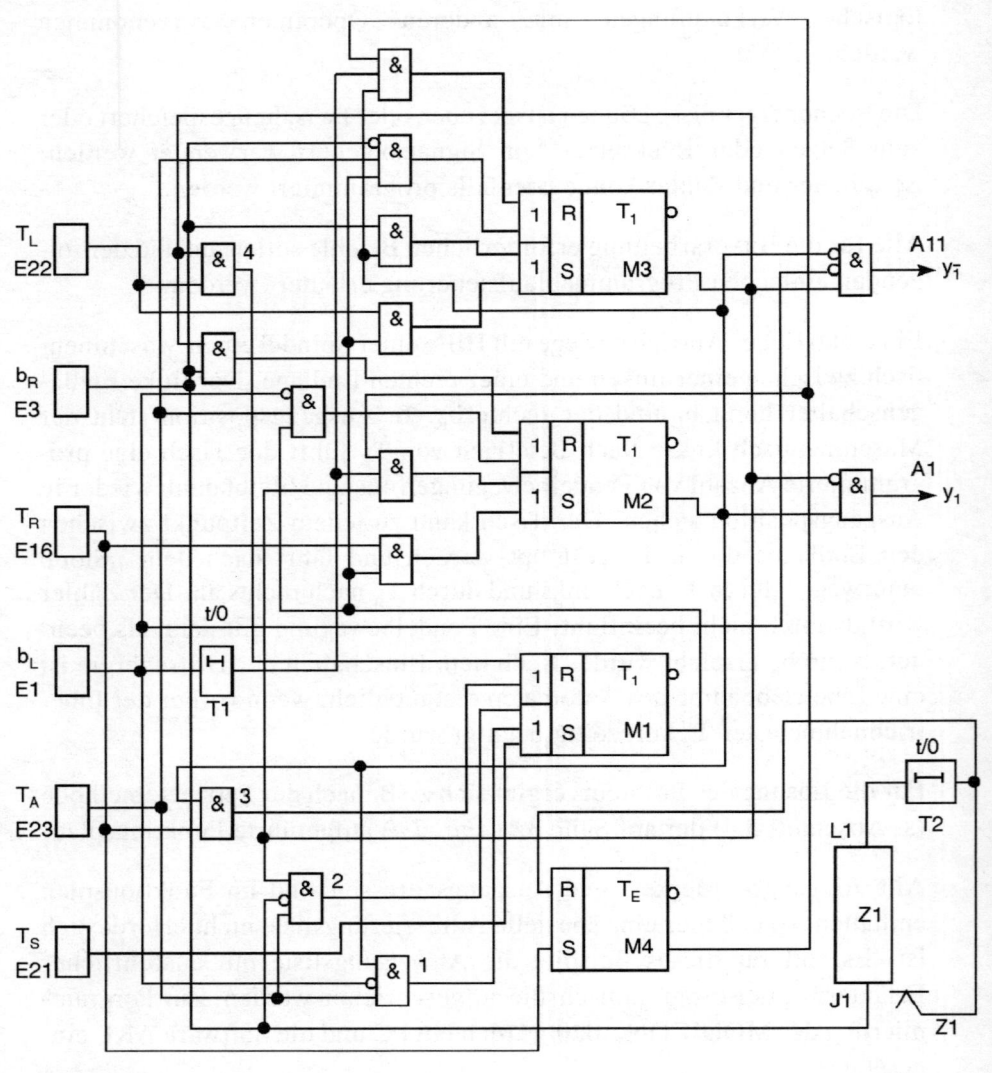

2 Die Programmierung der Grundstrukturen in STEP 5

Abb. 2.4

U E23	⎫
UNE3	⎬ Erzeugen der logischen Funktion 2
U M3	⎭
)	Abschluß der ODER-Verknüpfung mit 2
SLM1	Setzen des Signalspeichers M1 (SL gehört zur MODICON-Version von Step5. Bei anderen Steuerungen genügt S)

2.3 Die Befehle zur Bitverarbeitung

U E16	Erzeugen der logischen Funktion 3
U M2	
O(	ODER-Verknüpfung mit 4
U E22	Erzeugen der logischen Funktion 4
U M3	
)	Abschluß der ODER-Verknüpfung mit 4
RLM1	Rücksetzen des Speichers M1. L nur bei MODICON
	Bei Rücksetzen und Setzen der Speicher M2 bis M4 werden nur noch besondere Befehle erläutert!
U M1	
U E16	
O(	
U M3	
U T1	T1 sei das Zeitglied von E1. Es kann im nächsten Satz programmiert werden, da das Programm zyklisch abgearbeitet wird.
U M4	
)	
SLM2	
U E1	Programmierung der Einschaltverzögerung von E1 mit
= T1 $\boxed{50}$	Hilfe der Rechnerprogrammierung unter Verwendung der Software AKL für die MODICON-Steuerung der AEG. Nach der Eingabe von „= T1" (es wurde das Zeitglied 1 von den 16 möglichen der MODICON A020 gewählt) erscheint das Sichtfenster für die Eingabe der Verzögerungszeit in Zehntelsekunden.
U M1	
U E23	
UNE1	
O(	
U E3	
U M3	
)	
RLM2	
U M1	
U E22	
O(	
U M2	

2 Die Programmierung der Grundstrukturen in STEP 5

U E3
)
SLM3
U M1
U E23
UNE3
O(
U M2
U T1
U M4
)
RLM3
U E3   Aufruf des Zählereinganges. Zähler 1 zählt bis 3, gibt dann
= I1 $\boxed{3}$ Ausgang. Der Zähler wurde aus den 16 bei MODICON
             A020 vorhandenen Zählern ausgewählt und über das bei der
             genannten Software vorhandene Fenster auf 3 voreingestellt.
U Z1   Wenn der Zähler Ausgang gibt (U Z1=1), wird er nach
= T2 $\boxed{3}$ 3 Zehntelsekunden gelöscht.
U T2
= L1
U E16
SLM4
U Z1
RLM4
UM2
UNM3
= A1   Ausgabe des Stellbefehls Y_1! Mit dem Gleichheitszeichen
            können logische Strukturen auch den Bitmerkern (M1, M2
            usw.) zugewiesen werden.
U M3
UNE1
UNM2
= A11   Ausgabe des Stellbefehls $\overline{Y}_1$!

Zusätzlich zu den im Beispiel verwendeten Befehlen können noch folgende Anweisungen angewendet werden:

Mehrfachklammern

Beispiel: A1 = E1v (E2E3v $\overline{E4}$E5)
   U E1
   O(
   U E2
   U E3
   O(
   UN E4
   U E5
)
)
   = A1

Negation über Klammern

Beispiel: A1 = E1$\overline{E2}$v $\overline{(E3\overline{E4}v\ E5)}$
   U E1
   UN E2
   ON(
   U E3
   UN E4
   O E5
)
   = A1

Impulse zum Setzen und Rücksetzen von Signalspeichern

Beispiel:

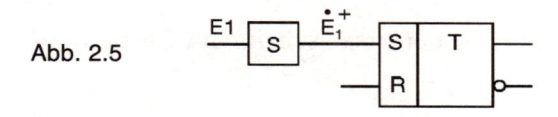

Abb. 2.5

Diese Impulse werden nur während einer Zyklusdauer benötigt und können deshalb ohne Verwendung von Zeitgliedern unter Nutzung der Zyklusdauer leicht folgendermaßen programmiert werden:

2 Die Programmierung der Grundstrukturen in STEP 5

U E1
UNM1
= M2
U E1
= M1

M1 und M2 sind zwei beliebige Merker. Wenn E1=0 ist, kann weder M1 noch M2 gleich 1 werden. M1 und M2 sind also gleich 0. Wird nun E1=1, dann wird beim erten Abarbeiten der Rechenvorschrift M2=1. Dadurch wird allerdings auch M1=1, so daß beim zweiten Abarbeiten der Rechenoperation M2=0 wird. M2 war also nur während einer vollständigen Abarbeitung des Anwenderprogramms gleich 1 und übernimmt damit die Funktion der monostabilen Kippstufe.

Wenn eine monostabile Kippstufe zur Erteilung eines extern nutzbaren Impulses benötigt wird, benötigt man allerdings Zeitglieder. Es soll ein Magnet eine ganz bestimmte Zeitlang anziehen, z. B. soll ein Ventil öffnen und nach 3 Sekunden wieder schließen; dann muß diese Zeit programmierbar sein. In diesem Fall wird die bekannte Ersatzschaltung verwendet.

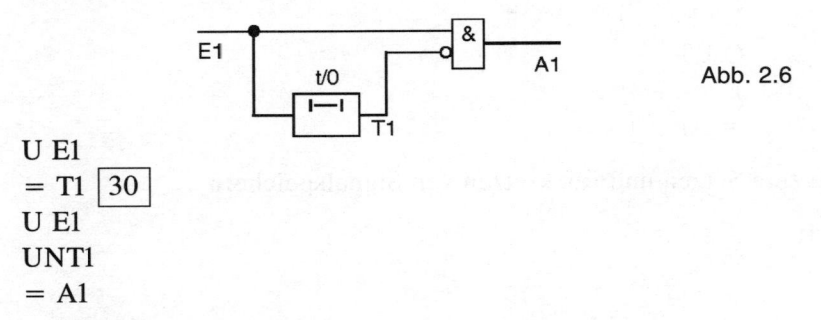

Abb. 2.6

U E1
= T1 [30]
U E1
UNT1
= A1

Abfallverzögerungen werden mit Hilfe der Ersatzschaltung folgendermaßen realisiert:

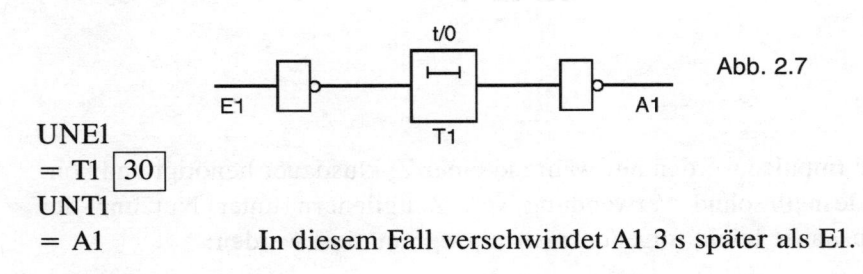

Abb. 2.7

UNE1
= T1 [30]
UNT1
= A1   In diesem Fall verschwindet A1 3 s später als E1.

2.3 Die Befehle zur Bitverarbeitung

Die SPS-Programmierung im europäischen Raum erfolgt heute fast ausnahmslos in der dargestellten Programmiersprache STEP 5 (Lit.: [6, 7]).

Leider hängt auch die STEP-5-Programmierung in mancher Hinsicht geringfügig von der speziellen SPS-Technik und auch von der eingesetzten Programmiertechnik ab.

Weil in der vorliegenden Einführung starker Bezug auf die AEG-Steuerungen MODICON A020 plus mit der Programmiertechnik AKL genommen wird, soll abschließend auf einige Besonderheiten der Programmierung der Baureihe SIMATIC von SIEMENS hingewiesen werden.

- Die Adressierung erfolgt bei diesen Steuerungen grundsätzlich kanal- und bitweise, z. B. E0.5 heißt Eingang Kanal 0, Bit 5.
  Analog wird bei Merkern und Ausgängen adressiert. Jeder Kanal hat die Bits 0 bis 7.
- Beim Setzen und Rücksetzen der Signalspeicher gilt:
  SL → S, RL → R.
- Programmieren von Zeitgliedern mit dem Handprogrammiergerät PG 605U:

Lange Impulse kann man mit dem folgenden Unterprogramm festlegen:

U E	0.0	Aufrufen des Eingangs
LKT	300.0	Impulsdauer 300∗100^{-1} s
SIT	0	Impuls mit Zeitglied T0
∗	09	Leerschritt NOP
∗	09	Leerschritt NOP
U T	0	Aufruf Zeitglied
= A	0.0	Ausgabe des Impulses
300.1 heißt:	300∗10^{-1} s	
300.2 heißt:	300 s	
300.3 heißt:	300∗10 s.	

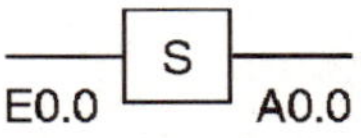

```
        S
E0.0  ──┤ ├──  A0.0
       Abb. 2.8
```

Impulse mit Zyklusdauer zum Setzen oder Rücksetzen von Signalspeichern werden wie bei allen STEP-5-programmierbaren Steuerungen mit Logikbefehlen wie bei der MODICON A020 programmiert. Hier ist nur die Adressierung entsprechend anzupassen.

Die Einschaltverzögerung kann bei den Siemenssteuerungen mit folgendem kleinen Unterprogramm programmiert werden:

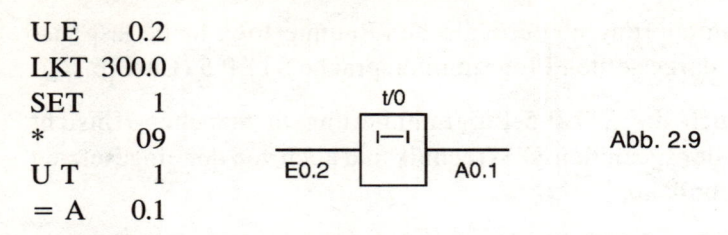

2 Die Programmierung der Grundstrukturen in STEP 5

```
U E    0.2
LKT  300.0
SET    1
*      09
U T    1
= A    0.1
```

Abb. 2.9

Zur Realisierung aller Zeitglieder genügt natürlich ein Programm von beiden.

Entwicklung der Zeitfunktionen aus dem 1. Unterprogramm:

Für diese Funktion sei also
das Unterprogramm bekannt.

Abb. 2.10

Die Einschaltverzögerung ergibt sich dann folgendermaßen:
```
U E    0.0
LKT  300.0
SIT    0
*      09
*      09
UNT    0
U E    0.0
= A    0.2
```

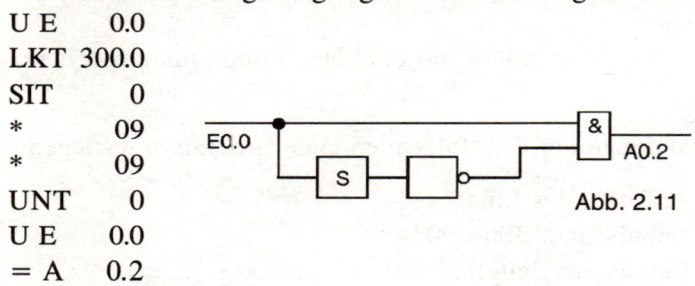

Abb. 2.11

Die Abschaltverzögerung läßt sich mit Hilfe der 1. Grundschaltung folgendermaßen festlegen:
```
UNE    0.0
LKT  300.0
SIT    1
*      09
*      09
U T    1
O E    0.0
= A    0.3
```

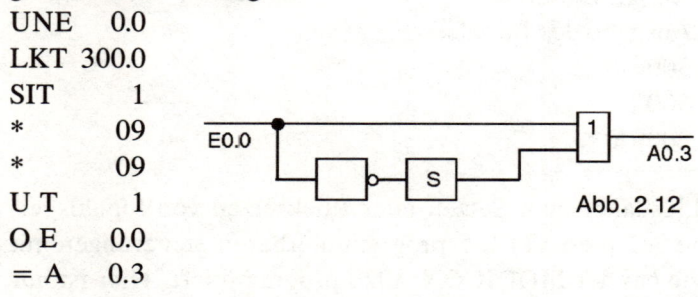

Abb. 2.12

Entwicklung der Zeitfunktionen aus dem 2. Unterprogramm:
Jetzt ist das Unterprogramm für
die Einschaltverzögerung bekannt.

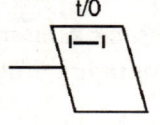

Abb. 2.13

2.3 Befehle zur Bitverarbeitung

Impulse lassen sich dann mit Hilfe der 2. Grundschaltung folgendermaßen erzeugen:

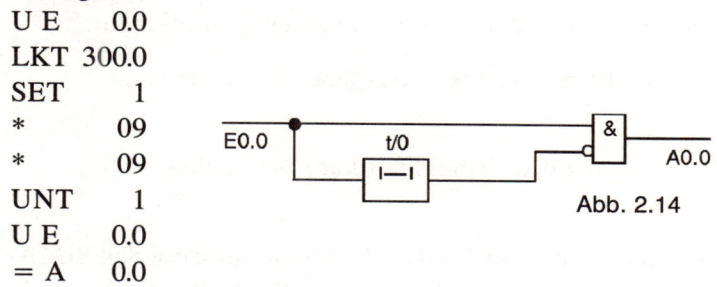

```
U   E    0.0
LKT      300.0
SET      1
*        09
*        09
UNT      1
U   E    0.0
=   A    0.0
```

Abb. 2.14

Die Abschaltverzögerung ergibt sich mit Hilfe der 2. Grundschaltung folgendermaßen:

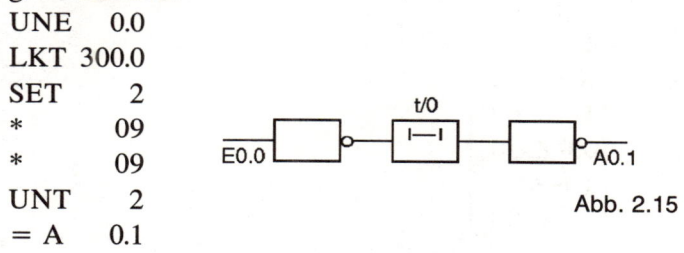

```
UNE      0.0
LKT      300.0
SET      2
*        09
*        09
UNT      2
=   A    0.1
```

Abb. 2.15

Die angegebenen Ersatzschaltungen sind selbstverständlich allgemeingültig und bei jeder SPS verwendbar. Wie in allen anderen Steuerungstechniken benötigt man auch in der SPS-Technik nur eine Zeitfunktion. Es ist in der SPS-Technik besonders leicht, die Zeitfunktionen durch ein paar logische Operationen in einander umzuformen.

Vor- und Rückwärtszähler;
Bereits bei den einfachsten Steuerungen von SIEMENS lassen sich voreinstellbare Vor- und Rückwärtszähler auf sehr einfache Weise programmieren:

U E	0.2	Der Eingang E0.2 setzt als Startimpuls den Zähler Z1
LKZ	5	auf 5. Dieser Zähler ist nun auf die Zahl 5 voreingestellt.
S Z	1	Der Ausgang des Zählers liefert nun 1-Signal.
U E	0.1	Eine 0-1-Flanke an E0.1 vermindert den Zählerinhalt stets
ZRZ	1	um einen Wert. Die erste 0-1-Flanke macht aus der 5 eine 4 usw. Bei Erreichen der 0 wird der Zählerausgang zu 0.

2 Die Programmierung der Grundstrukturen in STEP 5

U E   0.0   Eine 0-1-Flanke am Eingang E0.0 erhöht den Zählerinhalt
ZVZ   1   um 1. Beim Verlassen der 0 wird der Zählerausgang 1.
                Beim Erreichen der 5 hat E0.0 keinen Einfluß mehr.

U E   0.3   Eine 0-1-Flanke an E0.3 setzt den Zähler zurück.
RZ   1

UZ   1   Der Ausgang des Zählers wird auf A0.0 gelegt.
= A   0.0

Wenn man den Vorwärtszähler der MODICON-Steuerung mit den SIMATIC-Steuerungen realisieren will, kann man die folgende Analogie nutzen:

$$\begin{array}{l} \text{U E 1} \\ \text{= I 1} \quad \boxed{3} \\ \text{U E 2} \\ \left.\begin{array}{l} \text{= L 1} \\ \text{U Z 1} \\ \text{= A 1} \end{array}\right) \end{array} \quad \rightarrow \quad \begin{array}{l} \text{U E 0.2} \\ \text{LKZ 5} \\ \text{S Z 1} \\ \left.\begin{array}{l} \text{U E 0.1} \\ \text{ZRZ 1} \\ \text{UNZ 1} \\ \text{= A 0.1} \end{array}\right) \end{array}$$

Die folgenden Funktionspläne stellen zwei einfache Möglichkeiten dar, Zähler mit Bitverknüpfungseinheiten zu realisieren.

Der Zähler nach dem Master-Slave-Prinzip (s. *Abb. 2.16*) wurde beim Erreichen der 4 abgebrochen (Schieberegisterprinzip). Beim 5. Eingangsimpuls an E11 entsteht wieder der Ausgang 0/5, der als Ausgang 0/10 bei Ausführung des kompletten Zählers erst beim 10. Eingangsimpuls entstehen würde. Der Ausgang M11 wird als Eingang auf das Zehnerregister gegeben.

E.2 wirkt auf allen Registern und löscht den kompletten Zähler. Der Löschimpuls muß natürlich mit Hilfe des Zeitgliedes am Löschspeicher länger eingeplant werden als die Dauer der Überträge.

Den gleichen Effekt kann man mit dem Zähler erreichen, der nach dem Prinzip der Impulsuntersetzung aufgebaut ist (s. *Abb. 2.17*). Hier wurde das Zählregister der Einer komplett dargestellt. Es wurde eine Vorwahl der Zahlen 1 bis 10 mit den Eingängen E1 bis E10 möglich gemacht. Bei Verwendung dieser Funktionspläne liegt für jede Dezimalzahl eine ent-

2.3 Die Befehle zur Bitverarbeitung

sprechende Bitmerkerkombination vor, so daß mit Hilfe einer entsprechenden Tastatur, beispielsweise E1 bis E10, nach Abschluß eines Zählvorganges stets ein anderer Zählerinhalt eingestellt werden kann.

Wie im nächsten Abschnitt gezeigt wird, ist das Ändern von Zählerinhalten ohne Programmiergerät bei Steuerungen mit Wortverarbeitung programmtechnisch einfacher möglich. Hier wurde nur dargelegt, daß relativ komplizierte Zähler mit Vergleichern auch problemlos mit einfachen SPS, die nur über Logik- und Zeitfunktionen verfügen, realisiert werden können.

Abschließend zur Erläuterung der reinen Bitverarbeitung soll folgendes Beispiel gelöst werden:
Es ist ein Programmbaustein zu entwickeln, der die von einem Fertigungsprozeß kommenden Impulse E11 zählt. Mit Hilfe der selbstrastenden Taster E1 bis E10 kann eingegeben werden, bei welcher Zahl (1 bis 10) der Programmbaustein einen Ausgangsimpuls gibt. Beim Erreichen der programmierten Zahl stellt sich der Zähler selbsttätig auf null. Mit dem Eingang E12 kann der Zähler dominant auf 0 gestellt werden. Der Eingangsimpuls M11 für das Zählen der Zehner ist im Programm bereits vorgesehen, so daß eine Erweiterung des Zählers bis 100 sehr leicht vorgenommen werden kann. Nach dem Funktionsplan auf Seite 43 ergibt sich für einen solchen Zähler die folgende Anweisungsliste (s. auch S. 44!):

U M	1										
SLM	100										
U E	11	U M	1	U M	2	U M	3	UNM	1		
UNM	5	UNM	6	UNM	7	UNM	8	U M	2		
SLM	1	SLM	2	SLM	3	SLM	4	U M	3		
								UNM	4		
U E	11	U M	1	U M	2	U M	3	O M	20		
U M	5	U M	6	U M	7	U M	8	O E	12		
O M	10	O M	10	O M	10	O M	10	SLM	10		
RLM	1	RLM	2	RLM	3	RLM	4				
U M	1	U M	2	U M	3	U M	4	U M	10		
UNE	11	UNM	1	UNM	2	UNM	3	= T	1	3	
SLM	5	SLM	6	SLM	7	SLM	8				
UNM	1	UNM	2	UNM	3	UNM	4	U T	1		
UNE	11	UNM	1	UNM	2	UNM	3	RLM	10		
O M	10	O M	10	O M	10	O M	10				
RLM	5	RLM	6	RLM	7	RLM	8				

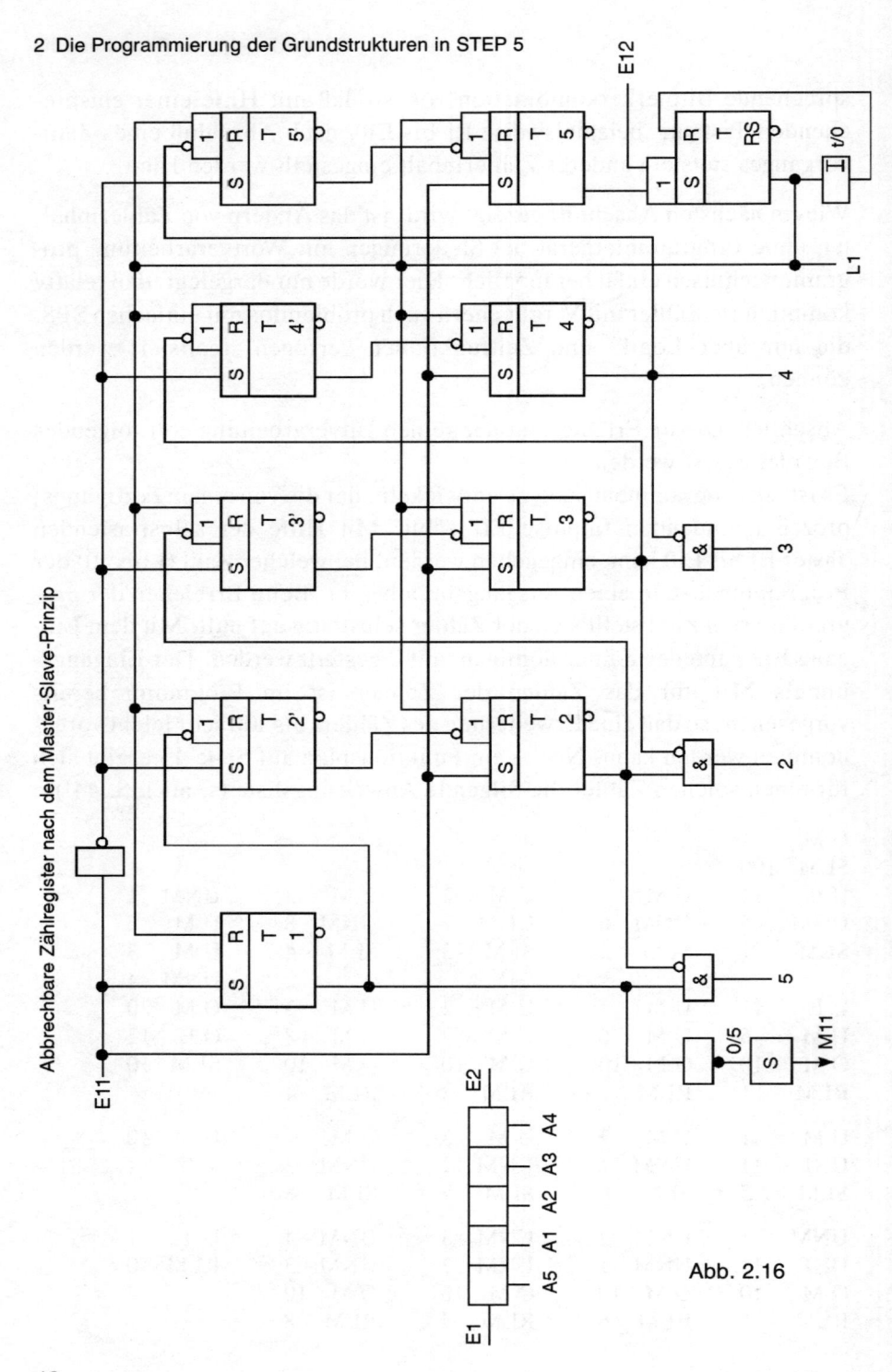

2 Die Programmierung der Grundstrukturen in STEP 5

Abb. 2.16

2.3 Die Befehle zur Bitverarbeitung

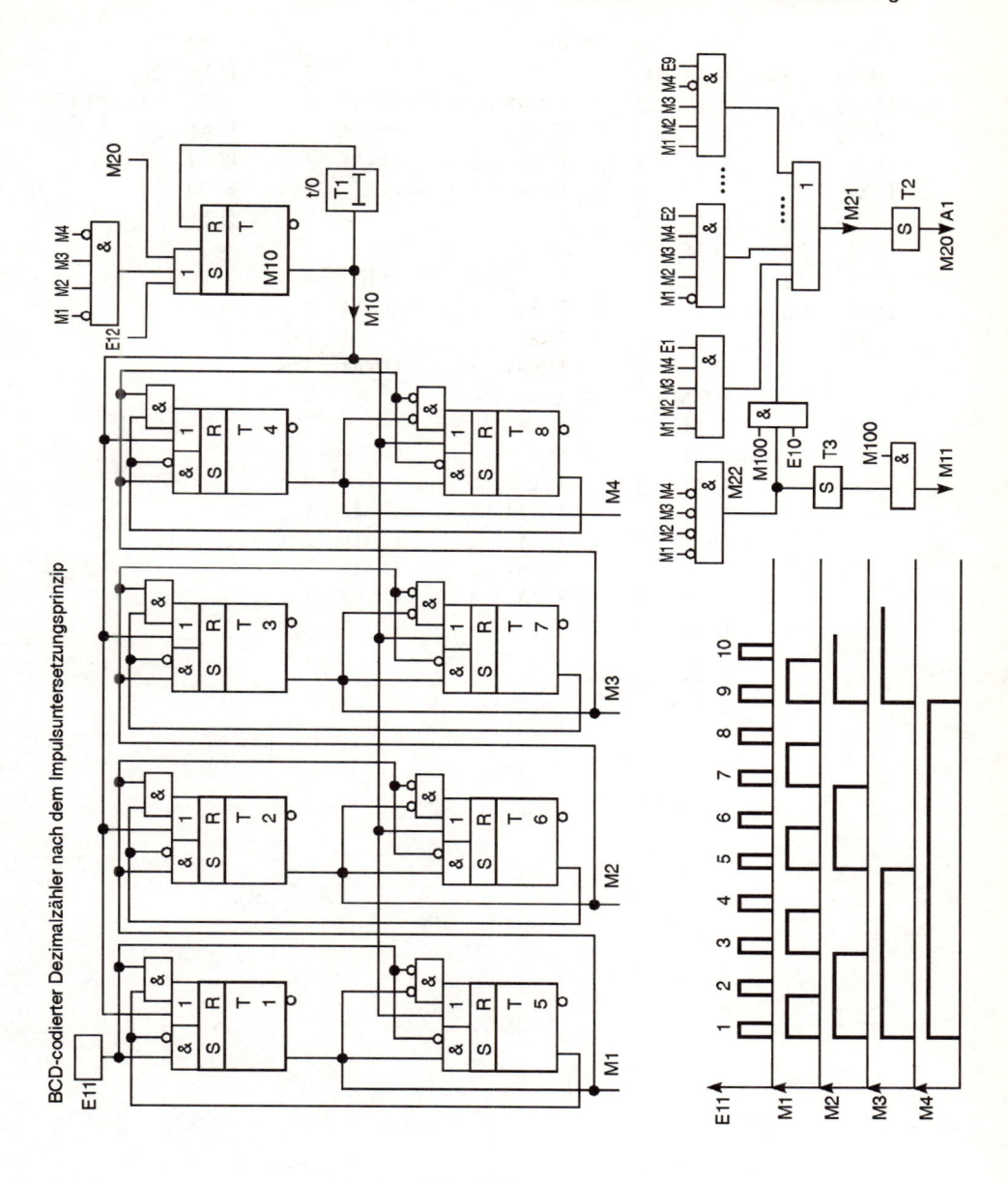

Abb. 2.17

2 Die Programmierung der Grundstrukturen in STEP 5

UNM	1	U E	10	O(		O(		= M	21
UNM	2	U M	100	U E	4	U E	7	U M	21
UNM	3	U M	22	UNM	1	U M	1	= T	2 |3
UNM	4	O(		UNM	2	UNM	2	U M	21
= M	22	U E	1	U M	3	UNM	3	UNT	2
U M	22	U M	1	U M	4	U M	4	= M	20
= T	3 |3| U M	2	)		)		U M	20
U M	22	U M	3	O(		O(		= A	1
UNT	3	U M	4	U E	5	U E	8		
U M	100	)		U M	1	UNM	1		
= M	11	O(		U M	2	UNM	2		
		U E	2	UNM	3	UNM	3		
		UNM	1	U M	4	U M	4		
		U M	2	)		)			
		U M	3	O(		O(			
		U M	4	U E	6	U E	9		
		)		UNM	1	U M	1		
		O(		U M	2	U M	2		
		U E	3	UNM	3	U M	3		
		U M	1	U M	4	UNM	4		
		UNM	2	)		)			
		U M	3						
		U M	4						
		)							

2.4 Anwendung der analogen Schnittstellen und der Wortverarbeitung bei der MODICON A020 plus

Bei sehr vielen Steuerungen, speziell im Maschinenbau, werden nur binär digitale Signale verarbeitet.

Die Eingangsgrößen sind Signale von Stellungsmeldern, Grenzwertschaltern oder Handschaltern und die Ausgangsgrößen sind Stellbefehle, die dem Antrieb erteilt werden. Für diese Steuerungen genügen einfache SPS mit reiner Bitverarbeitung und bei deren Programmierung kommt man mit den im vorigen Abschnitt abgehandelten Befehlen aus. In anderen Fällen reicht allerdings die reine Bitverarbeitung nicht.

Fall 1:
Es ist eine bestimmte Anzahl von analog gemessenen Prozeßparametern vorhanden, von deren Größe der Ablauf des Prozesses mit bestimmt wird.

Eine Temperatur wird beispielsweise mit Hilfe eines Thermoelementes gemessen, und mit Hilfe eines entsprechenden Meßwandlers wird der Meßwert in den Signaleinheitsbereich 0 V bis 10 V transformiert.

Beim Überschreiten einer bestimmten Temperatur soll die Notroutine 1 eingeleitet werden. Überschreitet die Temperatur trotzdem einen bestimmten höheren Wert, soll die Anlage außer Betrieb genommen werden.

Bei zwei Eingriffspunkten ist sicher auch ein Arbeiten mit Grenzwertschaltern möglich.

Häufig muß aber an sehr vielen Punkten in den Prozeß eingegriffen werden. Man kann die Schrittweite zwischen zwei Eingriffspunkten so weit senken, daß man schon in guter Näherung von einer analogen Signalverarbeitung sprechen kann. Dazu benötigt man allerdings eine Steuerung mit analogen Eingängen und Wortverarbeitung.

Fall 2:
Wenn man viele Zählvorgänge und Schieberegister realisieren muß, ist eine Steuerung mit Wortverarbeitung immer zweckmäßiger. Bei solchen Steuerungen lassen sich Zähler und auch Zeitglieder besonders einfach prozeßabhängig beeinflussen.

2 Die Programmierung der Grundstrukturen in STEP 5

Fall 3:
Es werden bestimmte Parameter gemessen, aus denen das eigentliche Meßergebnis berechnet werden soll.

Das Meßergebnis soll dann zur Steuerung verwendet und außerdem zur analogen Anzeige gebracht werden. Dazu muß die Steuerung, wie schon im Fall 1, analoge Meßwerte in digitale Werte umwandeln können. Sie muß mit diesen Werten rechnen können und die Ergebnisse in analoger Form ausgeben können.

Zur anschaulichen Beschreibung der analogen Signalverarbeitung und des Einsatzes der Wortverknüfungseinheit soll eine kleine kompakte Steuerung herangezogen werden, die sich als Einsteigermodell besonders gut eignet, die MODICON A020 plus von der AEG. Zur Einarbeitung in diese Technik wird neben der Steuerung ein IBM kompatibler PC und die Software AKL benötigt.

Im Ausbildungsbetrieb ist es zur Erhöhung der Anschaulichkeit von Vorteil, wenn zur Prozeßsimulation auch entsprechende Antriebe mit Schaltern zur Stellungsmeldung und eine genügende Anzahl von Handschaltern an die Steuerung angeschlossen werden. Dazu können auch elektronische Modelle der AEG genutzt werden.

Zum Fall 1:
Die analogen Eingänge der MODICON A020 plus dürfen alle Werte zwischen 0 V und dem Versorgungspotential der Analoggeber von 10 V annehmen. Diese beiden Potentiale, die von einem 2. Stromversorgungsgerät zur Verfügung gestellt werden, müssen auch an die SPS angeschlossen werden (s. Abb. 2.2).

Von in die SPS integrierten Analog-Digital-Umsetzern werden die an die Analogklemmen E1 bis E4 angeschlossenen Analogsignale (0 V bis 10 V) in den Zahlenbereich 0 bis 255 transformiert (8-Bit-Technik).

Die Schrittweite der Stufigkeit beträgt also 10 V/225 = 39,2 mV. Mit diesen 256 Signalwerten (0, 1, ..., 255) kann die Steuerung rechnen wie jeder einfache Computer.

Sie kann diese Werte einlesen und zwischenspeichern oder arithmetisch miteinander und mit Konstanten verknüpfen. Sie kann die Größen selbst oder bestimmte Rechenergebnisse mit anderen errechneten Größen oder

2.4 Anwendung der analogen Schnittstellen und der Wortverarbeitung ...

festen Konstanten vergleichen und in Abhängigkeit von solchen Vergleichen darüber entscheiden, welcher Antrieb welchen Befehl erhält.

Zur zweckmäßigen Absicherung aller Rechenvorgänge stehen der Steuerung die 50 RAM-Speicher MW1 bis MW50 mit einer Speicherkapazität von je 16 Bit zur Verfügung. Diese Speicher werden als Wortmerker bezeichnet.

Wenn man den momentanen Wert der Eingangsadresse E1 auf einen Wortmerker geben will, genügen dazu folgende Befehle:

L EWA 1   Die Zahl INT (UE1/10V*255) erscheint im Register der Wortverknüpfungseinheit (WVKE) in dualer Form. UE1 ist das Potential, das der entsprechende analoge Geber auf die analoge Eingangsadresse E1 gibt. INT steht für „ganzer Teil von" und ist aus der BASIC-Programmierung entliehen.

= MW 1   Auf den ersten acht Bitplätzen des Wortmerkers MW1 erscheint die eingelesene Dualzahl.

Der analoge Eingang kann auch direkt an den analogen Ausgang gegeben werden:
L EWA 1
= AWA 1
sind dann die erforderlichen Befehle.

Wenn man zu diesen wenigen Befehlen noch die Vergleichsbefehle heranzieht, kann man schon den Einfluß analoger Meßgrößen auf den binärdigital gesteuerten Prozeß geltend machen.

Es können die folgenden drei Vergleichsbefehle zum Einsatz kommen:
GR   Größer ?
GL   Gleich ?
KL   Kleiner ?.

Das folgende Beispiel soll die Beeinflussung der digitalen Steuerung durch die analogen Eingänge verdeutlichen:
Wenn die Spannung am analogen Eingang E1 die 6-V-Grenze überschreitet, soll ein Bitmerker M10 gesetzt werden. Das kann z. B. bedeuten, daß die Temperatur an einer bestimmten Stelle einen bestimmten Grenzwert überschritten hat. M10 kann von der digitalen Steuerung wie jede andere Eingangsgröße oder jeder andere Bitmerker weiter verarbeitet werden.

2 Die Programmierung der Grundstrukturen in STEP 5

Es könnte beispielsweise eine bestimmte Notroutine eingeleitet werden. Wenn die Temperatur an dieser Stelle weiter steigt, soll beim Erreichen von 7 V eine 2. Notmaßnahme eingeleitet werden (M11). Steigt die Temperatur trotzdem weiter, dann soll bei 9 V die Anlage ausgeschaltet werden.

Beide Notmaßnahmen werden bei Unterschreiten von 4 V außer Betrieb genommen. Erst dann ist ein Einschalten der Anlage wieder möglich.

Das Programm dazu könnte lauten:

L EWA	1	Das an dem analogen Eingang E1 anliegende Potential erscheint als Dualzahl in der WVKE.
GR K	153	Ist diese Zahl größer als die Konstante (153=INT(25,5 V^{-1}*6 V) entspricht dem Potential von 6 V)? Nur wenn diese Frage mit „ja" beantwortet wird, erscheint „1" in der BVKE.
SL M	10	Wenn diese „1" in der BVKE erscheint, wird der Merker M10 gesetzt.
GR K	178	Ist die vom analogen Eingang eingelesene Zahl größer als 178 (178=INT(25,5 V^{-1}*7 V))?
SL M	11	Wird die Frage mit „ja" beantwortet, steht eine „1" in der BVKE und setzt den Speicher M11.
U E	1	In die Bitverknüpfungseinheit wird der Biteingang E1 eingelesen. (Man beachte den Unterschied zum Einlesen des analogen Eingangs E1, s. 1. Befehl dieses Programms!). E1 ist der Eintaster der Anlage. M1 ist der „Einspeicher". Wenn er gesetzt ist, läuft die Anlage. Er kann nur gesetzt werden, wenn E1 gedrückt wird und keine Notroutine läuft.
UN M	10	
UN M	11	
SL M	1	
GR K	229	(229=INT(25,5 V^{-1}*9 V))
RL M	1	Wenn die 9 V überschritten werden, wird der Einspeicher zurückgesetzt und die Anlage bleibt stehen.

2.4 Anwendung der analogen Schnittstellen und der Wortverarbeitung ...

KL M   102   (102=INT(25,5 V^{-1}*4 V))

RL M   10   Beim Unterschreiten von 4 V werden die Notroutinen ausgeschaltet.

KL K   102
RL M   11

Nach dieser kurzen Einführung kann man also bereits an jeder beliebigen Stelle der analogen Eingangsgrößenverläufe in den Prozeß in gewollter Weise eingreifen.

Zum Fall 2:

Zeitglieder mit veränderlichen Zeiten
Ein Schalter E1 wird am Ende eines Arbeitszyklus gedrückt und startet, wenn noch eingeschaltet ist, 10 s später den nächsten Arbeitszyklus. Nach Ablauf dieses Zyklus startet der gleiche Schalter mit dem gleichen Zeitglied den nächsten Zyklus um 20 s verzögert. Der folgende Zyklus soll wieder um 10 s verzögert gestartet werden. Es wechseln beim Start also laufend die Verzögerungszeiten, d. h. man muß mit zwei fest eingestellten Zeitgliedern arbeiten und diese immer abwechselnd aktualisieren oder man nimmt ein Zeitglied und programmiert die Zeit um.

E2 sei irgend ein Schalter, der während des Arbeitszyklus gedrückt wird. E3 ist der Eintaster und E4 der Austaster. M2 sei der Startbefehl für den Automaten. Das Problem soll zunächst mit einer einfachen Steuerung ohne Wortverarbeitung gelöst werden. Ein Funktionsplan (*Abb. 2.18*) führt hier zum Ziel.

Beim Einsatz von Steuerungen mit Wortverarbeitung kann für die Zeitglieder T1 und T2 ein Zeitglied mit prozeßabhängig programmierbarer Zeit eingesetzt werden. Das Zeitglied T1 kann für die Lösung der gestellten Aufgabe folgendermaßen programmiert werden:

Variante 1:

: LK 200   Die Konstante 200 wird in die WVKE eingelesen.

: U M 1   Die BVKE fragt ab, ob der Bitmerker M1 gesetzt ist. Lautet die Antwort „ja", dann wird der nachfolgend programmierte bedingte Sprung ausgeführt, bei „nein" wird er übergangen.

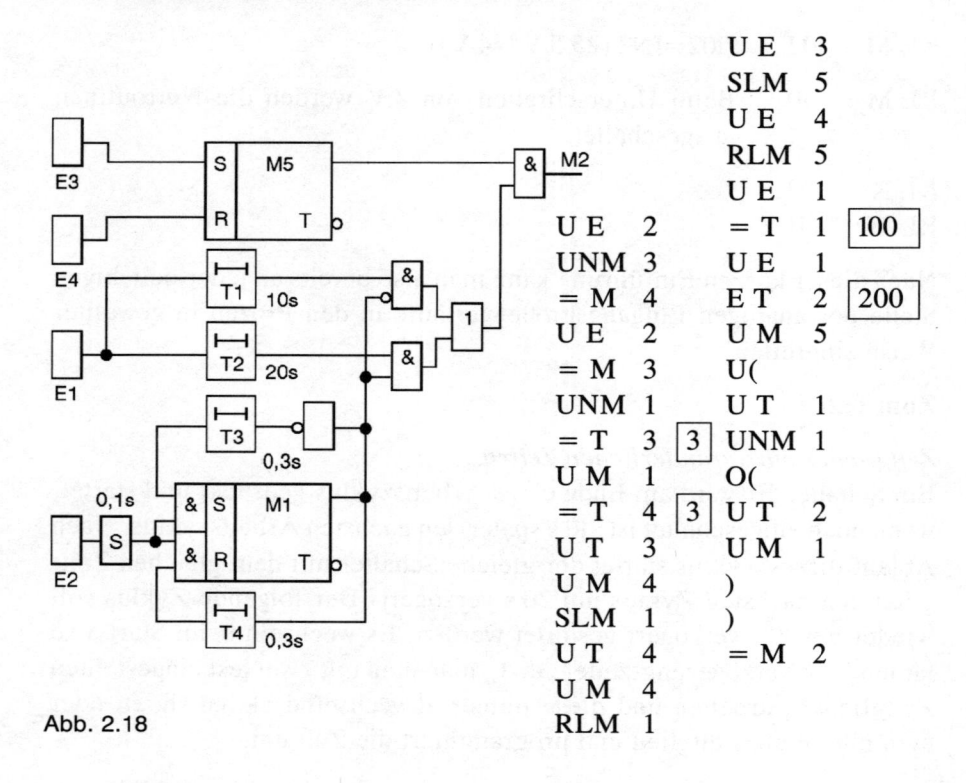

2 Die Programmierung der Grundstrukturen in STEP 5

Abb. 2.18

```
              U E    3
              SLM    5
              U E    4
              RLM    5
              U E    1
U E    2      = T    1   100
UNM    3      U E    1
= M    4      E T    2   200
U E    2      U M    5
= M    3      U(
UNM    1      U T    1
= T    3  3   UNM   1
U M    1      O(
= T    4  3   U T    2
U T    3      U M    1
U M    4      )
SLM    1      )
U T    4      = M    2
U M    4
RLM    1
```

  : SW   xx   Sprung an die Programmzeile xx

  : LK   100   Wenn M1 nicht gesetzt ist, wird die WVKE mit der Konstante 100 überschrieben.

xx : = TSW 1   Der Inhalt der Wortverknüpfungseinheit wird in Zehntelsekunden zur Verzögerungszeit der Einschaltverzögerung T1.

Variante 2:

```
   : U M    1
   : SW    xx
   : L K   100
   : SW    yy
xx : L K   200
yy : = TSW 1
```

2.4 Anwendung der analogen Schnittstellen und der Wortverarbeitung ...

Wesentlich ist, daß man durch die prozeßabhängige Programmierung der Zeiten Zeitglieder sparen kann und die Anweisungslisten insgesamt kürzer werden. Die AWL für das gesamte Problem nimmt nun also die folgende Gestalt an:

U E	3		U T	3
SLM	5		U M	4
U E	4		SLM	1
RLM	5		U T	4
U E	1		U M	4
= T	1	10	RLM	1
U E	2		L K	200
UNM	3		U M	1
= M	4		SW	xx
U E	2		L K	100
= M	3		xx : = TSW 1	
UNM	1		U M	5
= T	3	3	U T	1
U M	1		= M	2
= T	4	3		

Am folgenden Beispiel wird gezeigt, daß die Zeiten von Zeitgliedern während eines Prozeßablaufs zu beliebigen Zeitpunkten in beliebiger Weise geändert werden können.

Im Beispiel soll die Anzahl der möglichen Änderungen auf vier Zeiten beschränkt werden. Wenn keiner der Merker M1, M2 und M3 gesetzt ist, betrage die Einschaltverzögerungszeit des Zeitgliedes T1 0 s, wenn nur M1 gesetzt ist 10 s, wenn nur M2 gesetzt ist, 20 s und wenn nur M3 gesetzt ist, 30 s.

Man kann natürlich auch mit den Kombinationen dieser drei prozeßabhängig gesetzten Merker operieren und dann mit diesen Merkern bereits 8 unterschiedliche Verzögerungszeiten realisieren. Die AWL für die Realisierung der genannten Forderungen kann lauten:

: U M 1	: L K 0	zz : L K 300
: SW xx	: SW AA	AA: = TSW 1
: U M 2	xx : L K 100	
: SW yy	: SW AA	
: U M 3	yy : L K 200	
: SW zz	: SW AA	

2 Die Programmierung der Grundstruktur in STEP 5

Auch der Inhalt von Zählern kann in Abhängigkeit des Zustandes von Bitmerkern variiert werden. Wenn im letzten kleinen Programm der letzte Befehl = TSW1 ersetzt wird durch = ZSW1, zählt der Zähler Z1, wenn nur M1 gesetzt ist, bis 100, wenn nur M2 gesetzt ist, bis 200 und wenn nur M3 gesetzt ist, bis 300.

M1, M2 und M3 lassen sich sehr gut mit Hilfe von Schieberegistern gewinnen, auf deren Realisierung nun eingegangen werden soll. Die Verwirklichung des Schieberegisters mit reiner Bitverarbeitung wurde auf Seite 40 beschrieben (s. auch *Abb. 2.16* u. *2.17*).

Nun sollen Schieberegister unter Verwendung von Byte- und Worttransportbefehlen und des Multiplikationsbefehls auf viel einfachere Weise realisiert werden.

Erläuterung der Transportbefehle und des Multiplikationsbefehls:

LBB M3: Es wird die Bitfolge in Bytebreite (8 Bit breit) von M3 aufwärts bis M10 in die WVKE geladen. Das 1. Bit der WVKE wird geich M3, das 8. Bit wird gleich M10 und die Bits 9 bis 16 bleiben null. Der Befehl kann auch auf Eingänge und Ausgänge angewendet werden. Es müssen natürlich immer noch 8 Größen von der im Befehl aufwärts einschließlich der genannten Größe zur Verfügung stehen.

LBW E1 heißt: lies Bitfolge in Wortbreite von E1 aufwärts (16 Bit), die E1 bis E16 in die WVKE. Der Befehl ist auch auf Merker und Ausgänge anwendbar.

TBB A2 bedeutet: transportiere die unteren 8 Bit der WVKE auf A2 bis A9. Die Reihenfolge wird nicht verändert. Der Befehl ist auch auf Merker anwendbar.

TBW A1: löst den Transport des 16-Bit-Wortes der WVKE auf die Ausgänge A1 bis A16 aus. Der Befehl ist auch auf Merker anwendbar.

MUL K2: Der Befehl bewirkt eine Multiplikation des Inhalts der WVKE mit der Konstante 2. Wenn das Ergebnis den durch 16 Bit darstellbaren Zahlenbereich überschreitet (0 ... 65535), wird das Übertragbit M122 gesetzt. Die höherwertigen 16 Bit des Ergebnisses gehen verloren.

2.4 Anwendung der analogen Schnittstellen und der Wortverarbeitung ...

Die Anwendung dieser Befehle soll zunächst anhand eines zweistufigen oktalen Ringzählers näher erläutert werden.

Die oktalen Ziffern 0 bis 7 werden in der Einerstufe von den Merkern M1 bis M8 und in der Achterstufe von den Merkern M11 bis M18 dargestellt.

Die Merker M9 und M19 werden zur Auswertung des Übertrags benötigt. E1 soll gezählt werden. E2 übernimmt das Löschen.

Durch Impulse von E1 wird die 1 von der Ziffer 0 (M1) bis zur Ziffer 7 (M8) durchgeschoben. Der 9. Impuls an E1 bewirkt die Rückkehr der 1. Stufe in die Ausgangssituation (Ringzähler) und das Weiterschieben der 1 in der Achterstufe von 0 auf die 1 (M11 wird 0, M12 wird 1). Die Achterstufe ist ebenfalls als Ringzähler aufgebaut und der Merker M19 würde selbstverständlich im Bedarfsfall den Übertrag für die 64iger-Stufe darstellen.

1:	U M	120	Die Möglichkeit zum Überspringen des Herstellens der Ausgangssituation wird vorbereitet. Wenn M120 gesetzt ist, wird die Ausgangssituation nicht hergestellt.
2:	SW	8	
3:	L K	1	
4:	TBB M	1	
5:	TBB M	11	
6:	UN	M119	
7:	SL	M120	
8:	U E	1	Es wird ein Impuls von E1 erzeugt.
9:	UN	M111	
10:	=	M112	
11:	U E	1	
12:	=	M111	

Zählen 1 0 0 0 0 0 0 0   Ausgangssituation
E1
→ | M | 1 | 2 | 3 | 4 | 5 | 6 | 7 | 8 | 9 | 8^0
      0 1 2 3 4 5 6 7   oktale Ziffern

Löschen 1 0 0 0 0 0 0 0   Ausgangssituation

E2 ↑ | M | 11 | 12 | 13 | 14 | 15 | 16 | 17 | 18 | 19 | 8^1
      0 1 2 3 4 5 6 7   oktale Ziffern

Abb. 2.19

2 Die Programmierung der Grundstruktur in STEP 5

Die Befehle 3 bis 7 stellen die Ausgangssituation her und sorgen dafür, daß diese Situation beim nächsten Programmdurchlauf nicht immer wieder hergestellt wird. Ein Weiterschieben wäre dann unmöglich. Auf den Programmschritt 3 darf nur zum Löschen gesprungen werden.

13: UN	M112		Wenn dieser Zählimpuls nicht anliegt, wird auf Programmzeile 25 zum Löschen und Abschließen gesprungen.
14: SW		25	
15: LBB	M	1	Die Einerstufe wird weitergeschoben und das Bit von M9 wird auf M1 gelegt (Ringzähler).
16: TBB	M	2	
17: U	M	9	
18: =	M	1	
19: UN	M	9	Solange M9 noch null ist, wird auf Löschen und Abschließen gesprungen.
20: SW		25	
21: LBB	M	11	Wenn M9 gleich 1 ist, wird der Schiebevorgang in der Achterstufe ausgeführt.
22: TBB	M	12	
23: U	M	19	
24: =	M	11	
25: U	E	2	Erzeugen des Löschimpulses.
26: UN	M113		
27: =	M114		
28: U	E	2	
29: =	M113		
30: U	M114		Ausführung des Löschens und Beenden des Programms.
31: SW		3	
32: PE			

Mit diesem Zähler lassen sich mit Hilfe entsprechender konjunktiver Verknüpfungen alle Zahlen aus der Menge 0 bis 63 aktivieren. Eine Stufe mehr erweitert das Programm nur unwesentlich und erschließt den Zahlenbereich 0 bis 511.

Wenn z. B. im Falle, daß E10 gesetzt ist, beim Erreichen der Zahl 27 der Merker M50 gesetzt werden soll, genügen die Befehle:

2.4 Anwendung der analogen Schnittstellen und der Wortverarbeitung ...

```
: U    E 10
: U    M  4
: U    M 14
: SL   M 50
```

Es könnte also problemlos beim Fertigen des 27. Teiles beispielsweise durch diese Befehlsfolge ein Automat auf Wunsch (E10 = 1) stillgesetzt werden. Ein zweistufiger hexadezimaler Zähler läßt sich sehr gut unter Verwendung des Multiplikationsbefehls auf der Basis des Ringschieberprinzips aufbauen.

Ein solcher Zähler kann immerhin schon bis 255 zählen. Er ist natürlich durch Hinzufügen weniger Befehle auf 3 oder sogar 4 Stellen erweiterbar und kann dann bis 4095 bzw. bis 65535 zählen.

E1 soll den Zählimpuls liefern und E2 soll den zu jeder Zeit dominierenden Löschimpuls eingeben. Zur Anzeige auf dem Bildschirm werden bei Verwendung der MODICON A020 plus in Verbindung mit der Programmiersoftware DOLOG AKL die Merker M1 bis M16 für die 1. Ringzählerstufe und die Merker M51 bis M66 für die zweite Ringzählerstufe herangezogen.

Das Programm für einen solchen Zähler kann dann folgendermaßen aufgebaut sein:

1: U M100		Vorbereitung des Überspringens der Zeilen 3 bis 7, die der Nullsetzung der beiden Merkerwörter für die Stufen des Ringzählers MW1 und MW2 dienen. Das Nullsetzen darf nur beim ersten Programmdurchlauf (M100 = 0) oder beim Löschen (0/1 Flanke bei E2) erfolgen. Der erste Fall ist immer garantiert, da beim Einschalten alle Speicher normiert sind (M100 = 0). Der zweite Fall wird dadurch erreicht, daß unter der genannten Bedingung in der Programmzeile 30 die Zeile 3 angesprungen wird.
2: SW 8		
3: L K 1		Nullstellen der MW1 und MW2
4: = MW1		
5: = MW2		
6: UN M101		Einleiten des Überspringens der Zeilen 3 bis 7.
7: SL M100		

8: UN	M	32	Wenn der Eingangsimpuls M32 nicht kommt, wird auf das Löschen gesprungen.
9: SW		24	

10: L	MW	1	Im Merkerwort MW1 wird die 1 eine Stelle weiter geschoben.
11: MULK		2	
12: =	MW	1	

13: UN	M	122	M122 ist das Übertragsbit. Es wird 1, wenn die 16. Stelle des Merkerworts überschritten wird. Wenn sie nicht überschritten wird, geht es mit Zeile 24 (Löschen) weiter.
14: SW		24	

15: L	K	1	Wenn das 16. Bit der ersten Stufe überschritten wird, entsteht in der ersten Stufe wieder die 0 und die 1 in der zweiten Stufe wird um eine Stelle weiter geschoben.
16: =	MW	1	
17: L	MW	2	
18: MULK		2	
19: =	MW	2	

20: UN	M	122	Solange der Übertrag in der 2. Stufe noch 0 ist, wird zum Löschen gesprungen.
21: SW		24	

22: L	K	1	Wenn der Übertrag in der zweiten Stufe nicht mehr gleich 0 ist, wird diese Stufe auf 0 gesetzt.
23: =	MW	2	

24: U	E	2	Erzeugung des Löschimpulses
25: UN	M	33	
26: =	M	34	
27: U	E	2	
28: =	M	33	

29: U	M	34	Löschen, d. h. Nullstellen der beiden Zählstufen durch E2.
30: SW		3	

31: U	E	1	Erzeugen des Zählimpulses M32
32: UN	M	31	
33: =	M	32	
34: U	E	1	
35: =	M	31	

2.4 Anwendung der analogen Schnittstellen und der Wortverarbeitung ...

36: L   MW 1   Abbilden des Merkerworts MW1 als Bitfolge ab M1
37: TBW M   1

38: L   MW 2   Abbilden des Merkerworts MW2 als Bitfolge ab M51
39: TBW M 51

40: PE

Durch entsprechende logische Kombination der Bitmerker aus den Mengen M1 bis M16 und M51 bis M66 kann jede zweistellige Hexadezimalzahl ausgegeben oder zur Auslösung bestimmter Prozeßabläufe genutzt werden.

Eine Erweiterung um ein oder zwei Stufen erfordert keinen wesentlich höheren Programmieraufwand.

Das vorteilhafte Programmieren von Zählern durch Nutzung der Wortverknüpfung soll abschließend noch einmal am Beispiel eines dualen Vor- und Rückwärtszählers mit 8-Bit-Breite gezeigt werden.

Dieser duale Zähler soll folgende Eigenschaften besitzen: Gezählt werden die 0/1-Flanken am Eingang E1. Gelöscht wird mit einem 1-Signal am Eingang E2. E3 = 1 bedeutet: „Vorwärtszählen", E3 = 0 bedeutet: „Rückwärtszählen". Der mögliche Zählbereich sei 65535. Beim Überschreiten dieses Zählbereichs wird ein Merker M100 gesetzt und der Zähler beginnt von 0 ab weiter zu zählen. Beim Unterschreiten der 0 wird ebenfalls der Speicher M100 gesetzt und der Zähler bleibt stehen. Ein solcher Zähler kann folgendermaßen programmiert werden:

1: LBW M 51   WVKE mit Zählerinhalt laden

2: U   E   1   Flankenerkennung von E1
3: UN   M 13
4: =   M 12
5: U   E   1
6: =   M 13

7: UN   M 12   Wenn keine 0/1-Flanke am Zähleingang, dann kein
8: SW   13   Zählen, sondern weitermachen mit Löschen.

2 Die Programmierung der Grundstruktur in STEP 5

9:	UN	E 3
10:	SW	12
11:	ADD	K 2
12:	SUB	K 1
13:	UN	E 2
14:	SW	16
15:	L	K 0
16:	UN	M 122
17:	SW	21
18:	U	M 122
19:	SL	M 100
20:	L	K 0
21:	TBW	M 51
22:	U	E 2
23:	RL	M 100
24:	PE	

Wenn die Richtung „Vorwärts" nicht vorhanden ist, dann wird nach 12 gesprungen und „Rückwärts" gezählt.

Wenn die Richtung „Vorwärts" vorhanden ist (E3 = 1), dann wird vor der 1-Subtraktion die Konstante 2 addiert. Also insgesamt 1 vorwärts gezählt.

Wenn das Löschsignal E2 nicht vorhanden ist, geht es zur Frage nach der Zahlbereichsüber- oder -unterschreitung, sonst Einlesen der 0.

Wenn der Zählbereich nicht überschritten oder unterschritten wird, wird die Zahl in einer Bitfolge ab M51 abgelegt.

Beim Verlassen des Zählbereichs wird der Merker M100 gesetzt und der Zähler auf „Null" gesetzt und erst dann ausgegeben. Der Löschbefehl stellt den Merker M100 zurück.

Dieser Zähler zählt bis 65535, hat aber den Nachteil, daß die Festlegung einer bestimmten ausgewählten Zahl mit einer konjunktiven Verknüpfung von 16 Merkersignalen verbunden ist. Für das Herausgreifen bestimmter Zahlen sind also die bereits beschriebenen ein- oder mehrstufigen oktalen oder hexadezimalen Ringzähler wesentlich besser geeignet.

Wenn es um die laufende Anzeige von Zählergebnissen beim Vorwärtszählen geht, ist es besonders vorteilhaft, den Zähler als mehrstufigen BCD-kodierten Zähler aufzubauen. Die an den Ausgsängen BCD-kodiert vorliegenden Dezimalstellen können dann mit entsprechenden BCD-Siebensegment-Umkodierschaltkreisen, die hardwaremäßig vorliegen, zur Anzeige gebracht werden.

Der folgende Baustein realisiert einen solchen Zähler. Die BCD-Ausgänge der Einer liegen auf A4, A3, A2, A1 und die der Zehner auf A8, A7, A6, A5. Der Zählereingang ist wieder E1 und die Rückstellung E2.

2.4 Anwendung der analogen Schnittstellen und der Wortverarbeitung ...

1:	LBB	M	1	19:	L	K	0	37: RL	M101
2:	U	E	1	20:	TBB	M	1	38: KL	K 10
3:	UN	M	23	21:	U	M	1	39: SW	43
4:	=	M	22	22:	=	A	1	40: UN	M101
5:	U	E	1	23:	U	M	2	41: SL	M101
6:	=	M	23	24:	=	A	2	42: L	K 0
7:	UN	M	22	25:	U	M	3	43: TBB	M 11
8:	SW		10	26:	=	A	3	44: U	M 11
9:	ADD	K	1	27:	U	M	4	45: =	A 5
10:	UN	E	2	28:	=	A	4	46: U	M 12
11:	SW		13	29:	LBB	M	11	47: =	A 6
12:	L	K	0	30:	UN	M100		48: U	M 13
13:	U	M100		31:	SW		33	49: =	A 7
14:	RL	M100		32:	ADD	K	1	50: U	M 14
15:	KL	K	10	33:	UN	E	2	51: =	A 8
16:	SW		20	34:	SW		36	52: PE	
17:	UN	M100		35:	L	K	0		
18:	SL	M100		36:	U	M101			

Zum Fall 3:

Angewendet werden können die Arithmetikbefehle **ADD, SUB, MUL** und **DIV**. Solange das Ergebnis den Wertebereich $0 \le W \le 65535$ nicht verläßt, ist das Arbeiten mit diesen Befehlen unproblematisch. Durch Einlesen der analogen Eingänge oder von Bitspuren können die zu verarbeitenden Zahlen auf Wortmerker gebracht werden. Wortmerker werden auch als Zwischenspeicher genutzt.

Angenommen MW1 speichert die 50 000 und MW2 die 20 000, dann wird mit folgendem Programm die Summe gebildet:

```
L    MW 1      50 000
ADD  MW 2      20 000
=    MW 3       4 464  + M122 × 65 536
```

Der Bitmerker M122 wird dann gleich 1, wenn das Ergebnis 65536 und mehr beträgt. Im Rechenwerk steht dann beim Erreichen der 65536 (Überlauf) die 0. Das Unterschreiten der 0 beim Subtrahieren wird ebenfalls mit dem Merker M122 angezeigt.

2 Die Programmierung der Grundstruktur in STEP 5

Wenn das Ergebnis -1 beträgt, erscheint im Rechenwerk die 65535 und M122 wird gleich 1. M122 = 1 heißt in diesem Fall, daß vom Ergebnis die 65536 abzuziehen ist. Überschreitet das Ergebnis beim Multiplizieren den zulässigen Zahlenbereich, stehen im Rechner nur die unteren 16 Bit des Ergebnisses und M122 wird gleich 1. Die höheren Bit gehen verloren.

Beim Dividieren zeigt M122 eine unzulässige Operation an, der ganzzahlige Teil des Ergebnisses erscheint im Register und der Divisionsrest kann vom Wortmerker MW56 abgerufen werden. Dieser Merker ist für diesen Zweck reserviert.

Die Praxis hat gezeigt, daß Einsteigern in die SPS-Technik auf der Grundlage der genauen Kenntnis der Programmierung kleiner kompakter Steuerungen mit Hilfe von Personalcomputern und der entsprechenden Software die Einarbeitung in andere Software zur Programmierung größter Steuerungen mit möglicher Unterprogrammtechnik relativ leicht gefallen ist.

Besonders geeignet sind dafür solche Steuerungen, die über eine Wortverarbeitung und analoge Ein- und Ausgänge verfügen. Es lassen sich mit Hilfe dieser relativ preisgünstigen Technik bis auf den Einsatz der Unterprogrammtechnik alle Möglichkeiten der SPS-Programmierung praktisch umsetzen.

Die hier angewendeten Befehle sind direkt auf die MODICON A020 plus mit der Programmiersoftware DOLOG AKL zugeschnitten. Beim Einsatz anderer Systeme gibt es Abweichungen in der Semantik und auch andere Besonderheiten, die man relativ schnell aus den Anwenderhandbüchern der Hersteller oder auch aus der Fachliteratur (s. Literaturverzeichnis) erlernen kann.

Als Grundsprache für das Erlernen der Entwicklung von Anwenderprogrammen für Maschinenbausteuerungen wurde hier diese Version der Programmiersprache STEP 5 eingeführt, weil sie bei den AEG- und SIEMENS-Steuerungen mit nur geringfügigen gerätetypischen Abweichungen zum Einsatz kommt und auch eine sehr gute Grundlage für die Programmierung der SPS-Technik von Klöckner und Moeller, BOSCH, Schiele usw. bietet.

Ein guter Einstieg in die SPS-Technik wird dem Leser dann gelingen, wenn er sich die hier als Grundsprache angegebene Version von STEP 5 zu eigen macht und damit die Gestaltung von Steuerungen erlernt.

Es wird ihm dann nach dem Studium der Projektierungsmethoden im nächsten Abschnitt möglich sein, Steuerungsstrukturen in dieser wichtigen Version von STEP 5 aufzuschreiben.

Das Übersetzen der Anweisungliste in einen anderen gerätechnisch modifizierten Dialekt ist eine zweitrangige Aufgabe.

Bei der Schaffung sehr umfangreicher SPS-Programme sollte allerdings mit Programmbausteinen und Funktionsbausteinen gearbeitet werden, die dann zum Gesamtprogramm verknüpft werden (strukturierte Programmierung). Diese Art der Programmierung ist nur bei größeren SPS möglich und setzt voraus, daß der Anwender die Grundlagen der STEP-5-Programmierung, soweit sie hier dargestellt wurden, beherrscht [1], [2].

2.5 Einige Besonderheiten bei der Programmierung der MODICON A120

Die MODICON A120 ist eine modular aufgebaute Steuerung, die schon für recht umfangreiche Anwendungsfälle geeignet ist ([1], [2]). Sie kann mit der Software DOLOG AKF programmiert werden. Zur Kompakttechnik der AEG gibt es bei dieser Steuerung die folgenden wesentlichen Unterschiede:

1. Es ist neben der bei der MODICON A020 üblichen absoluten Adressierung eine symbolische Adressierung möglich.
   Dadurch wird die Erstellung von Anwenderprogrammen ohne Bezug zur konkreten Hardware möglich. Der Zusammenhang zwischen den vom Programmierer frei wählbaren symbolischen Adressen und den konkreten hardwaremäßig bestimmten Adressen wird dann in 10 möglichen Datenbausteinen festgelegt.
2. Es ist möglich, vom Organisationsbaustein (OB1) aus bedingt oder unbedingt Programmbausteine und Funktionsbausteine aufzurufen.
   Funktionsbausteine haben symbolische Adressen. Sie können mehrmals aufgerufen und immer wieder neu absolut adressiert werden. Sie werden bei solchen Funktionselementen eingesetzt, die mehrmals benötigt werden.

2 Die Programmierung der Grundstruktur in STEP 5

Da außerdem der Organisationsbaustein und alle Programm- und Funktionbausteine aus mehreren Netzwerken aufgebaut werden können, ist bei dieser großen Steuerung eine übersichtliche Strukturierung des Gesamtprogramms möglich.

Kleine Steuerungen können bei der A120 selbstverständlich auch vollständig im Organisationsbaustein abgelegt werden.

Im folgenden sollen die für den Anfänger wichtigen Besonderheiten kurz dargestellt werden, die zu beachten sind, wenn man von der MODICON A020-Programmierung auf die MODICON A120-Programmierung umsteigt.

Auf die symbolische Programmierung und das Erarbeiten von Funktionsbausteinen soll hier nicht weiter eingegangen werden (siehe [1] und [2]).

1. Adressierung
   Die Eingangs- und Ausgangsbaugruppen sind kanalweise zu adressieren. Ein Kanal umfaßt ein Wort (16 Bit). Im Beispiel soll angenommen werden, es gibt die Adressen:
   E 2.1 bis E2.16
   E 3.1 bis E 3.16 und A 4.1 bis A 4.16.
   Steckplatz 2 ist der 1. verfügbare Platz (links davon befinden sich die Stromversorgung und die CPU).

2. Logikprogrammierung
   Es gibt keine Unterschiede gegenüber den kleineren Kompaktsteuerungen.

3. Signalspeicher
   ODER-Funktionen vor Setz- und Rücksetzbefehlen sind grundsätzlich einzuklammern. Setzen und rücksetzen werden durch S und R markiert (nicht SL und RL).
   Jede Speicherprogrammierung muß mit einer Zuweisung des Ausganges abgeschlossen werden:

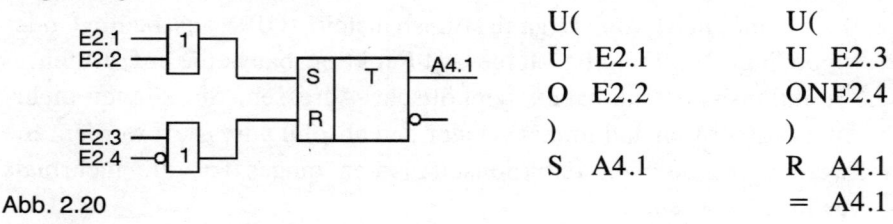

```
                           U(              U(
                           U   E2.1        U   E2.3
                           O   E2.2        ON  E2.4
                           )               )
                           S   A4.1        R   A4.1
                                           =   A4.1
```

Abb. 2.20

2.5 Einige Besonderheiten bei der Programmierung der MODICON A120

4. Zeitglieder — Einschaltverzögerung

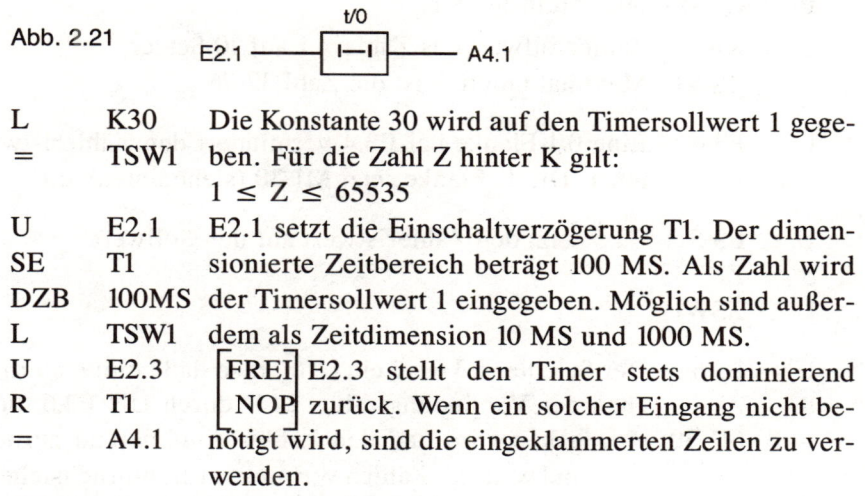

Abb. 2.21 E2.1 ────┤ t/0 ├──── A4.1
                    │I—I│

L	K30	Die Konstante 30 wird auf den Timersollwert 1 gege-
=	TSW1	ben. Für die Zahl Z hinter K gilt:
		$1 \leq Z \leq 65535$
U	E2.1	E2.1 setzt die Einschaltverzögerung T1. Der dimen-
SE	T1	sionierte Zeitbereich beträgt 100 MS. Als Zahl wird
DZB	100MS	der Timersollwert 1 eingegeben. Möglich sind außer-
L	TSW1	dem als Zeitdimension 10 MS und 1000 MS.
U	E2.3	⎡FREI⎤ E2.3 stellt den Timer stets dominierend
R	T1	⎣NOP⎦ zurück. Wenn ein solcher Eingang nicht be-
=	A4.1	nötigt wird, sind die eingeklammerten Zeilen zu ver-
		wenden.

Wenn andere Zeitfunktionen realisiert werden sollen, ist stets nur die Zeile SE   T1 zu ersetzen

Abschaltverzögerung: SE   T1 → SA   T1,
Monostabile Kippstufe: SE   T1 → SI   T1,
Impulsverlängerung: SE   T1 → SV   T1.

Wenn Signalspeicher durch Impulse gesetzt werden müssen, kann man auch hier die Zyklusdauer nutzen. Das ist mit den gleichen Befehlen möglich, die bei den kleineren Kompaktsteuerungen eingesetzt weden.

Durch Nutzung der folgenden Flankenbefehle kann man die Programmlänge etwas verkürzen.

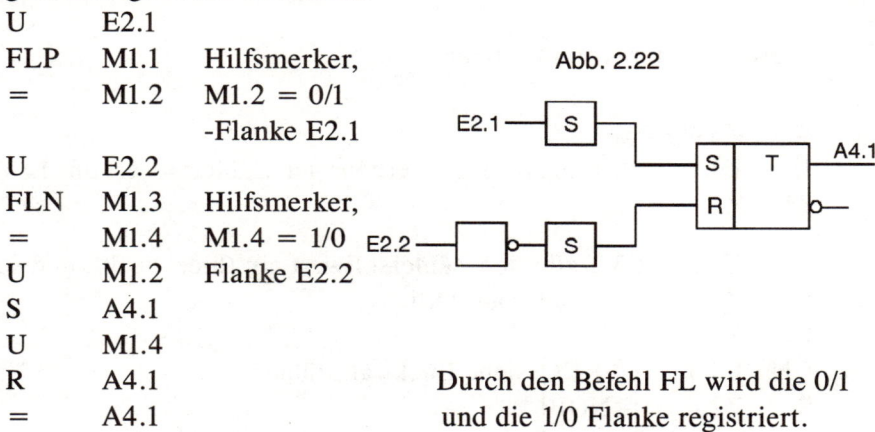

U	E2.1		
FLP	M1.1	Hilfsmerker,	Abb. 2.22
=	M1.2	M1.2 = 0/1	
		-Flanke E2.1	
U	E2.2		
FLN	M1.3	Hilfsmerker,	
=	M1.4	M1.4 = 1/0	
U	M1.2	Flanke E2.2	
S	A4.1		
U	M1.4		
R	A4.1		Durch den Befehl FL wird die 0/1
=	A4.1		und die 1/0 Flanke registriert.

2 Die Programmierung der Grundstrukturen in STEP 5

5. Zähler

Rückwärtszähler, voreinstellbar

L	K10	Zählersollwert des Zählers 1 auf 10 Setzen.
=	ZSW1	Maximal möglich ist die Zahl 32 767.

U	E3.4	Eine 0/1-Flanke bei E3.4 vermindert den Zähleristwert
ZR	Z1	um 1. Die 1. Flanke setzt M1.30 (siehe unten) auf 1.

U	E3.5	E3.5 setzt den Zähleristwert auf den Sollwert.
S	Z1	
L	ZSW1	

UN	E3.6	Der Schalter E3.6 sei ein Öffner, so daß beim Unterbre-
R	Z1	chen der Verbindung mit +24 V durch UN E3.6 die 1
=	M1.30	eingegeben wird und den Zähler dominierend zurück-

setzt und weiteres Zählen verhindert (drahtbruchsicher). Wenn diese Rückstellung nicht benötigt wird, dann anstelle dieser Befehle FREI und NOP eingeben.
M1.30 wird 0, wenn der Zähleristwert gleich 0 ist, aber erst wieder 1, wenn E3.5 den Istwert auf den Sollwert gestellt hat und der erste Impuls bei E3.4 ankommt.

L	ZIW1	Diese drei Zusatzbefehle sorgen dafür, daß der Zähler-
<	K1	ausgang A4.11 beim Erreichen der 0 gleich 1 (Sollwert
=	A4.11	wurde erreicht) und beim Rückstellen mit E3.4 wieder

gleich 0 wird. Dadurch wird die volle Analogie zu den Zählern der MODICON A020 erreicht.

Vorwärtszähler, voreinstellbar

L	K10	
=	ZSW2	

U	E3.1	0/1-Flanke an E3.1 erhöht den Zähleristwert um 1.
ZV	Z2	

U	E3.2	E3.2 gibt den Zählersollwert ein (hier die 10) und setzt
S	Z2	den Zähler auf null.
L	ZSW2	
UN	E3.3	$\begin{bmatrix} \text{FREI} \\ \text{NOP} \end{bmatrix}$ siehe Rückwärtszähler
R	Z2	

2.5 Besonderheiten bei der Programmierung der MODICON A120

=	M1.31	Wird bei der ersten 0/1-Flanke an E3.1 gleich 1 und beim Erreichen des Sollwertes gleich 0.
L	ZIW2	Wenn der Zähleristwert ≥ dem Zählersollwert wird,
>=	ZSW2	führt A4.10 das Signal 1. Sobald durch E3.2 der Zäh-
=	A4.10	ler zurückgesetzt wird, ist A4.10 gleich 0.

Zähler mit sofortiger Zählerbereitschaft und einstellbarer Ausgangsimpulsdauer:

Häufig werden Zähler benötigt, die unmittelbar nach dem Einschalten der Steuerung funktionsfähig sind und auch nach dem Erreichen eines Zählergebnisses sofort weiterzählen können, aber dennoch beim Erreichen des Zählergebnisses eine bestimmte Zeit Ausgangssignal geben. Diese Zeit soll entweder durch den Programmablauf oder durch einen Timer intern begrenzt sein. Es kann aber vorausgesetzt werden, daß der Zähler vor dem Löschen des Ausgangs das nächste Zählergebnis noch nicht erreicht hat.

Ein solcher, relativ vielseitig einsetzbarer Zähler kann bei Verwendung der MODICON A120 von der AEG folgendermaßen programmiert werden:

E3.1 sei der Zählereingang. Der Zählersollwert sei gleich 100. M1.1 sei der Zählerausgang. Er soll beim Erreichen des Zählergebnisses 10 s anliegen. In dieser Zeit werden schon wieder Eingänge gezählt, aber die 100 noch nicht erreicht.

LK100	USM2	NOP	UM4.11	LK1000	LTSW1
=ZSW1	OM4.11	=M1.30	SM1.1	=TSW1	FREI
	)		UM4.12		NOP
UE3.1	SZ1	LZIW1	RM1.1	UM1.1	=M4.12
ZRZ1	LZSW1	<K1	=M1.1	SET1	
U(	FREI	=M4.11		DZB10MS	

Anstelle des Timerausgangs M4.12 kann zum Rücksetzen von M1.1 natürlich auch eine prozeßabhängige Größe, z. B. E3.2, genutzt werden. Dann entfällt selbstverständlich das Timerprogramm ab LK1000.

SMS ist der Einschaltmerker. Er ist nur während des ersten Rechnerzyklus nach dem Einschalten gleich 1 und setzt dann sofort den Zähler (sofortige Zählbereitschaft).

65

2 Die Programmierung der Grundstrukturen in STEP 5

Differenzenzähler:

L	K5	Zählersollwert wird auf 5 gesetzt.
=	ZSW3	

U	E3.7	0/1-Flanke an E3.7 erhöht den Zählerinhalt.
Z+	Z3	

Wenn der Sollwert erreicht ist, hat E3.7 keine Wirkung mehr.

U	E3.8	0/1-Flanke an E3.8 vermindert den Zählerinhalt.
Z−	Z3	

```
U    E3.9      Voreinstellen des Zählers
S    Z3
L    ZSW3
UN   E3.10     ⎡FREI⎤   siehe Rückwärtszähler
R    Z3        ⎣NOP ⎦
=    A4.12
```

Wird beim Voreinstellen gleich 0 und beim Erreichen der 5 gleich 1.

Zählen durch Nutzen der Befehle ROL und ROR:

Mit Hilfe der Befehle ROL und ROR kann man ein Merkerbyte und ein Merkerwort folgendermaßen verändern:

```
U    MB1
ROL  K1        00000001  →  00000010
=    MB1
```

Der Speicherinhalt wird hier um eine Stelle (K1) nach links gerollt. Die höchste Stelle wird dabei zur niedrigsten.

Der Befehl ROR veranlaßt analog das Rollen nach rechts. Die erste Stufe eines dekadischen Ringschiebers mit dem Eingang E3.1, dem Löschsignal E3.2 und dem Übertrag M1.11 kann man durch Nutzung dieser Befehle folgendermaßen programmieren:

2.5 Einige Besonderheiten bei der Programmierung der MODICON A120

| | U | SM2 | Der Systemmerker SM2 ist nach dem Start der A120 während des ersten Zyklus gleich 1, danach immer gleich 0. Der Sprung wird während des 1. Zyklus nicht ausgeführt. |
| | SPZ | MA1 | |

| | L | K1 | Nach dem Start erhält also das Merkerwort 1 in der niedrigsten Stelle die 1. Die dekadische Null ist damit markiert. |
| | = | MW1 | |

MA1 :U		E3.1	
	FLP	M1.31	Der Merker M1.32 stellt die Impulsflanke der Eingangsgröße E3.1 dar.
	=	M1.32	

| | U | M1.32 | Wenn diese Flanke kommt, wird der Nullsprung zur Marke MA2 übergangen und gezählt. |
| | SPZ | MA2 | |

	U	MW1	Es wird gezählt.
	ROL	K1	
	=	MW1	

MA2 :L		MW1	Die 11 niedrigsten Stellen des MW1 werden als Bitspur ab Bitmerker M1.1 abgelegt. Die Ziffer 0 entspricht der M1.1. Die Ziffer 9 entspricht der M1.10 und wenn die 10 erreicht wird, ist M1.11 gleich 1.
	TBW	M1.1	
	DBB	ANZ11	

	U	M1.11	Wenn die 10 erreicht oder zurückgestellt wird, wird der Sprung nicht ausgeführt.
	O	E3.2	
	SPZ	MA3	

| | L | K1 | Es wird dann zurückgestellt. |
| | = | MW1 | |

MA3 :L		MW1	Die niedrigsten 10 Bit des Merkerwort 1, die für die Ziffern 0 bis 9 stehen, werden auf Bitspur ab A4.1 gegeben. M1.11 wird als Eingang für die nächste Stufe genutzt.
	TBW	A4.1	
	DBB	ANZ10	

2 Die Programmierung der Grundstrukturen in STEP 5

BCD Zähler, zweistellig:

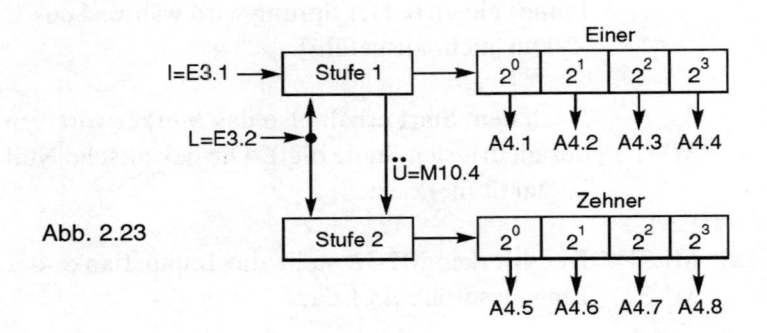

Abb. 2.23

```
                                           Einer
                                     ┌──┬──┬──┬──┐
   I=E3.1 ──►┌────────┐         ──► │2⁰│2¹│2²│2³│
            │ Stufe 1 │            └──┴──┴──┴──┘
            └────────┘              ▼  ▼  ▼  ▼
                ▲                  A4.1 A4.2 A4.3 A4.4
   L=E3.2 ──►●
                ▼   Ü=M10.4            Zehner
            ┌────────┐             ┌──┬──┬──┬──┐
            │ Stufe 2 │        ──► │2⁰│2¹│2²│2³│
            └────────┘             └──┴──┴──┴──┘
                                    ▼  ▼  ▼  ▼
                                  A4.5 A4.6 A4.7 A4.8
```

U	E3.1	Erzeugung der 0/1-Flanke von E3.1
FLP	M10.1	
=	M10.2	
U	M10.2	Wenn diese Flanke gleich 0 ist, wird nicht ge-
SPZ	MA1	zählt.
L	MB1	Wenn sie gleich 1 ist, wird inkrementiert, d. h.
INC		der Inhalt von MB1 wird um 1 erhöht.
=	MB1	
MA1 :L	MB1	Die vier niedrigsten Stellen des MB1 werden als
TBB	A4.1	Bitspur ab A4.1 ausgegeben.
DBB	ANZ4	
L	MB1	Wenn MB1 noch nicht gleich 10 ist, geht das
==	K10	Programm bei MA2 weiter. Andernfalls wird das
SPZ	MA2	MB1 gleich 0 gesetzt und der Übertrag erarbeitet.
L	K0	Nullsetzen der 1. Stufe beim Erreichen der 10.
=	MB1	
MA2 :UN	A4.1	Alle Ausgänge der 1. Stufe sind gleich 0.
UN	A4.2	
UN	A4.3	
UN	A4.4	

2.5 Einige Besonderheiten bei der Programmierung der MODICON A120

```
        UN    SM2        Der Startzyklus ist vorüber.
        UN    M10.8      M10.8 ist gleich 1, wenn der Startzyklus vorüber
        =     M10.3      ist und noch kein Eingangsimpuls anlag oder
                         wenn der Zähler gelöscht wurde und danach
                         noch kein Eingang vorhanden war. Der Befehl
                         UN M10.8 verhindert dann den Übertrag.

        U     M10.3
        FLP   M10.5
        =     M10.4      Übertragsimpuls

        U     M10.4
        SPZ   MA3

        L     MB2        Wenn der Übertrag gleich 1 ist, wird in der 2.
        INC              Stufe gezählt.
        =     MB2

MA3 :L        MB2        Ausgabe der 2. Stufe
        TBB   A4.5
        DBB   ANZ4

        L     MB2        Löschen der 2. Stufe beim Überlauf
        ==    K10
        SPZ   MA4
        L     K0
        =     MB2

MA4 :U        E3.2       Erzeugen des Löschimpulses
        FLP   M10.7
        =     M10.6

        U(               Erzeugen des Signals M10.8, das den Übertrag
        U     SM2        in unerwünschten Fällen sperrt.
        O     M10.6
        )
        S     M10.8
        U     A4.1
        R     M10.8
        =     M10.8
```

69

2 Die Programmierung der Grundstrukturen in STEP 5

    U   M10.6   Wenn der Löschimpuls anliegt, werden beide
SPZ MA5   Stufen zurückgestellt.

    L   K0
    =   MB1
    =   MB2

MA5 :NOP
   ***

3 Methodologische Grundlagen zur Projektierung von Programmsteuerschaltungen

3.1 Die stellbefehlsorientierte Projektierung

3.1.1 Die Analyse des Steuerungsproblems

Der Automat wird zunächst mit Hilfe einer Geräteskizze und einer verbalen Funktionsbeschreibung (Konstruktionsbeschreibung) beschrieben.

Der in der Geräteskizze dargestellte Automat dient dazu, die beiden radialen Bohrungen des Werkstücks (*Abb. 3.1*) zu fertigen. Die auf einer Drehmaschine vorbearbeiteten Teile befinden sich in einem Magazin, das sie auf einer schiefen Ebene verlassen. Sie rollen auf diese Weise in ein Spannprisma, das zu diesem Zweck in seiner unteren Stellung eine ein-

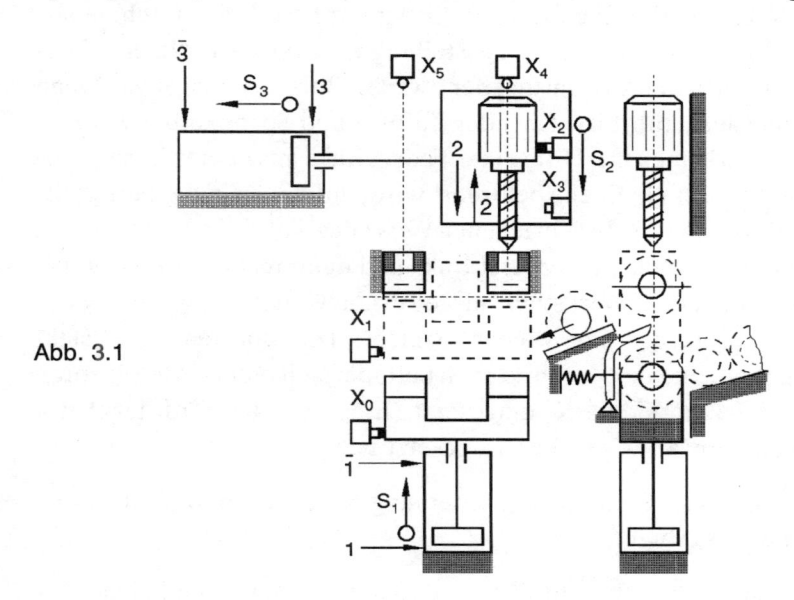

Abb. 3.1

Abb. 3.2

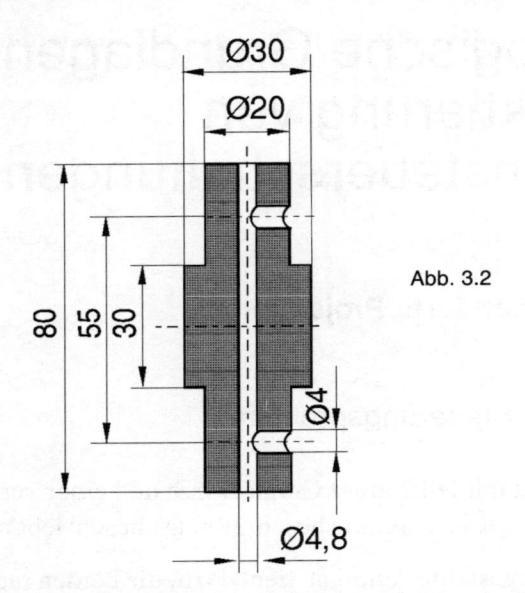

stellbare Zeit verharren muß. Das wird durch eine Verzögerung des Schaltersignals X_0 erreicht. Das Ausgangssignal dieser Zeitstufe wird mit X_{0v} bezeichnet. Wenn eingeschaltet ist, wird nach Ablauf dieser Verharrzeit das Werkstück gespannt und danach die Ausführung der ersten Bohrung ausgelöst. Nach Ausführung dieser Bohrung wird die Bohrmaschine aus der rechten in die linke Bearbeitungsstellung transportiert. Nach erfolgtem Transport wird die Ausführung der zweiten Bohrung ausgelöst. Wenn diese Bohrung ausgeführt ist, fährt der Zuführ- und Spannkolben zurück, wodurch das Werkstück mit Hilfe einer Federklinke aus dem Prisma gehoben und auf eine schiefe Ebene befördert wird, auf der es in die Fertigteilkiste rollt. Nun erfolgt in beschriebener Weise das Zuführen und Spannen des nächsten Werkstücks, das zuerst links und dann rechts gebohrt wird. Wenn das bearbeitete 2. Werkstück ausgeworfen worden ist, hat der Automat seine Ausgangsposition wieder erreicht. Die Bohrmaschine steht dann rechts oben, und der Zuführkolben befindet sich unten. Als Sensoren werden die Schalter X_0 bis X_5 eingesetzt. Eingeschaltet wird der Automat, wenn der Ein/Aus-Speicher T_E gesetzt ist.

Eindeutig wird die Funktionsbeschreibung erst durch die grafische Beschreibung des Ablaufs.

In der grafischen Ablaufbeschreibung können Steuerungs- und Schaltfolgediagramme der bekannten Art eingesetzt werden. Besonders bewährt hat sich ein spezielles kombiniertes Steuerungsschaltfolgediagramm, in dem der gesamte Bewegungsablauf mit sämtlichen Sensorwirkungen dargestellt wird. In diesem Diagramm werden die Sensoren als Punkte eingetragen (*Abb. 3.3*). Von diesen Punkten gehen senkrecht nach unten und/oder nach oben Wirkungen aus, die als Pfeile dargestellt werden. In dem Diagramm, in dem der Sensor als Ursache (Punkt) eine Wikrung auslöst, wird das als Kreis markiert. Erfolgt die Wirkung nur in dem Diagramm, in dem sich der Sensor befindet, genügt die Markierung als Punkt. Die Wegkoordinaten s_i und sämtliche Sensoren X_i sind auch in der Geräteskizze zu erkennen.

Um eine Eindeutigkeit der Befehlsbezeichnung zu erreichen und eine Überladung der Diagramme zu vermeiden, wird folgende Befehlsbezeichnung vereinbart und generell beibehalten:

Y_n bewirkt eine Bewegung in Richtung der positiven Wegkoordinate S_n,
Y_n^- bewirkt eine Bewegung in Richtung der negativen Wegkoordinate S_n.

Wenn Bewegungen von einer Endlage in die andere erfolgen, werden die sognannten Rücklaufbefehle Y_n^- nicht in die Projektierung einbezogen, weil sie sich stets durch folgende einfache Rechnung aus den Vorlaufbefehlen ergeben:

Bei pneumatischen und hydraulischen Antrieben gilt

$Y_n^- = \overline{Y}_n$.

Beim Einsatz elektrischer Antriebe ist die Unterdrückung der Vorlauf- und Rücklaufbefehle bei Halt in den Endlagen im Anschluß an die systematische Projektierung der Steuerung gesondert einzuarbeiten. Das erfolgt durch folgende einfache Verknüpfung der Stellbefehle mit dem Vorlaufbegrenzungsschalter X_V und dem Rücklaufbegrenzungsschalter X_R:

$Y_{nE} = Y_n \overline{X}_V$,
$Y_{\overline{nE}} = Y_n^- \overline{X}_R$.

Alle Ausgangsgrößen, die sich durch elementare Rechnungen dieser Art auf andere Ausgangs- und/oder Eingangsgrößen zurückführen lassen, werden in der 1. Phase der Projektierung nicht berücksichtigt. Sie heißen Sekundärbefehle.

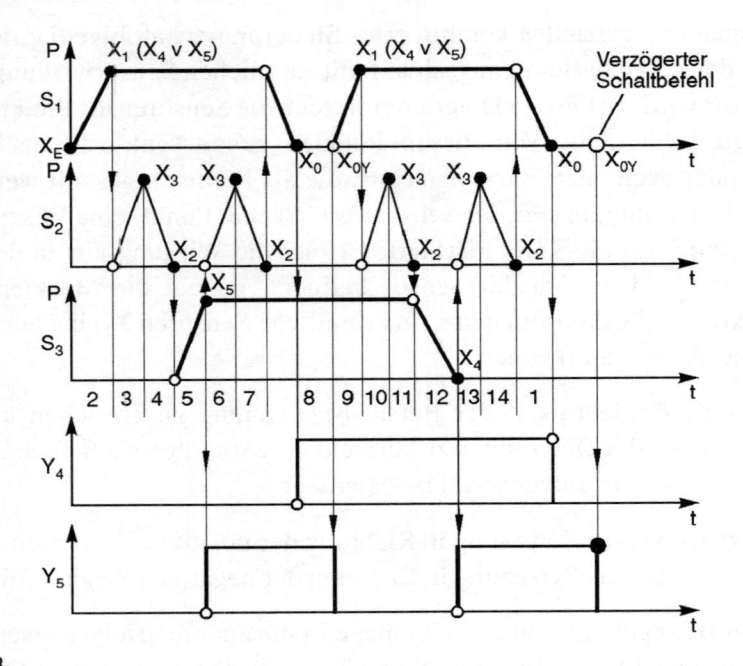

3 Methodologische Grundlagen zur Projektierung von Programmsteuerschaltungen

Abb. 3.3

Der Antriebsbefehl einer Bohrspindel, die immer dreht, wenn der Antrieb nicht hinten ist, läßt sich als Funktion des hinteren Schalters, also einer Eingangsgröße, sofort aufschreiben.

$Y_D = \overline{X}_H$.

Dieser Befehl ist also ebenfalls ein Sekundärbefehl. Wenn der Antrieb n stets von Endlage zu Endlage fährt, benötigt er einen Primärbefehl Y_n.

Hält der Antrieb K wenigstens einmal zwischen den Endlagen an, benötigt man für diesen Antrieb die beiden Primärbefehle Y_K und $Y_{\overline{K}}$.

Für das Beispiel (*Abb. 3.3*) werden also die Primärbefehle Y_1, Y_2 und Y_3 benötigt.

Die Größen Y_4 und Y_5 sind Hilfsgrößen, deren Notwendigkeit sich bei der Anwendung des Entwurfsverfahrens herausstellen wird.

3.1.2 Das Wesen des stellbefehlsorientierten Entwurfs

Das hier beschriebene Projektierungsverfahren wird als „stellbefehlsorientiert" bezeichnet, weil für jeden Primärstellbefehl ein Signalspeicher eingeführt wird.

Die Setz- und Rücksetzbefehle dieser Signalspeicher werden mit Hilfe von Zeitgliedern und logischen Verknüpfungen aus den Eingangs- und Ausgangsgrößen sowie aus teilweise erforderlichen Hilfsgrößen gewonnen.

Wenn Setz- und Rücksetzbefehle nicht kürzer sind als die gesetzten oder zurückgesetzten Signalspeicherausgänge, müssen sie durch den Einsatz von monostabilen Kippstufen kürzer gemacht werden, weil sonst die Signalspeicher im entscheidenden Moment nicht stellbar sind.

Abb. 3.4

$\dot{X}_n^+$ heißt, daß die 0/1-Flanke von X_n den Speicher schalten soll. Wenn der Schaltvorgang durch die 1/0-Flanke ausgelöst werden soll, wird das Signal mit $\dot{X}_n^-$ bezeichnet.

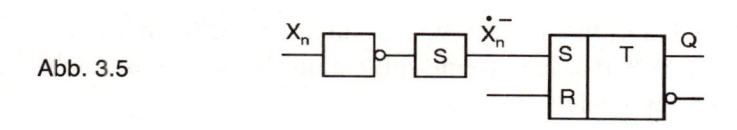

Abb. 3.5

Die beim Festlegen der Setz- und Rücksetzbefehle auftretenden Probleme können anhand des Einführungsbeispiels recht gut erläutert werden.

Der Setzbefehl des Stellbefehlsspeichers Y_1 kann relativ leicht aus dem kombinierten Steuerungsschaltfolgediagramm abgelesen werden. In der linken Bearbeitungsposition (X_5) fährt der Transportkolben unabhängig vom Ein-/Ausspeicherausgang T_E immer an, wenn der ansprechverzögerte Befehl von X_0 (X_{0v}) bekannt gibt, daß ein Teil mit Sicherheit in das Transportprisma gerollt ist. In der rechten Bearbeitungsposition muß der Speicherausgang T_E mit einbezogen werden, weil es möglich sein muß, die Maschine in dieser Position anzuhalten.

3 Methodologische Grundlagen zur Projektierung von Programmsteuerschaltungen

Als Schaltalgebragleichung kann man diese Aussage folgendermaßen aufschreiben:

$$S_1 = X_{0v}(X_5 \vee X_4 T_E).$$

Wenn in der Aufgabenstellung nicht ausdrücklich verlangt wäre, daß die Maschine nur in der rechten Bearbeitungsposition stehenbleiben darf, würde hier $S_1 = X_{0v} T_E$ genügen.

Relativ kompliziert ist es, den Rücksetzbefehl des 1. Signalspeichers aufzuschreiben. Laut kombiniertem Steuerungsschaltfolgediagramm ist das auslösende Signal die Eingangsgröße X_2.

Unter der t-Achse von S_3 befindet sich eine Takt- oder Zustandsnumerierung von 1 bis 14. X_2 wirkt in den Zuständen 8 und 9. Y_1 ist aber nur im 8-Zustand zurückgesetzt. Es muß also $\dot{X}_2^+$ für das Rücksetzen genutzt werden. Der Impuls X_2 ist in Diagramm als Punkt von X_2 viermal zu erkennen, aber in nur 2 Fällen darf Y_1 zurückgesetzt werden. Man muß nun versuchen, durch eine konjunktive Verknüpfung mit vorhandenen Signalen zu erreichen, daß X_2 nur an den geforderten Stellen aktiv ist.

In sehr viel Fällen gelingt das problemlos. Hier kann man durch eine solche Verknüpfung mit einem vorhandenen Signal das Problem nicht lösen, weil ein solches Signal ganz einfach nicht vorhanden ist.

In diesen Fällen muß man eine Hilfsgröße einführen. In der Relaistechnik sprach man von einem Hilfsrelais. Heute sollte dafür besser die Bezeichnung Hilfsspeicher verwendet werden.

Ein solcher Hilfsspeicher muß zwei Forderungen unbedingt erfüllen:

- Er muß durch eine konjunktive Verknüpfung mit dem auslösenden Impuls und unter Umständen mit weiteren vorhandenen Signalen die Festlegung der Aktivitätsstellen ermöglichen
- und muß selbst leicht gesetzt und rückgesetzt werden können.

Durch die Auswahl günstiger Hilfsspeicher hat der Projektant an dieser Stelle die Möglichkeit, dem Entwurf seine persönliche Note aufzuprägen.

Wenn nach der hier vorgestellten Methode komplizierte und umfangreiche Probleme gelöst werden, führt das in der Regel zu sehr günstigen Strukturen, die durch eine gewisse Originalität gekennzeichnet sind.

3.1 Die stellbefehlsorientierte Projektierung

Im vorliegenden Beispiel könnte man den Hilfsspeicher Y_4 oder den Hilfsspeicher Y_5 einführen. Beide Speicher können durch die nachstehenden Befehle leicht gesetzt und zurückgesetzt werden:

$S_4 = X_0 X_5 \quad ; \quad R_4 = X_0 \overline{X_4}$

$S_5 = \dot{X}_4^+ \vee \dot{X}_5^+ \quad ; \quad R_5 = X_{0v}$

Für den 1. Speicher ergeben sich damit folgende Möglichkeiten:

$R_1 = \dot{X}_2^+ (\overline{Y}_4 X_5 \vee X_4 Y_4) \quad \text{oder} \quad R_1 = \dot{X}_2^+ Y_5$

Das Setzen und Rücksetzen des 2. Speichers kann sofort direkt aus dem Diagramm abgelesen werden:

$S_2 = \dot{X}_1^+ (X_4 \vee X_5) \vee \dot{X}_4^+ \vee \dot{X}_5^+ \quad ; \quad R_2 = X_3.$

Man beachte die erforderlichen monostabilen Kippstufen beim Setzbefehl. Die Klammer deutet an, daß selbstverständlich auch gewisse Sicherheiten in die Setz- und Rücksetzbefehle einbezogen werden können.

Für das Setzen und Rücksetzen des 3. Speichers lassen sich unter Verwendung der beiden Hilfsspeicher wieder zwei mögliche Befehle angeben:

$S_3 = \dot{X}_2^+ \overline{Y}_4 \quad ; \quad R_3 = \dot{X}_2^+ Y_4.$

Hierbei wurde berücksichtigt, daß gesetzte Speicher ihren Ausgang nicht ändern, wenn sie noch einmal gesetzt werden. Das gleiche gilt für das Rücksetzen. Bei Verwendung des Hilfsspeichers Y_5 ergibt sich:

$S_3 = \dot{X}_2^+ \overline{Y}_5 X_4 \quad ; \quad R_3 = \dot{X}_2^+ \overline{Y}_5 X_5.$

Damit wurden die beiden Strukturen (*Abb. 3.6* und *3.7*) für die Steuerung der Sondermaschine abgeleitet. Man beachte den Einbau der Endlagenunterdrückung für den Rücklauf der Bohrmaschine $Y_{\overline{2}}$!

Für die 2. Variante (*Abb. 3.7*) soll nun die Anweisungsliste aufgeschrieben werden. Da in der Ausgangslage bestimmte Schalter des Automaten gedrückt sind, können beim Start der Steuerung durch deren Kippstufen Speicher gesetzt werden. Das führt zu unkontrollierten Bewegungen am Automaten und muß deshalb verhindert werden.

Es ist deshalb notwendig, im Programm die Rücksetzbefehle nach den Setzbefehlen zu programmieren (dominierend „AUS") und beim Starten einen Richtimpuls zu erteilen, wie das von der Relaistechnik, Pneumatik und VPS-Technik her bekannt ist.

3 Methodologische Grundlagen zur Projektierung von Programmsteuerschaltungen

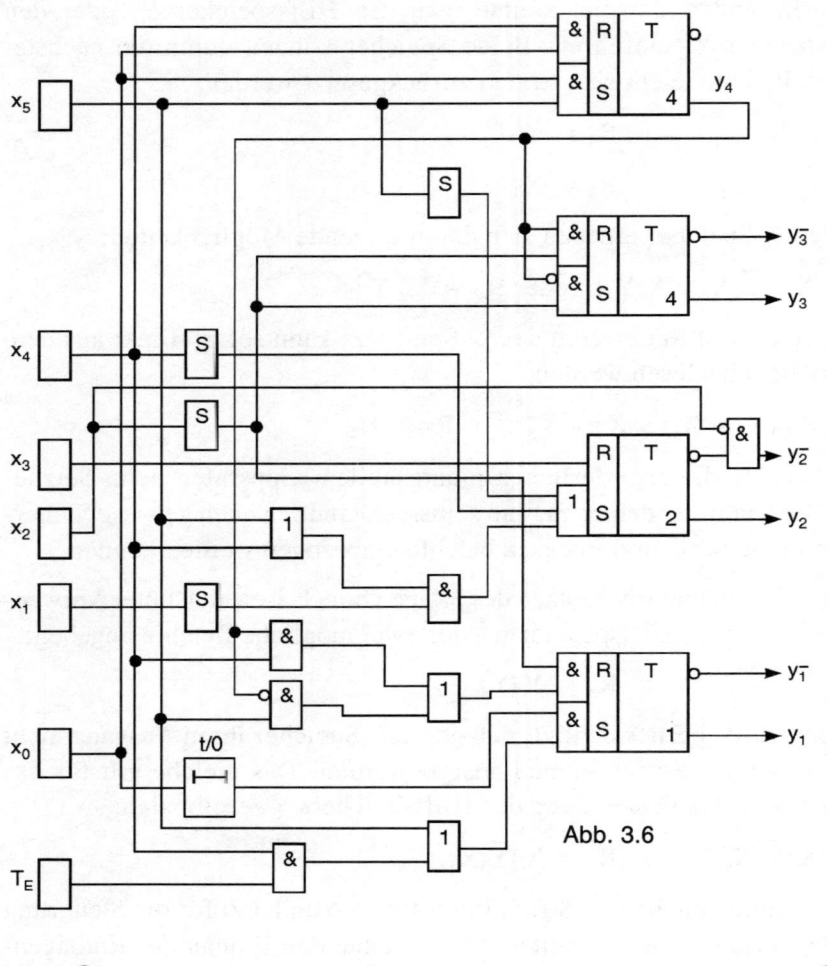

Abb. 3.6

①			
UN	M 101		
UN	M 103		
=	M 102		
UN	M 101		
=	M 103		
U	E 1		
=	T 1	30	

Erzeugung des Richtimpulses M102

Erzeugung einer Einschaltverzögerung von E1. Die Verzögerungszeit: $30 \times 0{,}1\ \mathrm{s} = 3\ \mathrm{s}$.

Erzeugung der monostabilen Kipp-

④		
U	M	5
U	M	4
O	M	102
RL	A	1
U	M	8
O	M	6
O(		
U	M	2
U(		

3.1 Die stellbefehlsorientierte Projektierung

Abb. 3.7

    ②

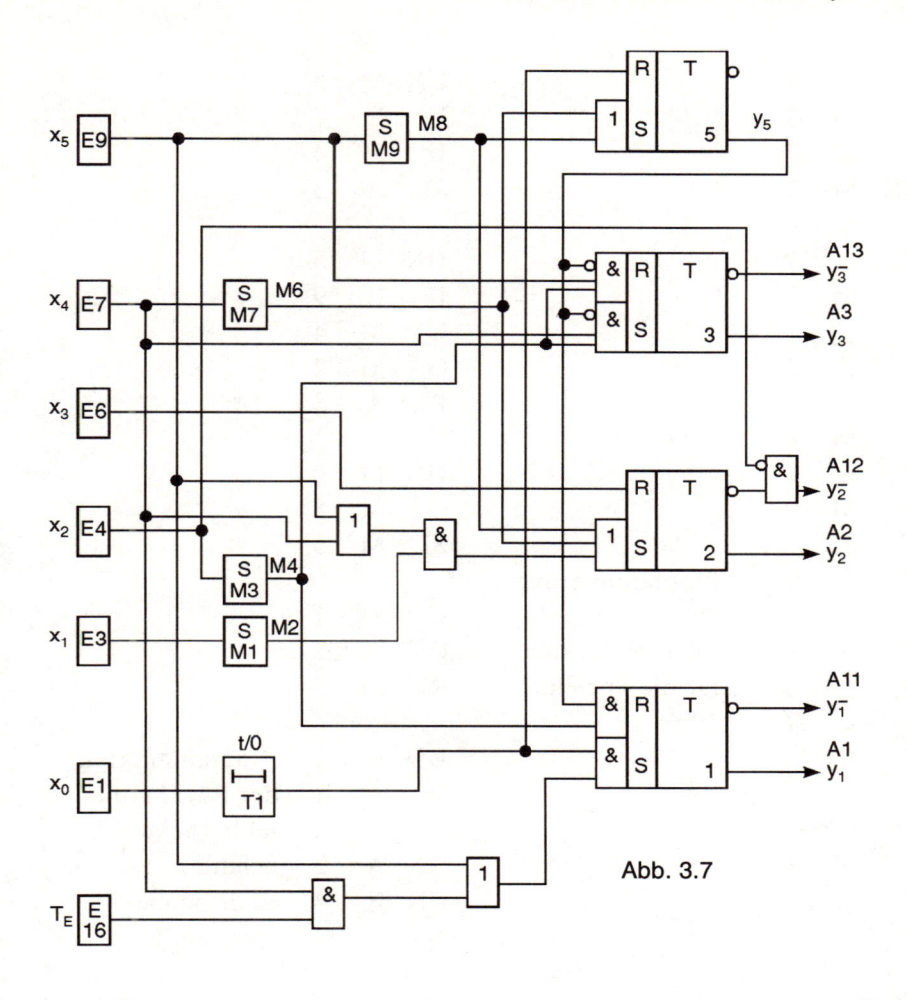

U	E	3
UN	M	1
=	M	2
U	E	3
=	M	1
U	E	4
UN	M	3
=	M	4

stufen (siehe S. 36). Der Speicher mit dem geraden Index ist der Kippstufenausgang.

    ⑤

U	E	9
O	E	7
)		
)		
SL	A	2
U	E	6
O	M	102
RL	A	2

79

3 Methodologische Grundlagen zur Projektierung von Programmsteuerschaltungen

	③				⑥		
U	E	4		UN	M	5	
=	M	3		U	E	7	
U	E	7		U	M	4	
UN	M	7		SL	A	3	
=	M	6					
U	E	7		UN	M	5	
=	M	7		U	E	9	
				U	M	4	
U	E	9		O	M	102	
UN	M	9		RL	A	3	
=	M	8					
U	E	9		U	M	6	
=	M	9		O	M	8	
				SL	M	5	
U	T	1	Programmierung				
U(			der Setz- und	U	T	1	
U	E	9	Rücksetzbefehle	O	M	102	
O(			für die Speicher	RL	M	5	
U	E	7					
U	E	16		UN	A	1	Programmierung
)				=	A	11	der Rücklaufbe-
)							fehle (Sekundär-
SL	A	1		UN	A	2	befehle)
				UN	E	4	Endlagenbe-
				=	A	12	grenzung)
				UN	A	3	
				=	A	13	
				PE			

3.1 Die stellbefehlsorientierte Projektierung

3.1.3 Besonderheiten bei intermittierend gesteuerten Bauteilen

Als intermittierend gesteuert sollen solche Bauteile bezeichnet werden, die sich nicht nur von Endlage zu Endlage bewegen. Als äußeres Merkmal treten in den Steuerungsdiagrammen dieser Koordinaten horizontale Streckenzüge zwischen den Endlagen auf.

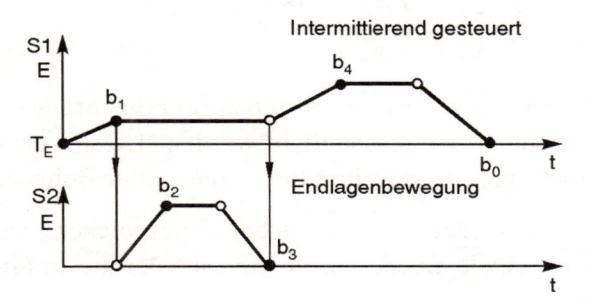

ASbb. 3.8

E unter der Koordinate heißt, daß die Bewegung durch einen elektrischen Antrieb erzeugt wird. Um Signalspeicher und damit Programmieraufwand zu sparen, wird für Endlagenbewegungen nur ein Signalspeicher eingeführt.

Die Endlagenunterdrückung in den Endlagen erledigt man am besten direkt mit den Endlagenschaltern.

Für die intermittierend gesteuerten Bewegungen muß man zwei Signalspeicher einführen, da es in diesen Fällen nicht möglich ist, den Rückwärtsbefehl aus dem Vorwärtsbefehl zu gewinnen. Das ist darauf zurückzuführen, daß beim „Halt — unterwegs" Vor- und Rückwärtsbefehl gleich null sein müssen und eine Unterdrückung des Vorwärtsbefehls mit dem Schalter nicht in Frage kommt, da diese ein erneutes Vorwärtsfahren unmöglich machen würde.

Man benötigt hier also die drei Signalspeicher Y_1, $Y_{\overline{1}}$ und Y_2, deren Ausgänge bei pneumatischen Antrieben direkt als Stellbefehle genutzt werden können. Als Setz- und Rücksetzbefehle liest man aus dem Diagramm ab (S. 3.1.2):

3 Methodologische Grundlagen zur Projektierung von Programmsteuerschaltungen

$S_1 = T_E \vee \dot{b}_3^+$; $R_1 = \dot{b}_1^+ \vee b_{4v}$

$S_{\overline{1}} = b_{4v}$; $R_{\overline{1}} = T_E$

$S_2 = \dot{b}_1^+$; $R_2 = b_{2v}$

Die Endlagenunterdrückung liefert die folgenden elektrischen Stellbefehle:

$y_1 = Y_1 \overline{b}_4$; $y_{\overline{1}} = Y_{\overline{1}} \overline{b}_0$

$y_2 = Y_2 \overline{b}_2$; $y_{\overline{2}} = \overline{Y}_2 \overline{b}_3$

Die dargestellte Vorgehensweise soll anhand der Steuerung einer Bohrvorrichtung noch einmal veranschaulicht werden. Diese Vorrichtung dient dazu, vollautomatisch in lange Rundteile eine radiale Bohrung zu fertigen.

Die runden Teile werden in einem Behälter gespeichert, an dessen Öffnung sich eine schiefe Ebene anschließt, auf der sie in ein Aufnahmeprisma rollen.

Von einem Stößel (S1) werden die Teile auf Spanngabeln (S2) bis gegen einen Anschlag geschoben. Der Stößel ersetzt dabei im Aufnahmeprisma

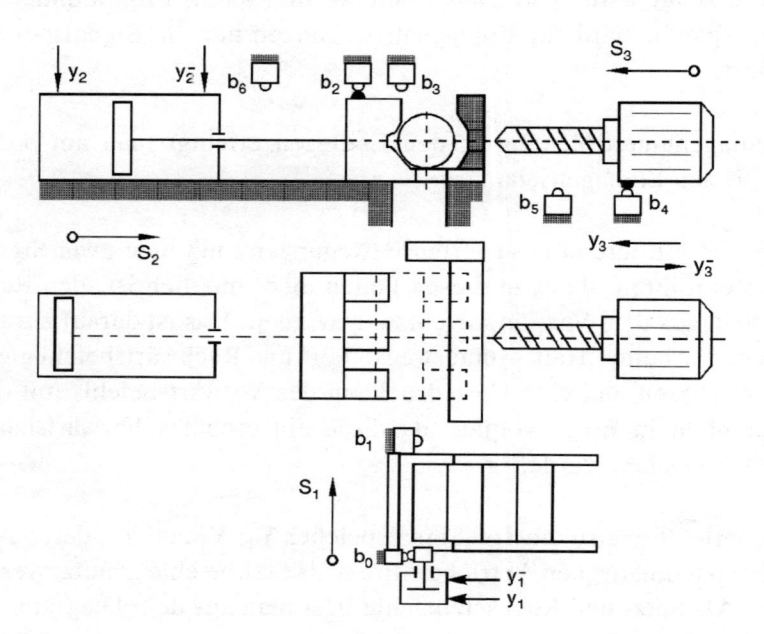

Abb. 3.9

3.1 Die stellbefehlsorientierte Projektierung

das herausgeschobene Teil, so daß jetzt noch keine Teile aus dem Magazin nachrollen können. Wenn das Teil auf den Spanngabeln den Anschlag erreicht, drücken es die Gabeln in das Spannprisma.

Dabei überwinden sie die Reibkraft des Transportstößels, der wegen der Lagebestimmung vorn bleiben muß, und lösen das Bohren aus. Nach Abschluß des Bohrvorganges fahren die Spanngabeln und der Transportkolben zurück. Die Spanngabeln verharren auf b_6 so lange, bis das Teil in den Fertigteilschacht gefallen ist; dann fahren sie vor auf die Position b_2 und verharren dort, bis der Transportkolben das nächste Teil zugeführt hat. Der Transportkolben wartet in Ausgangsposition, bis die Teile mit Sicherheit nachgerollt sind.

Dieser Bewegungsablauf wird im folgenden kombinierten Steuerungsschaltfolgediagramm dargestellt:

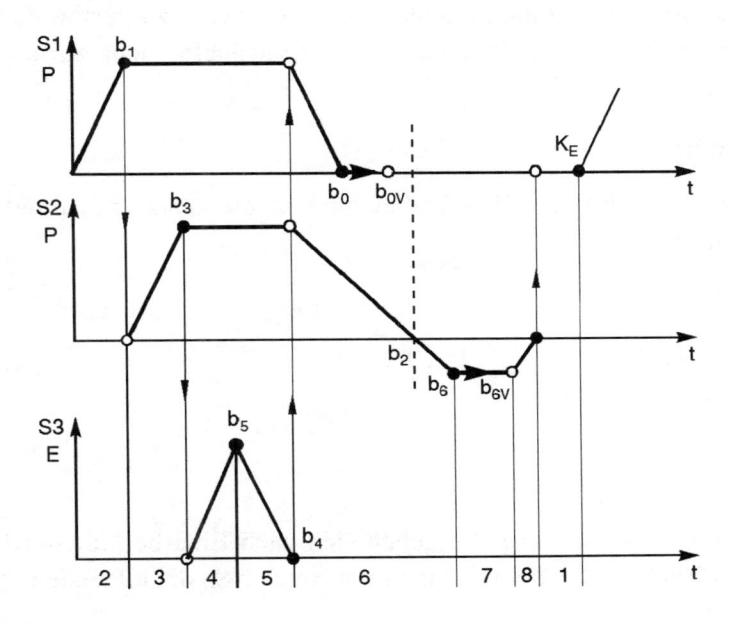

Abb. 3.10

Da die Nullstellung der Wegkoordinate S2 sich zwischen den Endlagen b_6 und b_3 befindet, ist es klar, daß die Spanngabeln intermittierend gesteuert werden. Für diese Koordinate sind also zwei Primärbefehle und damit auch zwei Signalspeicher erforderlich. Es werden also die Signalspeicher Y_1, Y_2, $Y_{\overline{2}}$ und Y_3 benötigt.

83

3 Methodologische Grundlagen zur Projektierung von Programmsteuerschaltungen

P unter der Koordinate bedeutet: Pneumatikantrieb.
E unter der Koordinate bedeutet: Elektroantrieb.

Für die Setz- und Rücksetzbefehle der Speicher liest man aus dem Diagramm ab:

Ein neues Teil wird eingeschoben, wenn die Teile auf der schiefen Ebene nachgerollt sind (b_{0v}), die Spanngabeln in Vorhalteposition stehen (b_2) und eingeschaltet ist (KE).

Diese konjunktive Verknüpfung ist allerdings unter Umständen (Transportkolben fährt schnell zurück, Spanngabeln fahren langsam) auch dann erfüllt, wenn die Gabeln sich auf dem Rückweg befinden.

Dann darf aber noch nicht eingeschoben werden (gestrichelte Linie). Die konjunktive Verknüpfung muß also, um ganz sicher zu gehen, durch die Bedingung ergänzt werden, daß die Spanngabeln nicht zurückfahren ($\overline{Y_{\bar{2}}}$).

$S_1 = b_{0v} b_2 K_E \overline{Y_{\bar{2}}}$.

Alle anderen Setz- und Rücksetzbefehle sind elementarer Art und sofort zu erkennen;

$$R_1 = \dot{b}_4^+ ,$$

$S_2 = \dot{b}_1^+ \vee b_{6v}$; $R_2 = \dot{b}_4^+ ,$

$S_{\bar{2}} = \dot{b}_4^+$; $R_{\bar{2}} = b_{6v} ,$

$S_3 = \dot{b}_3^+$; $R_3 = \dot{b}_5$.

Aus den Speicherausgängen ergeben sich nach Einarbeitung der Endlagenunterdrückung bei dem elektrischen Antrieb S3 die folgenden Stellbefehle:

$y_1 = Y_1$; $y_{\bar{1}} = \overline{Y}_1 ,$

$y_2 = Y_2$; $y_{\bar{2}} = Y_{\bar{2}} ,$

$y_3 = Y_3$; $y_{\bar{3}} = \overline{Y}_3 \overline{b}_4$.

Für die Bohrvorrichtung wurde damit folgender Funktionsplan abgeleitet:

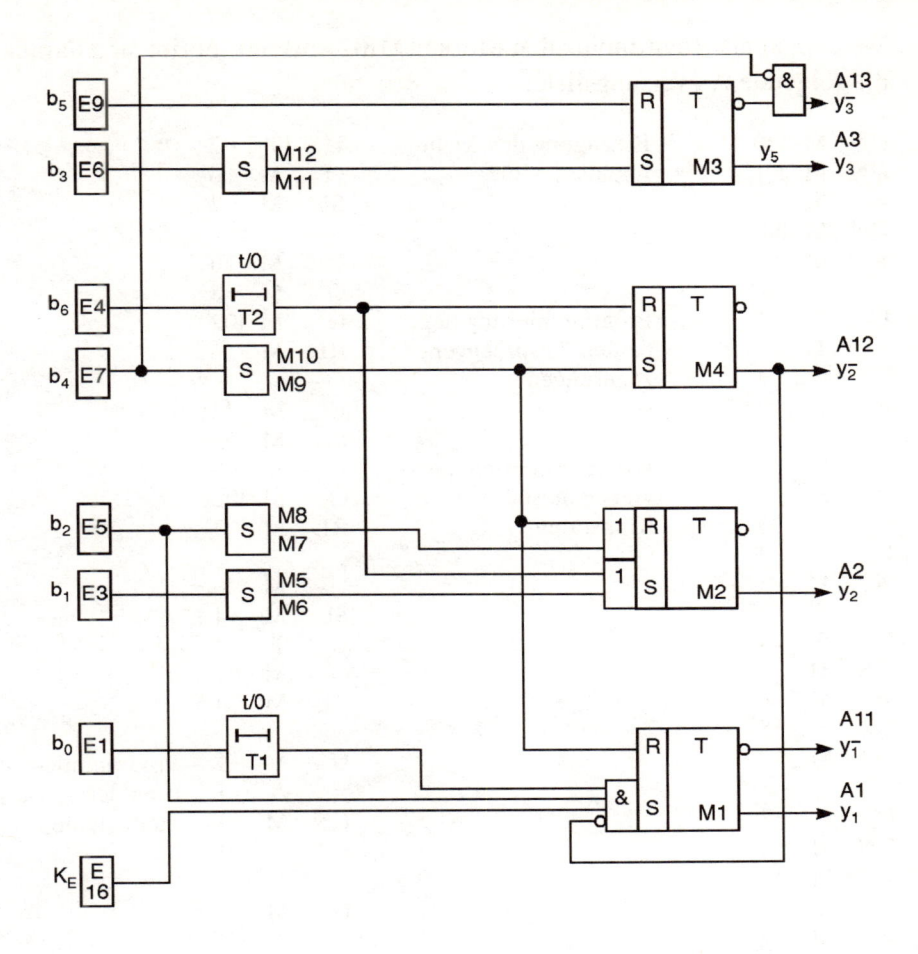

3.1 Die stellbefehlsorientierte Projektierung

Abb. 3.11

3 Methodologische Grundlagen zur Projektierung von Programmsteuerschaltungen

Wenn man als Richtimpuls den Merker M102 einsetzt, ergibt sich daraus die folgende Anweisungsliste:

UN	M	100	Erzeugung des Richt-	U	T	2
UN	M	101	impulses M102	O	M	6
=	M	102		SL	M	2
UN	M	100				
=	M	101		U	M	10
				O	M	8
U	E	1	Programmierung der	O	M	102
=	T	1 [20]	beiden Ansprechver-	RL	M	2
U	E	4	zögerungen			
=	T	2 [20]		U	M	12
				SL	M	3
U	E	3	Porgrammierung der	U	E	9
UN	M	5	vier monostabilen	O	M	102
=	M	6	Kippstufen	RL	M	3
U	E	3				
=	M	5		U	M	10
				SL	M	4
U	E	5		U	T	2
UN	M	7		O	M	102
=	M	8		RL	M	4
U	E	5				
=	M	7		U	M	1	Programmie-
				=	A	1	rung der
U	E	7		UN	M	1	Stellbefehle
UN	M	9		=	A	11
=	M	10				
U	E	7		U	M	2
=	M	9		=	A	2
U	E	6		U	M	4
UN	M	11		=	A	12
=	M	12				
U	E	6		U	M	3
=	M	11		=	A	3
				UN	M	3
U	T	1	Setzen- und Rück-	UN	E	7
U	E	5	setzen der vier	=	A	13
U	E	16	Signalspeicher			
UN	M	4		PE		
SL	M	1				
U	M	10				
O	M	102				
RL	M	1				

Vorlaufbefehle: A 1, A 2, A 3
Rücklaufbefehle: A11, A12, A13

Das hier dargetellte Verfahren des stellbefehlsorientierten Steuerungsentwurfs hat den Vorteil, daß es zu einfachen und übersichtlichen Steuerungsstrukturen führt.

Als Nachteil steht dem gegenüber, daß das Auffinden von Signalen zur Bestimmung der Aktivität der Setz- und Rücksetzbefehle mit entsprechenden Konjunktionen insbesondere dann, wenn die Einführung von Hilfsspeichern erforderlich ist, einige Schwierigkeiten bereiten kann.

Irrtümer beim Aufschreiben der logischen Bedingungen sind hier nie ganz ausgeschlossen, und monostabile Kippstufen können leicht einmal vergessen werden. Schon Elektromechaniker und Pneumatiker haben deshalb ihre Entwürfe vor dem endgültigen Bau mit entsprechend flexiblen Simulatoren getestet.

Gute Programmierungssoftware gestattet heute den Test solcher Steuerungen mit dem Personalcomputer, ohne daß dazu eine SPS erforderlich ist. Bei der Software DOLOG AKL ist für diese Aufgabe der Programmteil „OFF LINE TEST" vorgesehen.

Komplette Steuerungen für die AEG-Systeme MODICON A020 und MODICON A020 plus können damit ohne Einsatz zusätzlicher Technik einem gründlichen OFF LINE-Computertest unterzogen werden.

3.2 Der speicherminimierte Schaltungsentwurf

3.2.1 Zielstellung und Wesen dieses Entwurfsverfahrens

Das speicherminimierte Entwurfsverfahren ist seinem Wesen nach ein zustandsorientiertes Verfahren. Darin unterscheidet es sich grundsätzlich vom stellbefehlsorientierten Entwurf.

Das heißt, es werden beim speicherminimierten Entwurf nicht von vornherein Signalspeicher für die Stellbefehle gesetzt, deren Ausgänge bis auf die bei elektrischen Antrieben erforderliche Endlagenunterdrückung gleich den Stellbefehlen sind.

Bei diesem Verfahren wird der gesamte Ablauf in sogenannte Zustände oder Takte eingeteilt.

Ein Zustand ist nun dadurch gekennzeichnet, daß sich während seines Ablaufs kein Stellbefehl ändert. Sobald sich irgendein Stellbefehl ändert, muß also ein neuer Zustand beginnen.

Das Verfahren geht vom kombinierten Steuerungs-/Schaltfolgediagramm aus. In dieses Diagramm werden zunächst die Zustände eingetragen.

Im Diagramm 3.3 (s. Seite 74) ergeben sich 14 Zustände. Der Zustand 1 ist immer der Zustand, in dem die Maschine stehenbleibt, wenn sie ausgeschaltet wurde. Er beginnt also immer an der Stelle, an der sich der letzte Stellbefehl der Maschine geändert hat. Im Beispiel wurde der Befehl Y_1 an dieser Stelle auf 0 geschaltet.

Wenn der Programmablauf eine ungerade Anzahl von Zuständen mit sich bringt, ist es notwendig, einen zusätzlichen Zustand, einen sogenannten Pseudozustand, einzuführen. Die Stellbefehle des Pseudozustandes unterscheiden sich nicht von den Stellbefehlen des Vorgängerzustandes. Dieser Zustand ist nur deshalb notwendig, weil eine ungerade Zustandszahl bei diesem Verfahren ein sicheres Schalten der Speicher verhindert.

Im Beispiel könnten die Zustände 1 oder 8 mit Hilfe des Sensors X_0 unterteilt werden.

Manchmal ist eine solche Unterteilung von Zuständen mit Hilfe vorhandener Sensoren nicht möglich. Dann kann man sich, wie es im folgenden Bild dargestellt ist, mit einer zusätzlich eingeführten Einschaltverzögerung helfen (*Abb. 3.12*).

Das Anliegen dieses Entwurfsverfahrens besteht in der Minimierung der Signalspeicher. Da in der Elektromechanik für jeden Signalspeicher ein

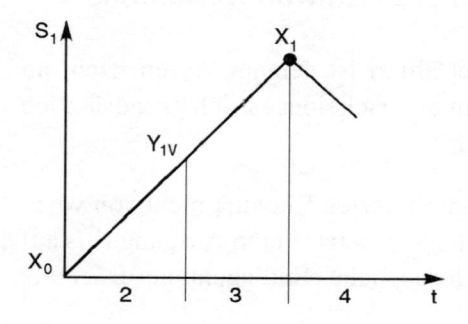

Abb. 3.12 Der Zustand 3 wird vom einschaltverzögerten Stellbefehl Y_1 eingeleitet (Y_{1V})

3.2 Der speicherminimierte Schaltungsentwurf

Relais benötigt wird, führt die Anwendung dieses Verfahrens in dieser Gerätetechnik von vornherein zu niedrigem Relaisaufwand. Durch Anwendung dieses Verfahrens in der Relaistechnik kann also Kupfer eingespart werden.

Bei der Festlegung der Ausgangsbefehle aus den Speichersignalen kann durch Anwendung der Schaltalgebra, z. B. mit Hilfe des Karnaughverfahrens, auf sehr einfache Weise eine Reduzierung der Kontaktanzahl oder der Anzahl kontaktloser elektronischer oder pneumatischer Bauelemente auf den unbedingt erforderlichen Aufwand erreicht werden.

Das Wesen dieses Verfahrens besteht darin, daß die Zustände Z_1 bis Z_n in binärer Verschlüsselung mit Hilfe der Speichersignale C1 bis Cm dargesellt werden (*Tabelle 3.1*).

Tabelle 3.1 Wettlaufsicherer Kode für den speicherminimierten Schaltungsentwurf

Nr.	C1	8 Zustände		
			4 Zustände	
		C2	C3	C4
1	0	0	0	0
2	0	0	0	1
3	0	0	1	1
4	0	0	1	0
5	0	1	1	0
6	0	1	1	1
7	0	1	0	1
8	0	1	0	0
9	1	1	0	0
10	1	1	0	1
11	1	1	1	1
12	1	1	1	0
13	1	0	1	0
14	1	0	1	1
15	1	0	0	1
16	1	0	0	0

(1) Weglassen für 14 Zustände oder für 6 Zustände
(2) Weglassen für 12 Zustände
(3) Weglassen für 10 Zustände

Mit m Signalspeichern können also 2^m Zustände verschlüsselt werden. Bei der Verschlüsselung der Zustände muß darauf geachtet werden, daß beim Übergang von einem Zustand zum nachfolgenden immer nur ein Signalspeicher gesetzt oder zurückgesetzt wird, da beim gleichzeitigen Ansteuern mehrerer Speicher Signalwettläufe die Ausführung dieser Operation in Frage stellen.

In *Tab. 3.1* kommt man durch paarweises Weglassen von Zeilen aus dem Feld für 16 Zustände auf den Kode für 14, 12 und 10 Zustände und aus dem Feld für 8 Zustände auf den Kode für 6 Zustände. Durch die Hinzunahme weiterer Signalspeicher kann man unter Beachtung des symmetrischen Aufbaus den Kode mühelos auf jede beliebige Zustandszahl erweitern. Wenn sich aus dem kombinierten Steuerungsschaltfolgediagramm eine ungerade Zustandszahl ergibt, wird in beschriebener Weise ein Pseudozustand hinzugenommen.

3.2.2 Graphische Darstellung des Steuerungsproblems — 2. Stufe

In der 1. Stufe wurde das Steuerungsproblem mit Hilfe des kombinierten Steuerungs-Schaltfolgediagramms dargestellt. Für den stellbefehlsorientierten Entwurf genügte das. Hier ist es erforderlich, in einer 2. Stufe der graphischen Darstellung die Kodierung der Zustände besonders hervorzuheben.

Als 2. Stufe der graphischen Darstellung des Steuerungsproblems hat es sich bewährt, den Steuergraphen in Form einer speziellen Sequenzleiter darzustellen.

Die Ausgangsbefehle der Zustände und die Übergänge von einem Zustand zum anderen werden aus dem kombinierten Steuerungs-Schaltfolgediagramm abgelesen. Der Kode für die entsprechende Zustandszahl wird aus der Kodetabelle (Tab. 3.1) entnommen. Für das hier dargelegte Beispiel ergibt sich damit die in *Abb. 3.13* dargestellte Sequenzleiter als 2. Stufe der graphischen Problemdarstellung.

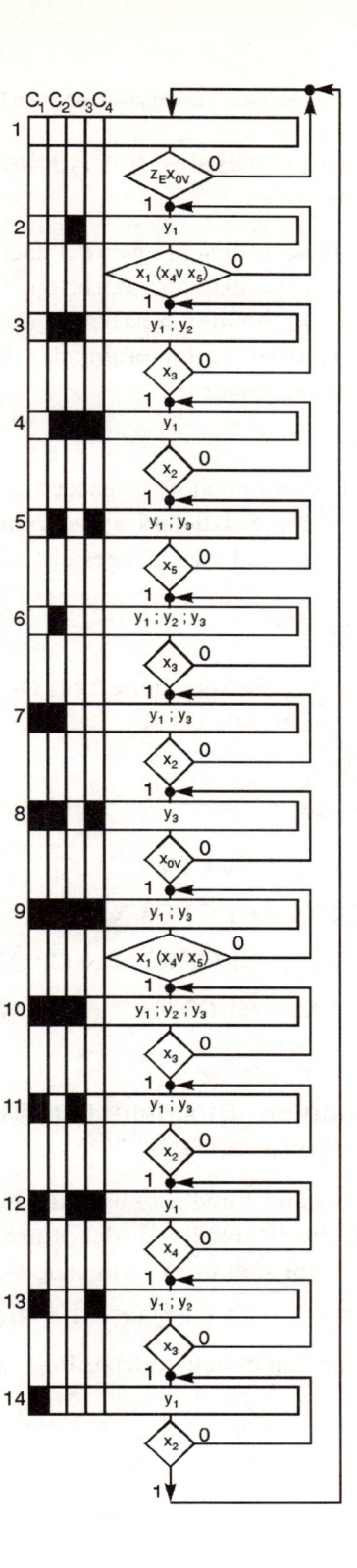

Abb. 3.13

91

3.2.3 Ableitung der Setz- und Rückstellbefehle für die Speicher

Die Setz- und Rückstellbefehle werden nach einem sehr einfachen Algorithmus aus der Sequenzleiter abgelesen. C1 ist beispielsweise ab dem 7. Zustand gesetzt. Für den Setzbefehl dieses Speichers S1 ergibt sich damit als konjunktive Verknüpfung der Befehle von Zustand 6 nach Zustand 7 folgender Ausdruck:

$S1 = C2 \; \overline{C}3 \; \overline{C}4 \; X_3$.

Daß C1 im 6. Zustand noch nicht gesetzt ist, braucht als Selbstverständlichkeit nicht in den Setzbefehl aufgenommen zu werden. Da C1 vom Zustand 14 zum Zustand 1 zurückgestellt wird, ergibt sich für den Rückstellbefehl:

$R1 = \overline{C}2 \; \overline{C}3 \; \overline{C}4 \; X_2$.

Analog liest man für die Speicher C2 bis C4 folgende Setz- und Rückstellbefehle aus der Sequenzleiter ab:

$S2 = \overline{C}1 \; C3 \; \overline{C}4 \; X_1 \; (X_4 \lor X_5)$

$R2 = C1 \; C3 \; \overline{C}4 \; X_3$

$S3 = \overline{C}1 \; \overline{C}2 \; \overline{C}4 \; Z_E \; X_{0v} \lor C1 \; C2 \; C4 \; X_{0v}$

$R3 = \overline{C}1 \; C2 \; C4 \; X_2 \lor C1 \; \overline{C}2 \; C4 \; X_4$

$S4 = \overline{C}1 \; C2 \; C3 \; X_3 \lor C1 \; C2 \; \overline{C}3 \; X_2 \lor C1 \; \overline{C}2 \; C3 \; X_2$

$R4 = \overline{C}1 \; C2 \; \overline{C}3 \; X_5 \lor C1 \; C2 \; C3 \; X_1(X_4 \lor X_5) \lor C1 \; \overline{C}2 \; \overline{C}3 \; X_3$

3.2.4 Ableitung der Stellbefehle mit Hilfe des Karnaughverfahrens

Da Y_1 nur im Zustand 1 und im Zustand 8 nicht vorkommt, lohnt sich für diesen Befehl die Darstellung des Karnaughplanes nicht. Aus der Sequenzleiter ergibt sich für Y_1 folgende Funktion:

$\overline{Y}_1 = \overline{C}1 \; \overline{C}2 \; \overline{C}3 \; \overline{C}4 \lor C1 \; C2 \; \overline{C}3 \; C4 = \overline{C}3(\overline{C}1 \; \overline{C}2 \; \overline{C}4 \lor C1 \; C2 \; C4)$.

Damit stehen für den ersten Antrieb folgende Vorlauf- und Rücklaufbefehle fest:

$Y_{\overline{1}} = \overline{Y}_1 , \qquad Y_1 = \overline{Y_{\overline{1}}}$.

3.2 Der speicherminimierte Schaltungsentwurf

Durch die Wahl des Kodes läßt sich der Karnaughplan für jede Ausgangsgröße besonders günstig aufschreiben (*Abb. 3.14*). Zunächst werden die Felder markiert, die durch die aus der Kodetabelle weggelassenen Zeilen bestimmt sind. Dann werden, von unten links beginnend, die Felder in der Folge eines mäanderförmigen Linienzuges durchnumeriert. Die so erhaltenen Feldnummern entsprechen den Zustandsnummern der Sequenzleiter. Die Signale in den doppelt eingerahmten Feldern werden so gewählt, daß eine günstige Blockbildung möglich ist. Damit ergibt sich für Y2 aus dem Karnaughplan (*Abb. 3.14*):

$$Y_2 = C2\ \overline{C}4(C3 \vee \overline{C}1) \vee \overline{C}2\ \overline{C}3\ C4$$

Da es sich um einen elektrischen Antrieb handelt, errechnet sich der Rücklaufbefehl zu:

$$Y_{\overline{2}} = \overline{Y}_2 \overline{X}_2$$

Analog ergibt sich der Stellbefehl Y_3 aus dem Karnaughplan (*Abb. 3.15*):

$$Y_3 = C2(C1 \vee \overline{C}3) \vee C1\ C3\ \overline{C}4$$

Da es sich hier um ein pneumatisches Stellglied handelt, ist der Rücklaufbefehl gleich dem negierten Vorlaufbefehl:

$$Y_{\overline{3}} = \overline{Y}_3$$

Wenn bei der speicherminimierten Projektierung ein wettlaufsicherer Kode verwendet und gegebenenfalls ein Pseudozustand eingeführt wird, führt dieses Verfahren algorithmisch zu in jeder Technik funktionssicheren Programmsteuerung (*Abb. 3.16*), die aufgrund der Einsparung von Kupfer besonders für die Relaistechnik zu empfehlen sind. Für die Vereinfachung der Nachspeicherlogik kann bei diesem Verfahren der Karnaughplan besonders effektiv eingesetzt werden.

	$\overline{C}1\ \overline{C}2$	$\overline{C}1\ C2$	$C1\ C2$	$C1\ \overline{C}2$
$C3\overline{C}4$	2	1 3	1 10	11
$C3C4$		4	9	12
$\overline{C}3C4$	1	5	8	1 13
$\overline{C}3\overline{C}4$		1 6	7	14

Abb. 3.14 → Y_2

	$\overline{C}1\ \overline{C}2$	$\overline{C}1\ C2$	$C1\ C2$	$C1\ \overline{C}2$
$C3\overline{C}4$			1	1
$C3C4$			1	
$\overline{C}3C4$		1	1	
$\overline{C}3\overline{C}4$		1	1	

Abb. 3.15 → Y_3

3.2.5 Darstellung des Funktionsplanes

Der noch für die VPS-Technik mit Verstärkung der passiven Signale dargestellte Funktionsplan kann in der SPS-Technik zur graphischen Programmierung herangezogen werden.

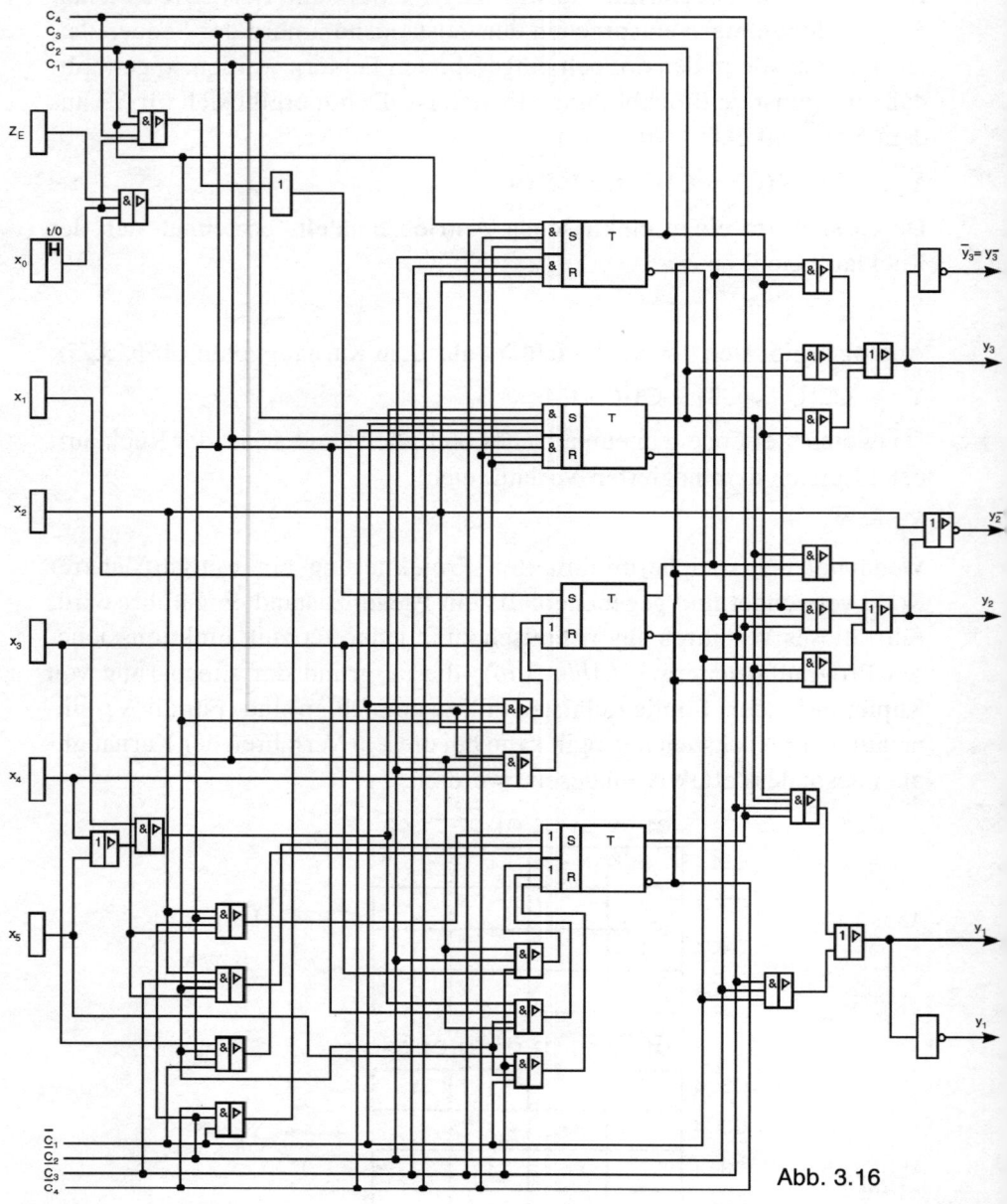

Abb. 3.16

3.2 Der speicherminimierte Schaltungsentwurf

Schneller hat man allerdings die Strukturgleichungen als Anweisungsliste in den Computer eingegeben. Man spart dann die Darstellung des Funktionsplanes.

3.2.6 Ableitung der AWL aus den Strukturgleichungen

Die Adressierung der Ein- und Ausgangsgrößen wird aus der Geräteskizze (s. Seite 71) entnommen:

$Z_E = E16$, $X_0 = E1$; $Y_1 = A1$, $\overline{Y_1} = A11$,

$X_1 = E2$, $X_2 = E3$; $Y_2 = A2$, $\overline{Y_2} = A12$,

$X_3 = E4$ $X_4 = E5$; $Y_3 = A3$, $\overline{Y_3} = A13$,

$X_5 = E6$.

Als Zeitglied gibt es hier nur die Einschaltverzögerung X0v = T1. Die Signalspeicher werden folgendermaßen adressiert:

C1 = M1, C2 = M2, C3 = M3, C4 = M4.

Damit lassen sich die Strukturgleichungen als AWL folgendermaßen aufschreiben:

3 Methodologische Grundlagen zur Projektierung von Programmsteuerschaltungen

```
U   M  2      UN M  1      UN M  1      UN M  1      =  A 11      UN A  3
UN  M  3      UN M  2      U  M  2      U  M  2      UN A 11      =  A 13
UN  M  4      UN M  4      U  M  3      UN M  3      =  A  1
U   E  4      U  E 16      U  E  4      U  E  6                   PE
SL  M  1      U  T  1      O(           O(           U  M  2
              O(           U  M  1      U  M  1      UN M  4
UN  M  2      U  M  1      U  M  2      U  M  2      U(
UN  M  3      U  M  2      UN M  3      U  M  3      U  M  3
UN  M  4      U  M  4      U  E  3      U  E  2      ON M  1
U   E  3      U  T  1      )            U(           )
RL  M  1      )            O(           U  E  5      O(
              SL M  3      U  M  1      O  E  6      UN M  2
UN  M  1                   UN M  2      )            UN M  3
U   M  3      UN M  1      U  M  3      )            U  M  4
UN  M  4      U  M  2      U  E  3      O(           )
U   E  2      U  M  4      )            U  M  1      =  A  2
U(            U  E  3      SL M  4      UN M  2
U   E  5      O(                        UN M  3      UN A  2
O   E  6      U  M  1                   U  E  4      UN E  3
)             UN M  2                   )            =  A 12
SL  M  2      U  M  4                   RL M  4
              U  E  5                                U  M  2
U   M  1      )                         UN M  3      U(
U   M  3      RL M  3                   U(           U  M  1
UN  M  4                                UN M  1      ON M  3
U   E  4                                UN M  2      )
RL  M  2                                UN M  4      O(
                                        O(           U  M  1
U   E  1                                U  M  1      U  M  3
=   T  1                                U  M  2      UN M  4
                                        U  M  4      )
                                        )            =  A  3
                                        )
```

3.2.7 Besonderheiten des speicherminimierten Entwurfs

Wenn bei kleinen SPS, die oft über keine Wortverarbeitung verfügen, z. B. durch die Realisierung einiger längerer Zählketten nach dem Master-Slave- oder Impulsuntersetzungsprinzip (s. Seite 42) die Anzahl der noch verfügbaren Merker knapp wird, kann man mit Hilfe des speicherminimierten Entwurfs mit wenigen Merkern lange Prozeßabläufe steuern. Das Einsparen von Speichern erfolgt natürlich auf Kosten der Logik. Aber gerade da sind oft auch bei kleinen SPS noch ausreichende Reserven vorhanden.

3.2 Der speicherminimierte Schaltungsentwurf

Ein Richten der Speicher ist bei diesem Verfahren nicht erforderlich. Bei der Inbetriebnahme der SPS sind alle Speicher normiert, d. h. sie führen am Ausgang 0-Signal. Unter dieser Bedingung könnte beim Einschalten nur ein störender Setzbefehl beim Übergang vom Zustand 1 auf den Zustand 2 entstehen. Das ist aber unmöglich, wenn der Einschalter der Anlage auf 0 steht.

Warum muß man bei diesem Verfahren immer für eine gerade Zustandszahl sorgen?

Beim Übergang von einem Zustand zum nächsten kann bei diesem Verfahren immer nur ein Signalspeicher gesetzt oder zurückgesetzt werden. Angenommen beim Übergang von Zustand 5 zum Zustand 6 sollen die Speicher C2 und C4 zurückgesetzt werden.

Abb. 3.17

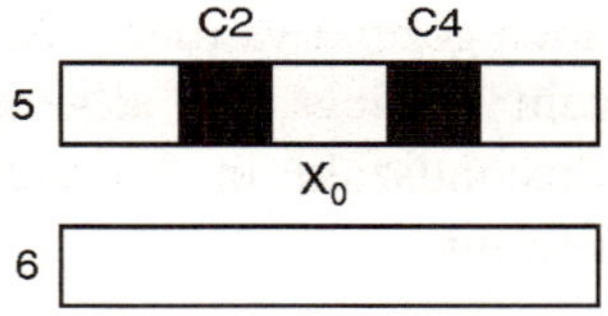

Bei Anwendung des erläuterten Algorithmus ergeben sich dafür folgende Rücksetzbefehle:

$R2 = \overline{C1}\ \overline{C3}\ C4\ X_0$

$R4 = \overline{C1}\ C2\ \overline{C3}\ X_0$

Wenn R2 zuerst programmiert wird, liefert von der Programmzeile RL M 2 an den Speicher M2 0-Signal, d. h. R4 kann den 4. Speicher nicht zurücksetzen. Die umgekehrte Reihenfolge führt dazu, daß nur M4 zurückgesetzt wird.

Bei Verwendung verbindungsprogrammierbarer Bauelemente wird stets nur der schnellere Speicher gestellt. Man spricht dann von Signalwettläufen.

Solche Wettlauferscheinungen kann man mit Hilfe spezieller Schaltungen oder Programmteile erfolgreich bekämpfen. Das ist aber relativ umständlich und außerdem mit einem gewissen Speicheraufwand verbunden. Es ist deshalb immer ratsam, solche Wettläufe zu vermeiden. Das ist hier durch Verwendung eines wettlaufsicheren Kodes (s. Kodetafel) möglich. Beim Übergang zur nächsten Zeile ändert sich eben immer nur ein Speicherausgang. Dieser Kode hat eine gerade Anzahl Zeilen, und die Wettlaufsicherheit bleibt erhalten, wenn man Zeilen paarweise wegläßt. D. h. die Zustandszahl muß gerade sein.

Wie kommt man zu einem Kode für mehr als 16 Zustände? Der Kode kann durch folgende Vorgehensweise beliebig erweitert werden: Man schreibt die Kodetafel symmetrtisch noch einmal darunter und führt links eine Vorzeile ein, die von oben nach unten zur Hälfte mit 0 und zur Hälfte mit 1 aufgefüllt wird.

Dadurch hat man einen Kode für 32 Zustände mit 5 Signalspeichern. Diese Vorgehensweise kann beliebig wiederholt werden. Durch paarweises Weglassen geeigneter Zeilen kommt man auf die erforderliche gerade Zustandszahl. Beim Weglassen von Zeilen darf nur nicht gegen das Prinzip der Wettlaufsicherheit verstoßen werden.

Anhand des 2. Einführungsbeispiels (s. Seite 82) soll nun abschließend noch gezeigt werden, wie man auch dann, wenn eine ungerade Zustandszahl vorliegt, im allgemeinen sehr schnell über die Begradigung der Zustandszahl in übersichtlicher Weise zu einer vorteilhaften Lösung kommt.

Das Zurückfahren der Spanngabeln (s. *Abb. 3.10*) erfordert beim Erreichen des hinteren Anschlags nicht das Abschalten des Rückfahrsignals $Y_{\overline{2}}$ durch den Schalter b_6. Es wird also hinten der Schalter b_6 erreicht. Zu einer Befehlsänderung, die das notwendige Kriterium für den Übergang zum nächsten Zustand ist, kommt es aber nicht sofort, sondern erst dann, wenn die Einschaltverzögerung b_{6v} Signal gibt.

Zwischen den Signalen b_4 und b_{6v} wurden in das Steuerungsdiagramm auf Seite 83 also die Zustände 6 und 7 mit den gleichen Werten für die Primärbefehle der Steuerung eingetragen. Nach der angegebenen Definition ist der Zustand 7 also ein Pseudozustand, der nur zur Zustandsbegradigung eingetragen wurde.

In sehr vielen Fällen ist eine solche Zustandsunterteilung mit Hilfe vorhandener Sensoren möglich. Wenn das nicht geht, ist eine zusätzliche Einschaltverzögerung nötig (s. Seite 81). Das kombinierte Steuerungs-Schaltfolgediagramm von Seite 83 kann damit als Sequenzleiter in zeichentechnisch etwas vereinfachter Form folgendermaßen dargestellt werden:

Nach der beschriebenen Methode (s. Seite 92) ergeben sich daraus für die Setz- und Rücksetzbefehle der Signalspeicher C1, C2 und C3 die folgenden Gleichungen:

3.2 Der speicherminimierte Schaltungsentwurf

$S1 = C2 \, \overline{C}3 \, b_5$

$R1 = \overline{C}2 \, \overline{C}3 \, b_2$

$S2 = \overline{C}1 \, C3 \, b_1$

$R2 = C1 \, C3 \, b_6$

$S3 = \overline{C}1 \, \overline{C}2 \, K_E \, \overline{Y_{\overline{2}}} \, b_{ov} \, b_2 \vee C1 \, C2 \, b_4$

$R3 = \overline{C}_1 C2 \, b_3 \vee C1 \, \overline{C}2 \, b_{6v}$

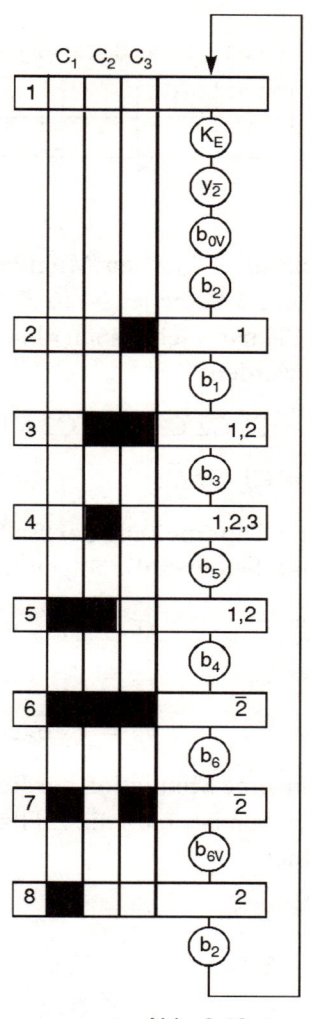

Abb. 3.18

Ohne Berücksichtigung einer möglichen Befehlsunterdrückung in den Endlagen lassen sich für die Primärbefehle folgende Gleichungen ableiten:

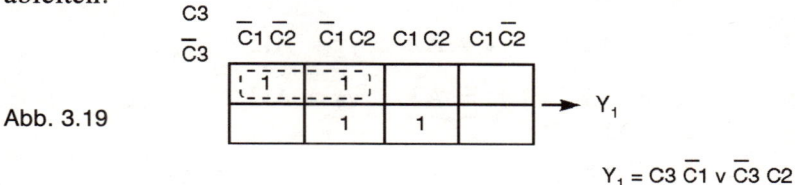

Abb. 3.19

$Y_1 = C3 \, \overline{C}1 \vee \overline{C}3 \, C2$

3 Methodologische Grundlagen zur Projektierung von Programmsteuerschaltungen

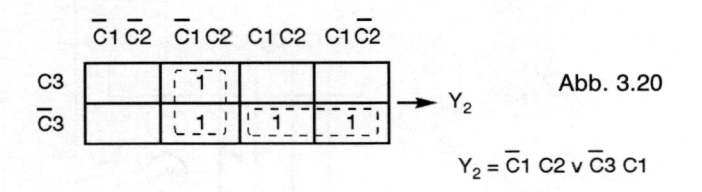

	$\bar{C}1\,\bar{C}2$	$\bar{C}1\,C2$	$C1\,C2$	$C1\,\bar{C}2$
C3		1		
$\bar{C}3$		1	1	1

$\longrightarrow Y_2$

Abb. 3.20

$Y_2 = \bar{C}1\,C2 \vee \bar{C}3\,C1$

Wenn die logischen Möglichkeiten der Signalspeicher (3 Speicher — 8 Zeilen, 4 Speicher — 16 Zeilen usw.) voll ausgeschöpft werden, können die Primärbefehle auch ohne Karnaughplan aus der Sequenzleiter abgelesen werden:

$Y_{\bar{2}} = C1\,C2\,C3 \vee C1\,\bar{C}2\,C3 = C1\,C3$,

$Y_3 = \bar{C}1\,C2\,\bar{C}3$,

Durch Einarbeitung der Endlagenunterdrückung ergeben sich aus diesen Primärbefehlen die folgenden Stellbefehle für den Automaten:

$y_1 = Y_1$, $y_{\bar{1}} = \bar{Y}_1$,

$y_2 = Y_2$, $y_{\bar{2}} = Y_{\bar{2}}$,

$y_3 = Y_3$, $y_{\bar{3}} = \bar{Y}_3\,\bar{b}_4$,

Wenn eine Simulation der Bewegungen mit elektrischen Antrieben vorgeschrieben ist, muß die Endlagenunterdrückung folgendermaßen geändert werden:

$y_1 = Y_1\bar{b}_1$, $y_{\bar{1}} = \bar{Y}_1\bar{b}_0$,

$y_2 = Y_2\bar{b}_3$, $y_{\bar{2}} = Y_{\bar{2}}\bar{b}_6$,

$y_3 = Y_3$, $y_{\bar{3}} = \bar{Y}_3\,\bar{b}_4$.

Für die SPS-Programmierung soll folgende Adressierung vorgenommen werden (s. auch Funktionsplan auf Seite 85):

$b_0 = E\,1$ $C1 = M1$ $y_1 = A1$ $y_{\bar{1}} = A11$

$b_1 = E\,3$ $C2 = M2$ $y_2 = A2$ $y_{\bar{2}} = A12$

$b_2 = E\,5$ $C3 = M3$ $y_3 = A3$ $y_{\bar{3}} = A13$

$b_3 = E\,6$ $Y_1 = M4$

$b_4 = E\,7$ $Y_2 = M5$

3.2 Der speicherminimierte Schaltungsentwurf

$b_5 = E\ 9$
$b_6 = E\ 4$ $Y_{\overline{2}} = M6$ $b_{0v} = T1$
$K_E = E16$ $Y_3 = M7$ $b_{6v} = T2$

Die Strukturgleichungen lassen sich damit wie folgt als AWL aufschreiben:

										für pneumatische Simulatoren:			für elektrische Simulatoren:		
U	M	2	UN	M	1	U	M	3	U	M	4	U	M	4
UN	M	3	UN	M	2	UN	M	1	=	A	1	UN	E	3
U	E	9	U	E	16	O(			UN	M	4	=	A	1
SL	M	1	UN	A	12	UN	M	3	=	A	11	UN	M	4
			U	T	1	U	M	2	U	M	5	UN	E	1
UN	M	2	U	E	5	)			=	A	2	=	A	11
UN	M	3	O(			=	M	4	U	M	6	U	M	5
U	E	5	U	M	1				=	A	12	UN	E	6
RL	M	1	U	M	2	UN	M	1	U	M	7	=	A	2
			U	E	7	U	M	2	=	A	3	U	M	6
UN	M	1	)			O(			UN	M	7	UN	E	4
U	M	3	SL	M	3	UN	M	3	UN	E	7	=	A	12
U	E	3				U	M	1	=	A	13	U	M	7
SL	M	2	UN	M	1	)						=	A	3
			U	M	2	=	M	5	PE			UN	M	7
U	M	1	U	E	6							UN	E	7
U	M	3	O(			U	M	1				=	A	13
U	E	4	U	M	1	U	M	3						
RL	M	2	UN	M	2	=	M	6				PE		
			U	T	2									
U	E	1	)			UN	M	1						
=	T	1 [20]	RL	M	3	U	M	2						
						UN	M	3						
U	E	4				=	M	7						
=	T	2 [20]												

101

3.3 Das Taktkettenverfahren

Beim Taktkettenverfahren handelt es sich ebenfalls um einen zustandsorientierten Schaltungsentwurf. Die Zustände werden hier allerdings nicht kodiert. Es wird für jeden Zustand ein Signalspeicher eingeführt.

Die Sequenzleiter wird bis auf die Kodierspalten für die Zustandskodierung so wie beim speicherminimierten Entwurf dargestellt (s. Seite 91 und s. Seite 99).

Eine gerade Zustandszahl ist bei diesem Verfahren nicht erforderlich. Im ersten Einführungsbeispiel (s. Seite 91) gibt es 14 Zustände. Damit kommen die 14 Zustandsspeicher C1, C2, ..., C14 zum Einsatz.

Durch einen Richtimpuls (IR) beim Einschalten der Steuerung wird dafür gesorgt, daß in diesem Moment der erste Speicher gesetzt wird. Erst dadurch wird die Anlage betriebsbereit. Zur Erhöhung der Betriebssicherheit kann man diesen Richtimpuls auch mit einem Inbetriebnahmetaster von Hand erzeugen.

Bedingung für das Setzen des Nachfolgezustandes ist es, daß der Vorgängerzustand gesetzt ist und die Übergangsbedingung erfüllt ist. Wenn der Nachfolgezustandsspeicher gesetzt ist, löscht er seinen Vorgänger.

Damit ergeben sich für das Beispiel folgende Gleichungen für die Setz- und Rücksetzbefehle (s. Sequenzleiter Seite 91):

$S\ 1 = C14\ X_2 \vee IR$, $R\ 1 = C\ 2$
$S\ 2 = C\ 1\ Z_E\ X_{0v}$, $R\ 2 = C\ 3$
$S\ 3 = C\ 2\ X_1(X_4 \vee X_5)$, $R\ 3 = C\ 4$
$S\ 4 = C\ 3\ X_3$, $R\ 4 = C\ 5$
$S\ 5 = C\ 4\ X_2$, $R\ 5 = C\ 6$
$S\ 6 = C\ 5\ X_5$, $R\ 6 = C\ 7$
$S\ 7 = C\ 6\ X_3$, $R\ 7 = C\ 8$
$S\ 8 = C\ 7\ X_2$, $R\ 8 = C\ 9$
$S\ 9 = C\ 8\ X_{0v}$, $R\ 9 = C10$
$S10 = C\ 9\ X_1(X_4 \vee X_5)$, $R10 = C11$
$S11 = C10\ X_3$, $R11 = C12$
$S12 = C11\ X_2$, $R12 = C13$
$S13 = C12\ X_4$, $R13 = C14$
$S14 = C13\ X_3$, $R14 = C\ 1$

3.3 Das Taktkettenverfahren

Die Primärbefehle werden als disjunktive Verknüpfung der Zustände, in denen sie vorkommen, festgelegt:

$Y_1 = C2 \lor C3 \lor C4 \lor C5 \lor C6 \lor C7 \lor C9 \lor C10 \lor C11 \lor C12 \lor C13 \lor C14$

Wenn man vom negativen Befehl ausgeht, wird die Gleichung hier kürzer:

$\overline{Y}_1 = C1 \lor C8$,

$Y_1 = \overline{C1}\, \overline{C8}$,

$Y_2 = C3 \lor C6 \lor C10 \lor C13$,

$Y_3 = C5 \lor C6 \lor C7 \lor C8 \lor C9 \lor C10 \lor C11$.

Wenn nur für die Wegkoordinate S2 ein elektrischer Antrieb eingesetzt wird, ergeben sich folgende Stellbefehle:

$y_1 = Y_1$, $\quad y_{\overline{1}} = \overline{Y}_1$

$y_2 = Y_2$, $\quad y_{\overline{2}} = \overline{Y}_2\, \overline{X}_2$

$y_3 = Y_3$, $\quad y_{\overline{3}} = \overline{Y}_3$

Wenn die Bewegungen mit elektrischen Antrieben simuliert werden, muß eine Befehlsunterdrückung in allen Endlagen realisiert werden. Die Stellbefehle nehmen dann die folgende Form an:

$y_1 = Y_1 \overline{X}_1$, $\quad y_{\overline{1}} = \overline{Y}_1\, \overline{X}_0$

$y_2 = Y_2$, $\quad y_{\overline{2}} = \overline{Y}_2\, \overline{X}_2$

$y_3 = y_3\, \overline{X}_5$, $\quad y_{\overline{3}} = \overline{Y}_3\, \overline{X}_4$

Das Gleichungssystem läßt sich als Anweisungliste mit der auf Seite 95 angegebenen Parametrierung der Ein- und Ausgangsgrößen leicht folgendermaßen aufschreiben:

```
UN M 100    Erzeugung des Richtimpulses M102
UN M 101
=   M 102
UN M 100
=   M 101
```

3 Methodologische Grundlagen zur Projektierung von Programmsteuerschaltungen

Setzen und Rücksetzen der Zustandsspeicher

```
U   M  14      U   M   5      U   M  11      Stellbe-        Stellbe-
U   E   3      U   E   6      U   E   3      fehle für       fehle für
O   M 102      SL  M   6      SL  M  12      pneuma-         elek-
SL  M   1                                    tische          trische
               U   M   7      U   M  13      Simula-         Simula-
U   M   2      RL  M   6      RL  M  12      tion:           tion:
RL  M   1
               U   M   6      U   M  12      U   M  21       U   M  21
U   E   1      U   E   4      U   E   5      =   A   1       UN  E   2
=   T   1 [20] SL  M   7      SL  M  13                      =   A   1
                                              UN  M  21
U   M   1      U   M   8      U   M  14      =   A  11       UN  M  21
U   E  16      RL  M   7      RL  M  13                      UN  E   1
U   T   1                                    U   M  22       =   A  11
SL  M   2      U   M   7      U   M  13      =   A   2
               U   E   3      U   E   4                      U   M  22
               SL  M   8      SL  M  14      UN  M  22       =   A   2
                                             UN  E   3
U   M   3      U   M   9      U   M   1      =   A  12       UN  M  22
RL  M   2      RL  M   8      RL  M  14                      UN  E   3
U   M   2                                    U   M  23       =   A  12
U   E   2      U   M   8      Programm-      =   A   3
U(             U   T   1      mierung                        U   M  23
U   E   5      SL  M   9      der Pri-       UN  M  23       UN  E   6
O   E   6                     märbe-         =   A  13       =   A   3
)              U   M  10      fehle:
SL  M   3      RL  M   9                     PE              UN  M  23
                                                             UN  E   5
U   M   4                     UN  M   1                      =   A  13
RL  M   3      U   M   9      UN  M   8
               U   E   2      =   M  21                      PE
U   M   3      U(
U   E   4      U   E   5      U   M   3
SL  M   4      O   E   6      O   M   6
               )              O   M  10
U   M   5      SL  M  10      O   M  13
RL  M   4                     =   M  22
               U   M  11
U   M   4      RL  M  10      U   M   5
U   E   3                     O   M   6
SL  M   5      U   M  10      O   M   7
               U   E   4      O   M   8
U   M   6      SL  M  11      O   M   9
RL  M   5                     O   M  10
               U   M  12      O   M  11
               RL  M  11      =   M  23
```

3.3 Das Taktkettenverfahren

Die Sequenzleiter des 2. Einführungsbeispiels (s. Seite 99) kann bei der Anwendung des Taktkettenverfahrens auf 7 Zustände reduziert werden.

Das ist darauf zurückzuführen, daß Pseudozustände hier nicht benötigt werden.

Setz- und Rücksetzbefehle:

$S1 = C7\, b_2 \vee IR$, $R1 = C2$

$S2 = C1\, K_E\, \overline{Y_2}\, b_{ov}\, b_2$, $R2 = C3$
$S3 = C2\, b_1$, $R3 = C4$

$S4 = C3\, b_3$, $R4 = C5$

$S5 = C4\, b_5$, $R5 = C6$

$S6 = C5\, b_4$, $R6 = C7$

$S7 = C6\, b_{6v}$, $R7 = C1$

Primärbefehle:

$Y_1 = C2 \vee C3 \vee C4 \vee C5$

$Y_2 = C3 \vee C4 \vee C5 \vee C7$

$\overline{Y_2} = C6$

$Y_3 = C4$

Stellbefehle pneumatische Simulatoren:	Stellbefehle elektrische Simulatoren:
$y_1 = Y_1$	$y_1 = Y_1\, \overline{b_1}$
$\overline{y_1} = \overline{Y_1}$	$\overline{y_1} = \overline{Y_1}\, \overline{b_0}$
$y_2 = Y_2$	$y_2 = Y_2\, \overline{b_3}$
$\overline{y_2} = \overline{Y_2}$	$\overline{y_2} = \overline{Y_2}\, \overline{b_6}$
$y_3 = Y_3$	$y_3 = Y_2$
$\overline{y_3} = \overline{Y_3}\, \overline{b_4}$	$\overline{y_3} = \overline{Y_3}\, \overline{b_4}$

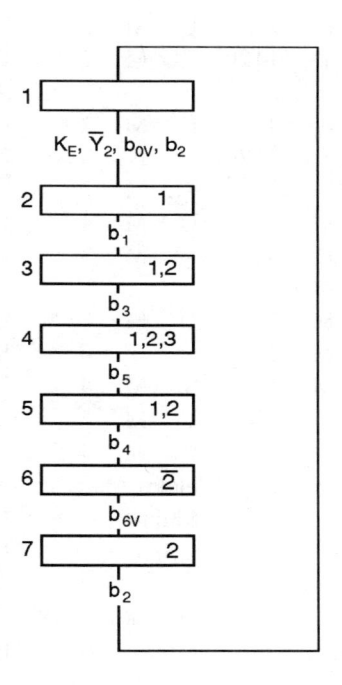

Abb. 3.21

3 Methodologische Grundlagen zur Projektierung von Programmschaltungen

Wenn als Richtimpuls wieder der Merker M102 genutzt wird, ergibt sich daraus folgendes SPS-Programm:
(Parametrierung der Ein- und Ausgänge s. Seite 100)

```
UN M 100      U  M  1       U  M  4       Primär-       pneum.
UN M 101      U  E  16      U  E  9       befehle       Simu-
=  M 102      UN A  12      SL M  5       U  M  2       lation:
UN M 100      U  T  1       U  M  6       O  M  3       U  M 21
=  M 101      U  E  5       RL M  5       O  M  4       =  A  1
              SL M  2                     O  M  5
U  E  1       U  M  3       U  M  5       =  M 21       U  M 22
=  T  1 [20]  RL M  2       U  E  7                     =  A  2
                            SL M  6       U  M  3
U  E  4       U  M  2       U  M  7       O  M  4
=  T  2 [20]  U  E  3       RL M  6       O  M  5       U  M 23
              SL M  3                     O  M  7       =  A  3
U  M  7       U  M  4       U  M  6       =  M 22
U  E  5       RL M  3       U  T  2                     UN M 21
O  M 102                    SL M  7       U  M  4       =  A 11
SL M  1       U  M  3       U  M  1       =  M 23
U  M  2       U  E  6       RL M  7                     U  M 24
RL M  1       SL M  4                     U  M  6       =  A 12
              U  M  5                     =  M 24
              RL M  4
              elektr.                                   UN M 23
              Simu-         UN M 21                     UN E  7
              lation        UN E  1                     =  A 13
                            =  A  11
              U  M 21
              UN E  3       U  M 24                     PE
              =  A  1       UN E  4
                            =  A  12
              U  M 22
              UN E  6       UN M 23
              =  A  2       UN E  7
                            =  A  13
              U  M 23
              =  A  3       PE
```

3.3 Das Taktkettenverfahren

Die bisher dargestellten Projektierungsverfahren sind immer dann besonders gut geeignet, wenn die einzelnen Operationen des gesteuerten Prozesses in ständiger Folge hintereinander ablaufen. Sobald Verzweigungen und/oder bedingte Sprünge im Prozeß auftreten, ist das kombinierte Steuerungs-/Schaltfolgediagramm nicht mehr genügend aussagefähig, um den Vorgang ausreichend genau beschreiben zu können.

Wenn man mit einer Einrichtung unterschiedliche Prozeßabläufe realisieren will, z. B. mit einer Werkzeugmaschine unterschiedliche Werkstücke auotmatisch fertigen möchte, dann ist das nur durch viele bedingte Sprünge von irgendwelchen Zuständen zu anderen Zuständen möglich.

Zur Gestaltung solcher Steuerungen kann das Taktkettenverfahren auf der Grundlage der als Sequenzleiter dargestellten Prozeßablaufpläne (s. Seite 105) herangezogen werden.

Bei komplizierten Steuerungen muß man dann allerdings eine Vielzahl von miteinander verknüpften Sequenzleitern darstellen. Für solche relativ unübersichtlichen Darstellungen wird sehr viel Platz benötigt. Es ist dann zweckmäßig, den gesamten Prozeß auf vielen Seiten darzustellen und die Verbindung über entsprechende Konnektoren herzustellen, wie das in der Programmablaufplantechnik üblich ist. Dadurch wird die Überschaubarkeit des Gesamtprozesses eingeschränkt und die Fehlerhäufigkeit beim Projektieren steigt.

Viel besser als Schaltfolgepläne, Steuerungsdiagramme und auch Programmablaufpläne eignen sich zur Analyse komplizierter Prozesse spezielle Graphen zur Darstellung von Abhängigkeiten und Folgen — die steuerungstechnisch interpretierten Petrinetze.

Im folgenden soll ein Entwurfsverfahren beschrieben werden, das zur Ableitung der Strukturgleichungen das Petrinetz verwendet. Es wird aber auch gezeigt, daß man Anweisungslisten für die SPS-Technik direkt aus dem Petrinetz ablesen kann, so daß das Aufschreiben der Gleichungen überflüssig wird.

Das Petrinetz zeichnet sich durch eine sehr enge Bindung an den Prozeß, eine hohe Anschaulichkeit bei äußerst geringem Bedarf an Zeichenfläche und eine einfache leicht erlernbare Symbolik aus. SPS-Programme kann man aus Petrinetzen direkt ablesen. Man kann auch Fehler in speziellen Anwenderprogrammen und auch Hardwarefehler mit Hilfe dieser Graphen lokalisieren.

3 Methodologische Grundlagen zur Projektierung von Programmsteuerschaltungen

3.4 Die Petrinetzmethode

3.4.1 Das Wesen der Petrinetzmethode

Ihrem Wesen nach ist die Petrinetzmethode ein zustandsorientiertes Entwurfsverfahren, das ganz ähnlich wie das Taktkettenverfahren zur Steuerungsstruktur führt. Es wird also auch hier auf eine Zustandskodierung verzichtet. Jeder Zustand wird durch einen Signalspeicher gekennzeichnet.

Grundsätzlich ändert sich nur die graphische Aufbereitung des Problems. Anstelle der Sequenzleitern werden Steuergraphen in Form von Petrinetzen gezeichnet.

Dazu soll folgende Symbolik eingesetzt werden:

1. Signalspeicher des Zustandes 1, Speicherbezeichnung C1 mit S1 als Setzbefehl und R1 als Rücksetzbefehl. Dieser Signalspeicher ist dann und nur dann gesetzt, wenn der Zustand 1 vorhanden ist.

    Abb. 3.22

2. Durch T_S wird ohne weitere Bedingung der Signalspeicher C1 gesetzt $S1 = T_S$

    Abb. 3.23

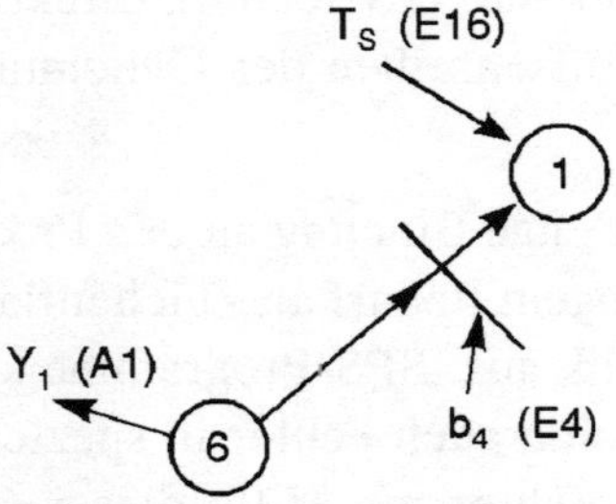

3. Algebraisch aufgeschrieben:

    $S1 = T_S \vee C6\, b_4$
    $R6 = C1$
    $Y_1 = C6$

    Abb. 3.24

3.4 Die Petrinetzmethode

Dieses Strukturelement entspricht folgender AWL:

```
U E 16      U M 1
O(          RL M 6
U N 6
U E 4       U M 6
)           = A 1
S L M 1
```

4.

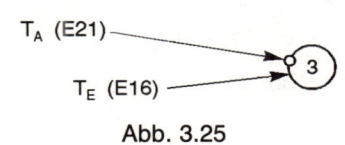

T_A (E21)
T_E (E16)
Abb. 3.25

Als Gleichung: Als AWL:

S3 = TE   U   E 16
R3 = TA   SL M 3
                U   E 21
                RL M 3

5.

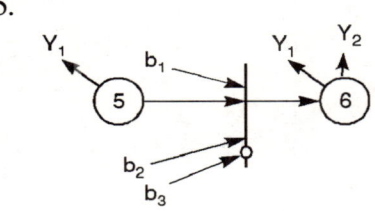

Abb. 3.26 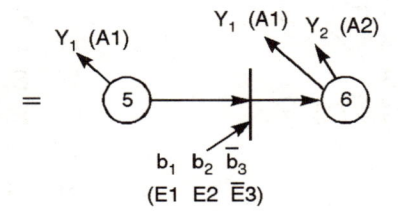   Abb. 3.27

Als Gleichung:

$S6 = C5\, b1\, b2\, \overline{b3}$
$R5 = C6$
$Y1 = C5 \vee C6$
$Y2 = C6$

Als AWL:

```
U  M  5      U  M  6
U  E  1      RL M  5
U  E  2
UN E  3      U  M  5
SL M  6      O  M  6
             =  A  1

             U  M  6
             =  A  2
```

109

3 Methodologische Grundlagen zur Projektierung von Programmsteuerschaltungen

In Worten: Der Zustandsspeicher 6 wird gesetzt, wenn der Zustandsspeicher 5 gesetzt ist und die Übergangsbedingung E1 E2 $\overline{E3}$, die sogenannte Transition, erfüllt ist.

Die Zustände 5 und 6 liefern jeder den Primärbefehl Y1, der hier gleich als Stellbefehl A1 genutzt wird. Der Stellbefehl A2 entsteht nur im Zustand 6.

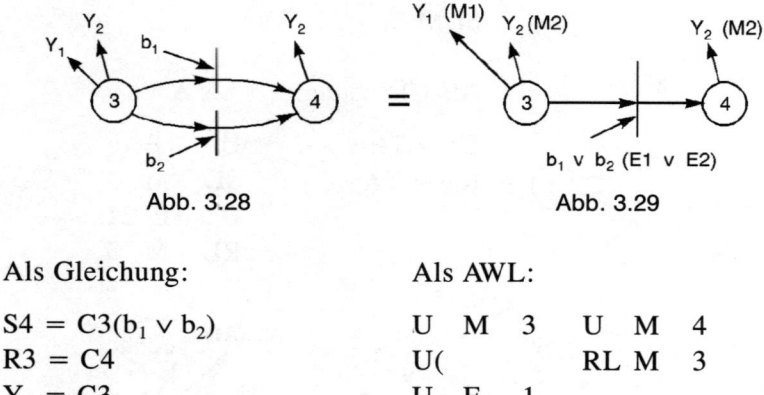

6.

Abb. 3.28   Abb. 3.29

Als Gleichung:

$S4 = C3(b_1 \vee b_2)$
$R3 = C4$
$Y_1 = C3$
$Y_2 = C3 \vee C4$

Als AWL:

```
U    M  3        U    M  4
U(               RL   M  3
 U   E  1
 O   E  2        U    M  3
)                =    M  1
SL   M  4
                 U    M  3
                 O    M  4
                 =    M  2
```

M1 und M2 sind hier Primärbefehle, die noch einer sekundären Signalverarbeitung, z. B. einer Endlagenunterdrückung, unterworfen werden, ehe sich daraus die Stellbefehle ergeben.

7.

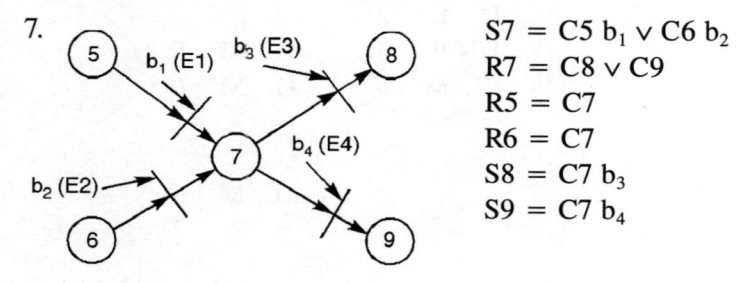

Abb. 3.30

$S7 = C5\ b_1 \vee C6\ b_2$
$R7 = C8 \vee C9$
$R5 = C7$
$R6 = C7$
$S8 = C7\ b_3$
$S9 = C7\ b_4$

3.4 Die Petrinetzmethode

Aus dem Strukturbild kann auch ohne Gleichungssystem die folgende AWL sofort abgelesen werden:

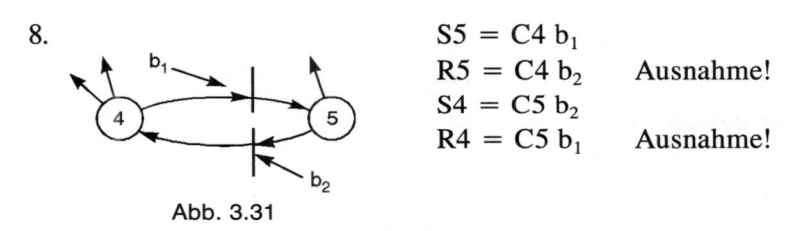

U	M	5	U	M	8	U	M	7
U	E	1	O	M	9	U	E	3
O(			RL	M	7	SL	M	8
U	M	6	U	M	7	U	M	7
U	E	2	RL	M	5	U	E	4
)			U	M	7	SL	M	9
SL	M	7	RL	M	6			

8.

$S5 = C4\ b_1$
$R5 = C4\ b_2$ Ausnahme!
$S4 = C5\ b_2$
$R4 = C5\ b_1$ Ausnahme!

Abb. 3.31

Wenn sich zwei Zustände gegenseitig direkt beeinflussen, wie das hier der Fall ist, können die Zustandsspeicher allein das Rücksetzen nicht übernehmen.

Wenn beispielsweise der Speicher 5 durch C4 b_1 gesetzt wird und gleichzeitig durch C4 zurückgesetzt wird, kommt immer gleichzeitig mit dem Setzbefehl auch der Rücksetzbefehl.

Wenn die Sensoren b_1 und b_2 nicht gleichzeitig 1-Signal liefern, was in der Mehrzahl aller Fälle so ist, kann das Probleme so gelöst werden, daß zur Rücksetzung die Transitionen mit herangezogen werden. Es ergeben sich dann die angegebenen Rücksetzbefehle R4 und R5.

Wenn die Befehle b1 und b2 gleichzeitig 1-Signal liefern, stellt das Strukturbild einen Widerspruch dar. Es kann nicht gleichzeitig der Zustand 4 in den Zustand 5 und der Zustand 5 in den Zustand 4 überführt werden.

Solche Fehler in Petrinetzen sind meist darauf zurückzuführen, daß die Überführung in Wirklichkeit durch Impulsflanken ausgelöst werden soll und nicht durch die Sensorbefehle selbst. Es sind dann im Petrinetz folgende Größen zu ersetzen:

$b_1 = \dot{b}_1^+$ und $b_2 = \dot{b}_2^+$

3 Methodologische Grundlagen zur Projektierung von Programmsteuerschaltungen

Natürlich kann auch ein grundsätzlicher Überlegungsfehler die Ursache für einen solchen Widerspruch sein.

Besondere Vorteile bietet das Verfahren bei der Entwicklung von Steuerungen, deren Programm durch bedingte Sprünge gekennzeichnet ist. Das wird anhand der folgenden Beispiele demonstriert.

3.4.2 Erläuterung der Anwendung des Petrinetzentwurfsverfahrens

Einführungsbeispiel 1:

Mit der nachfolgend skizzierten automatisierten Vorrichtung sollen sich kreuzende Bohrungen in flache runde Werkstücke gefertigt werden.

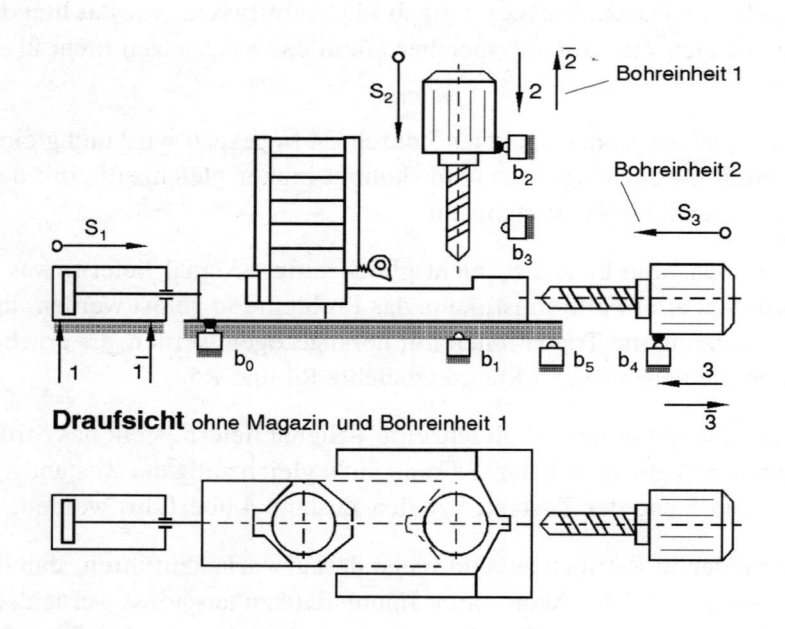

Abb. 3.32

3.4 Die Petrinetzmethode

Bohren über Kreuz — auf Wunsch nur Vertikalbohrung

Die Steuerung des Bohrautomaten dieses Beispiels wird so erweitert, daß auf Wunsch nur die vertikale Bohrung ausgeführt werden kann. Dazu wird die Steuerung mit dem selbstrastenden Wahlschalter S ausgerüstet.

Wenn der Schalter S ein 1-Signal gibt, werden beide Bohrungen gefertigt. Gibt S ein 0-Signal, wird nach dem Einschalten nur die Vertikalbohrung ausgeführt.

Der Zustand 1 soll mit Hilfe eines Inbetriebnahmetasters T_S hergestellt werden. Wenn der Kippschalter-,,Ein" K_E 1-Signal gibt, läuft der Fertigungszyklus automatisch an. Die Bezeichnung dieser beiden Signalgeber wird bei allen weiteren Beispielen beibehalten. Mit den Primärbefehlen Y_1, Y_2 und Y_3 ergibt sich für dieses Problem folgendes Petrinetz:

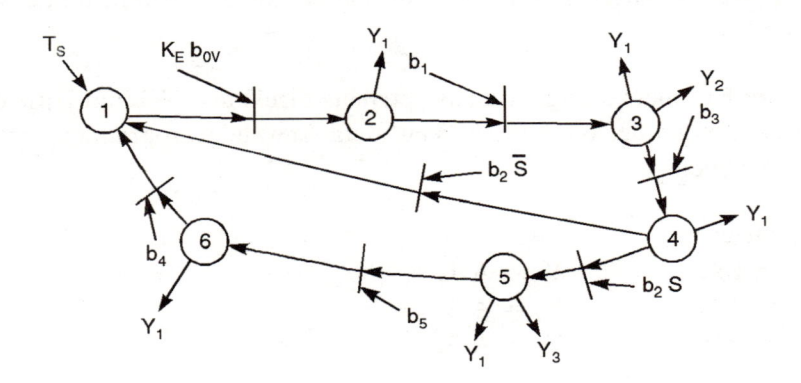

Abb. 3.33

Bei der Darstellung solcher Petrinetze beginnt man immer mit dem Zustand 1, der durch den Inbetriebnahmeschalter T_S oder durch einen Inbetriebnahmeimpuls IS ohne weitere Bedingungen gesetzt wird. In diesem Zustand sind alle Primärbefehle des Bohrautomaten gleich null. Diesen Zustandskreis verlassen deshalb keine Pfeile.

Im Zustand 2 liegt der Primärbefehl Y_1 an und die Überführung von 1 nach 2 erfolgt durch ,,Automat eingeschaltet" (K_E) und ,,Teile im Magazin nachgerutscht" (b_{0v}).

3 Methodologische Grundlagen zur Projektierung von Programmsteuerschaltungen

Wenn das Teil gespannt ist (b_1), erfolgt der Übergang in den Zustand 3. Hier wird weiter gespannt (Y_1) und gebohrt (Y_2). Wenn die Bohrspindel vorn ist (b_3), erfolgt der Übergang in den Zustand 4. Hier wird nur noch gespannt (Y_1). Wenn der Bohrervorlauf (Y_2) verschwindet, kommt als Sekundärbefehl automatisch dessen Rücklauf und die Bohrspindel kommt hinten auf b_2 an.

Wenn S nicht gesetzt ist (nur Vertikalbohrung), erfolgt der Übergang in den Zustand 1. Der Lader und Spanner streift das Werkstück ab und holt ein neues.

Wenn S gesetzt ist, erfolgt bei b_2 der Übergang in den Zustand 5, die Horizontalbohrung wird ausgeführt.

Es ist schon an diesem einfachen Beispiel sehr gut zu erkennen, wie elegant in diesen Petrinetzen die Ausführung bedingter Sprünge dargestellt werden kann.

Nach der Parametrierung wird das Petrinetz direkt als AWL mit Hilfe des Programmiergerätes oder des PCs auf dem Anwenderprogrammspeicher der SPS abgelegt.

Parametrierung:
S   = E22 Y_1 = A 1,
T_S = E21 Y_2 = A 2,
K_E = E16 Y_3 = A 3,
b_{0v} = T 1
b_0 = E 1 Y_1 = A11,
b_1 = E 3
b_2 = E 4 Y_2 = A12,
b_3 = E 6
b_4 = E 7 Y_3 = A13.
b_5 = E 9

Das Petrinetz stellt also die einzige erforderliche Aufzeichnung der Problemlösung dar.

Beim Eingeben des Petrinetzes als AWL kann folgendermaßen vorgegangen werden:

3.4 Die Petrinetzmethode

Alle zum Kreis 1 führenden Pfeile liefern den Setzbefehl des 1. Zustandsspeichers:

```
U   E   21          — TS
O(
U   M   4           — von ④ nach ①
U   E   4
UN  E   22
)
O(
U   M   6           — von ⑥ nach ①
U   E   7
)
SL  M   1
```

Der dem Kreis 1 folgende Kreis liefert den Rücksetzbefehl:

```
U   M   2
RL  M   1
```

Zustand2	Zustand3	Zustand4	Zustand5	Zustand6
U E 1	U M 2	U M 3	U M 4	U M 5
= T 1	U E 3	U E 6	U E 4	U E 9
U M 1	SL M 3	SL M 4	U E 22	SL M 6
U E 16			SL M 5	
U T 1	U M 4	U M 1		U M 1
SL M 2	RL M 3	O M 5	U M 6	RL M 6
		RL M 4	RL M 5	
U M 3				
RL M 2				

Wenn die Primärbefehle, wie im Beispiel, direkt die Stellbefehle ergeben, können diese ohne Zwischenspeicherung programmiert werden. Ergeben sich die Vorlaufbefehle durch die Endlagenunterdrückung in der vorderen Stellung aus den Primärbefehlen, sind diese Primärbefehle am besten zuerst zwischenzuspeichern, weil dieser Zwischenspeicher bei der Erzeugung des Rücklaufbefehls benötigt wird.

Hier kann für die Vorlaufbefehle, da sie gleich den Primärbefehlen sind, direkt aus dem Petrinetz abgelesen werden.

3 Methodologische Grundlagen zur Projektierung von Programmsteuerschaltungen

Hinweis:
Die Kreise, aus denen die Primärbefehle herauskommen, liefern die Befehlskomponenten! Die Rücklaufbefehle ergeben sich als Sekundärbefehle.

```
U   M  2      U   M  3      UN  A  1      UN  A  2      UN  A  3
O   M  3      =   A  2      =   A  11     UN  E  4      UN  E  7
O   M  4                                  =   A  12     =   A  13
O   M  5      U   M  5
O   M  6      =   A  3                                  PE
=   A  1
```

Einführungsbeispiel 2:

Bohren über Kreuz — Wahlschalter für Vertikalbohrung und Horizontalbohrung

Der Bohrautomat „Bohren über Kreuz" (s. Seite 112 ff) soll nach Einrasten des Schalters K1 nur die Vertikalbohrung und nach Einrasten von K2 nur die Horizontalbohrung fertigen. Wenn kein Schalter betätigt wird, fertigt der Automat beide Bohrungen (erst vertikal, dann horizontal).

Tab. 3.2

K1	K2	
0	0	erst Vertikalbohrung, dann Horizontalbohrung
1	0	nur Vertikalbohrung
0	1	nur Horizontalbohrung
1	1	nur Horizontalbohrung

Für den Automaten ergibt sich folgende Petrinetzlösung:

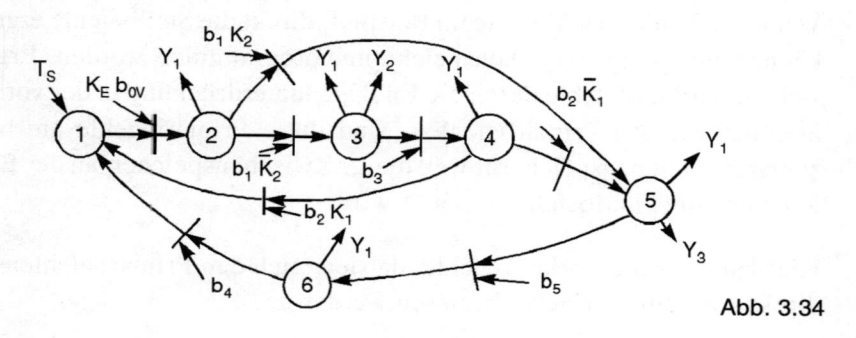

Abb. 3.34

3.4 Die Petrinetzmethode

Setz: und Rücksetzbefehle

$S1 = T_S \vee C4\,b_2\,K1 \vee C6\,b_4$; $R1 = C2$
$S2 = C1\,K_E\,b_{0v}$; $R2 = C3 \vee C5$
$S3 = C2\,b_1\overline{K2}$; $R3 = C4$
$S4 = C3\,b_3$; $R4 = C1 \vee C5$
$S5 = C2\,b_1\,K2 \vee C4\,b_2\,\overline{K_1}$; $R5 = C6$
$S6 = C5\,b_5$; $R6 = C1$

Stellbefehle

$Y_1 = C2 \vee C3 \vee C4 \vee C5 \vee C6$
$Y_2 = C3$
$Y_3 = C5$
$Y_{\overline{1}} = \overline{Y}_1$
$Y_{\overline{2}} = \overline{Y}_2\,\overline{b}_2$
$Y_{\overline{3}} = \overline{Y}_3\,\overline{b}_4$
$Y_4 = \overline{b}_2 = Y_2 \vee Y_{\overline{2}}$ Bohrspindelantrieb: „Vertikalmaschine"
$Y_5 = \overline{b}_4 = Y_3 \vee Y_{\overline{3}}$ Bohrspindelantrieb: „Horizontalmaschine"

Da bereits gezeigt wurde, daß man die AWL auch direkt aus dem Petrinetz ableiten kann, hätte man auf das Aufschreiben der Strukturgleichungen verzichten können.

Mit K1 = E21, K2 = E22, TS = E31, Y4 = A7, Y5 = A8 und der Parametrierung aller übrigen Signale nach Seite 114 ergibt sich damit die folgende AWL:

```
    ①              ③              ⑤              ⑦
U   E   31
O(                 U   M   2      U   M   6      UN  U   2
U   M   4          U   E   3      RL  M   5      UN  E   4
U   E   4          UN  E   22                    =   A   12
U   E   21         SL  M   3      U   M   5
)                                 U   E   9      UN  A   3
O(                 U   M   4      SL  M   6      UN  E   7
U   M   6          RL  M   3                     =   A   13
U   E   7                         U   M   1
)                  U   M   3      RL  M   6      UN  E   4
SL  M   1          U   E   6                     =   A   7
                   SL  M   4      U   M   2
U   M   2                         O   M   3      UN  E   7
```

3 Methodologische Grundlagen zur Projektierung von Programmsteuerschaltungen

②			④			⑥			⑧		
RL	M	1	U	M	1	O	M	4	=	A	8
			O	M	5	O	M	5			
U	E	1	RL	M	4	O	M	6	PE		
=	T	1				=	A	1			
			U	M	2						
U	M	1	U	E	3	U	M	3	A7 und A8 sind die Befehle
U	E	16	U	E	22	=	A	2	für die Bohrspindelantriebe!
U	T	1	O(								
SL	M	2	U	M	4	U	M	5			
			U	E	4	=	A	3			
U	M	3	UN	E	21						
O	M	5	)			UN	A	1			
RL	M	2	SL	M	5	=	A	11			

Einführungsbeispiel 3:

Anhand des folgenden Beispiels soll gezeigt werden, daß die SPS-orientierte Petrinetzmethode auch bei der Gestaltung gewöhnlicher Taktkettensteuerungen zur Senkung des Projektierungsaufwandes und zur Erhöhung der Übersichtlichkeit führt.

Zur Steuerung des auf Seite 71 beschriebenen Bohrautomaten wurden nach gut systematisierten Verfahren die Funktionspläne auf den Seiten 78, 79 und 94 abgeleitet.

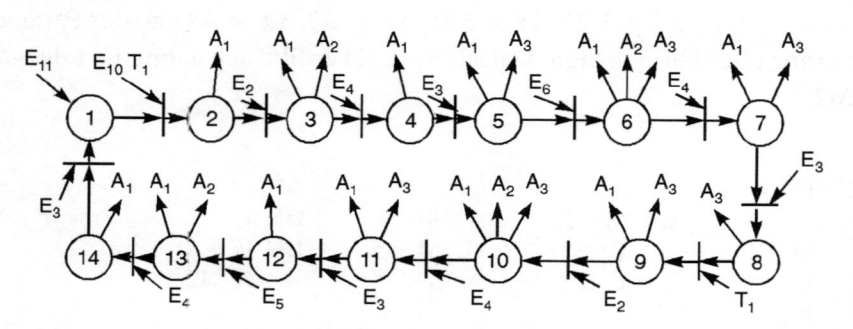

Abb. 3.35: SPS-Petrinetz der Steuerung des 1. Beispiels (siehe Seite 71). Das SPS-Petrinetz der Steuerung ist modifiziert für die MODICON A020 der AEG.

Allein das Zeichnen eines solchen Funktionsplanes ist aufwendiger als die komplette Anwenderprogrammentwicklung und Abspeicherung nach der im folgenden dargestellten SPS-orientierten Petrinetzmethode.

Einige Erläuterungen:

- E11 ist ein Taster, der zur Inbetriebnahme des Automaten einmal kurz betätigt wird (Inbetriebnahmetaster)
- E10 ist der selbstrastende Einschalter
- T1 ist das Zeitglied des Schalters E1

Alle anderen Befehlsbezeichnungen gehen aus der Parametrierungsliste hervor. Durch eine entsprechende Umnumerierung der Merker, Ein- und Ausgänge kann dieses SPS-Petrinetz sehr leicht auch auf andere Steuerungen, z. B. auf die Systeme von Siemens und Klöckner & Möller, zugeschnitten werden.

Auch bei Verwendung völlig anderer Programmiersprachen, z. B. der horizontalen Notation der Erfurter Steuerungen (EFE 700), kann diese Darstellung zugrunde gelegt werden.

In den einfachen Taktkettensteuerungen sind keine oder nur wenig bedingte Sprünge enthalten, so daß zur Projektdokumentation hier auch die aus der EDV bekannte Programmablaufplansymbolik vorteilhaft eingesetzt werden kann (s. *Abb. 3.36*).

Parametrierungsliste:

Die absoluten Adressen (Anschlüsse an der SPS) ergeben sich bei den Eingängen folgendermaßen aus den symbolischen Bezeichnungen in Abb. 3.1:

$E_{n+1} = x_n$ für n = 0, 1, 2, 3, 4, 5.

Die Ausgänge sind wie folgt adressiert:

$y_1 = A_1$, $y_{\bar{1}} = \bar{A}_1 = A_{11}$,

$y_2 = A_2$, $y_{\bar{2}} = \bar{A}_2 \bar{E}_3 = A_{12}$,

$y_3 = A_3$, $y_{\bar{3}} = \bar{A}_3 = A_{13}$.

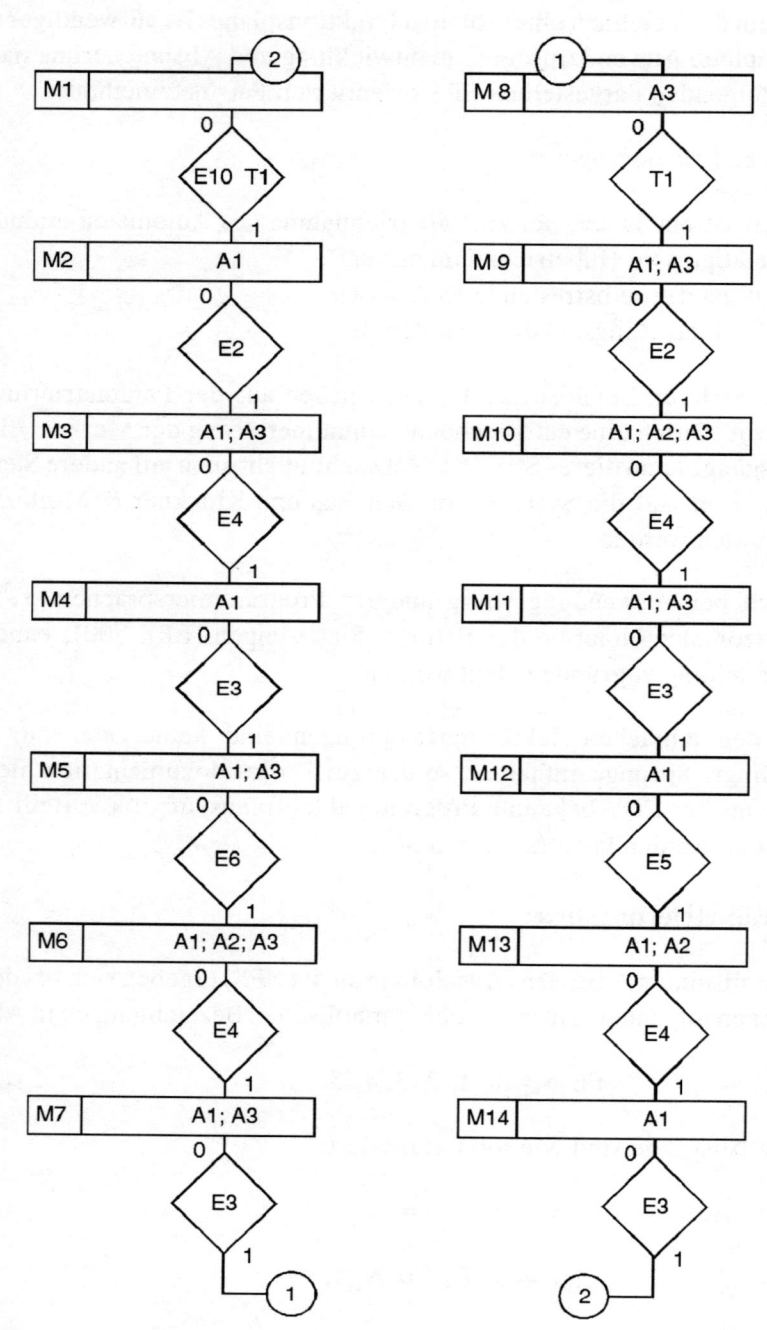

3 Methodologische Grundlagen zur Projektierung von Programmsteuerschaltungen

M1		②
	0	
	⟨E10 T1⟩	
	1	
M2	A1	
	0	
	⟨E2⟩	
	1	
M3	A1; A3	
	0	
	⟨E4⟩	
	1	
M4	A1	
	0	
	⟨E3⟩	
	1	
M5	A1; A3	
	0	
	⟨E6⟩	
	1	
M6	A1; A2; A3	
	0	
	⟨E4⟩	
	1	
M7	A1; A3	
	0	
	⟨E3⟩	
	1 → ①	

M8	A3 ①
	0
	⟨T1⟩
	1
M9	A1; A3
	0
	⟨E2⟩
	1
M10	A1; A2; A3
	0
	⟨E4⟩
	1
M11	A1; A3
	0
	⟨E3⟩
	1
M12	A1
	0
	⟨E5⟩
	1
M13	A1; A2
	0
	⟨E4⟩
	1
M14	A1
	0
	⟨E3⟩
	1 → ②

Abb. 3.36

3.4 Die Petrinetzmethode

Mühelos liest man bei Beachtung der im vorigen Abschnitt gegebenen Hinweise aus dem Petrinetz oder dem SPS-PAP das folgende MODICON A020 Anwenderprogramm ab:

UM14	UM2	SLM5	RLM7	UE2	UM13	UM2	=A1	OM11
UE3	UE2	UM6	UM7	SLM10	RLM12	OM3	UM3	=A3
OE11	SLM3	RLM5	UE3	UM11	UM12	OM4	OM6	UNA1
SLM1	UM4	UM5	SLM8	RLM10	UE5	OM5	OM10	=A11
UM2	RLM3	UE6	UM9	UM10	SLM13	OM6	OM13	UNA2
RLM1	UM3	SLM6	RLM8	UE4	UM14	OM7	=A2	UNE3
UM1	UE4	UM7	UM8	SLM11	RLM13	OM9	UM5	=A12
UE10	SLM4	RLM6	UT1	UM12	UM13	OM10	OM6	UNA3
UT1	UM5	UM6	SLM9	RLM11	UE4	OM11	OM7	=A13
SLM2	RLM4	UE4	UM10	UM11	SLM14	OM12	OM8	
UM3	UM4	SLM7	RLM9	UE3	UM1	OM13	OM9	PE
RLM2	UE3	UM8	UM9	SLM12	RLM14	OM14	OM10	

Die Rücklaufbefehle ergeben sich durch Negation der Vorlaufbefehle. Bei elektrischer Ausführung ist eine entsprechende Endlagenunterdrückung zu beachten.

Funktionspläne und Kontaktpläne erfordern auch bei diesen einfachen Aufgabenstellungen erheblich mehr Aufwand als die SPS-Petrinetze und SPS-Programmablaufpläne. Die Vorteile der SPS-Petrinetze auch gegenüber den Programmablaufplänen sind noch klarer zu erkennen, wenn von der Steuerung eine gewisse Flexibilität erwartet wird, d. h. die Steuerprogramme eine größere Anzahl bedingter Sprünge aufweisen.

Einführungsbeispiel 4:

Programm einer komplizierten Maschinensteuerung mit Flexibilitätsanforderungen

Mit Hilfe der 6 Endlagenschalter E1 bis E6 werden 9 Positionen des Maschinentisches eines speziellen Bohrautomaten markiert. Der Bohrervorschub wird hinten durch den Schalter E7 und vorn durch den Schalter E8 begrenzt (s. Abb.).

Die SPS soll für die Fertigung der dargestellten 4 Bohrbilder programmiert werden. Zur Vorwahl des zu fertigenden Bohrbildes werden die

3 Methodologische Grundlagen zur Projektierung von Programmschaltungen

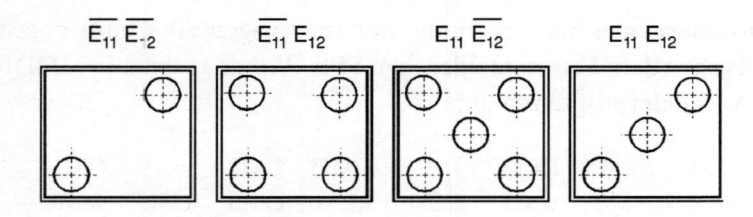

$\overline{E_{11}}\,\overline{E_{-2}}$ $\overline{E_{11}}\,E_{12}$ $E_{11}\,\overline{E_{12}}$ $E_{11}\,E_{12}$

Abb. 3.37 Bohrbilder

selbstrastenden Schalter E11 und E12 eingesetzt. E9 ist der Inbetriebnahmeschalter und E10 sei der Eintaster für den Automaten.

Die Adressierung wird für eine MODICON A020 der AEG vorgenommen. Die Stellbefehle werden wie folgt bezeichnet:

A1 = Vorschub in Richtung S1,
A2 = Vorschub in Richtung S2,
A3 = Bohrervorschub in Richtung S3,
A11 = Gegenrichtung von S1,
A12 = Gegenrichtung von S2,
A13 = Bohrerrücklauf,
A4 = Bohrspindelantrieb.

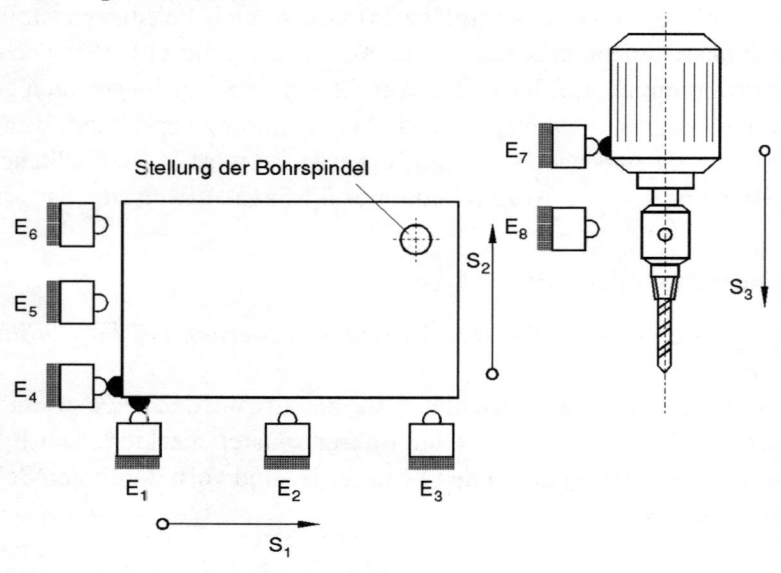

Abb. 3.38 Technologieskizze des Bohrautomaten

3.4 Die Petrienetzmethode

Durch Anwendung der beschriebenen Symbolik ergibt die Problemanalyse das folgende SPS-Petrinetz.

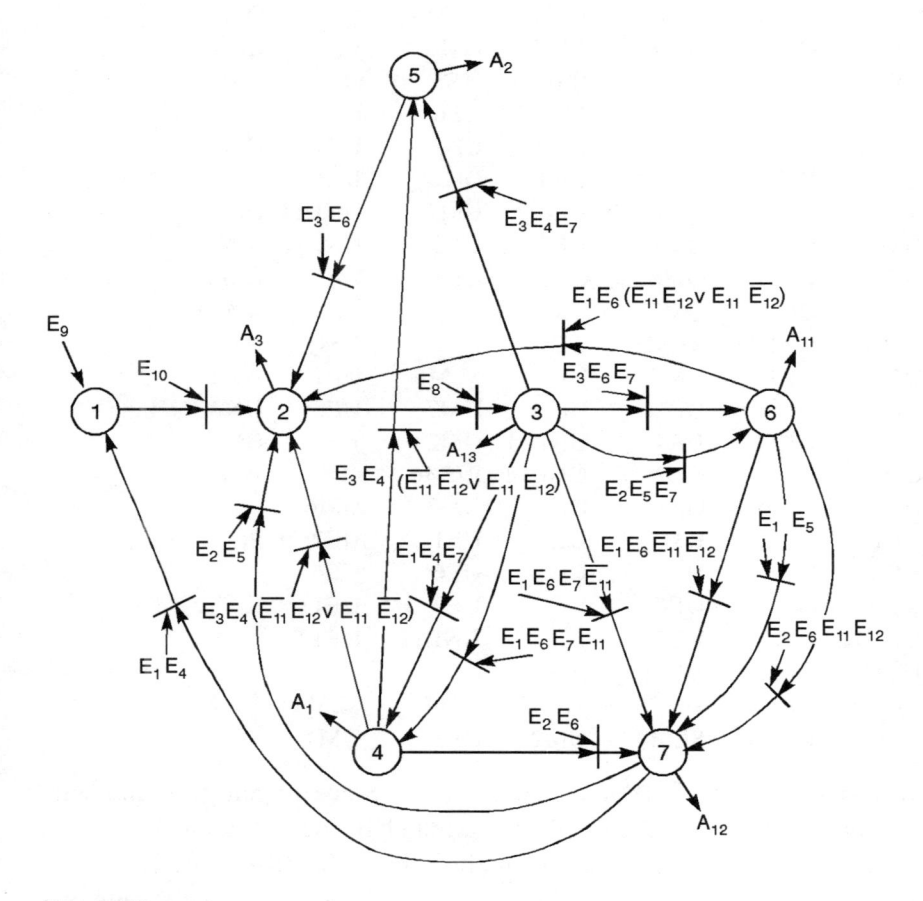

Abb. 3.39

3 Methodologische Grundlagen zur Projektierung von Programmsteuerschaltungen

Aus diesem Graphen liest man mühelos das folgende SPS-Programm als Anweisungsliste ab:

UM7	UE11	SLM2	UM2	RLM5	UE6	OM2
UE1	UNE12	UM3	OM5	UM3	)	RLM7
UE4	)	RLM2	OM7	UE3	O(	UM4
OE9	)	UM2	RLM4	UE6	UM6	=A1
SLM1	)	UE8	UM3	UE7	UE1	UM5
UM2	O(	SLM3	UE3	O(	UE6	=A2
RLM1	UM4	UM4	UE4	UM3	UNE11	UM2
UM1	UE3	OM5	UE7	UE2	UNE12	=A3
UE10	UE4	OM6	O(	UE5	)	UM6
O(	U(	OM7	UM4	UE7	O(	=A11
UM5	UNE11	RLM3	UE3	)	UM6	UM7
UE3	UE12	UM3	UE4	SLM6	UE1	=A12
UE6	O(	UE1	U(	UM7	UE5	UNA3
)	UE11	UE4	UNE11	OM2	)	UNE7
O(	UNE12	UE7	UNE12	RLM6	O(	=A13
UM6	)	O(	O(	UM3	UM6	
UE1	)	UM3	UE11	UE1	UE2	PE
UE6	)	UE1	UE12	UE6	UE6	
U(	O(	UE6	)	UE7	UE11	
UNE11	UM7	UE7	)	UNE11	UE12	
UE12	UE2	UE11	)	O(	)	
O(	UE5	)	SLM5	UM4	SLM7	
	)		SLM4	UM2	UE2	UM1

Wer sich an diese Art der Darstellung von Steuerungen gewöhnt, wird sehr bald erkennen, daß SPS-Petrinetze auch bei der Fehlersuche in Kontaktplänen und in Funktionsplänen eine wertvolle Hilfe sind. Sie heben, wie kaum eine andere Darstellungsart, das Wesentliche der Problemlösung hervor und lassen alle überflüssigen Details in den Hintergrund treten.

Man kann auch sehr umfangreiche Strukturen in übesichtlicher Form mit relativ wenig Aufwand auf kleiner Zeichenfläche darstellen.

4 Projektierungsbeispiele

4.1 Beispiele zum stellbefehlsorientierten und speicherminimierten Entwurf

Beispiel 1

Der Maschinentisch MT soll die nachfolgend dargestellte Pendelbewegung ausführen:

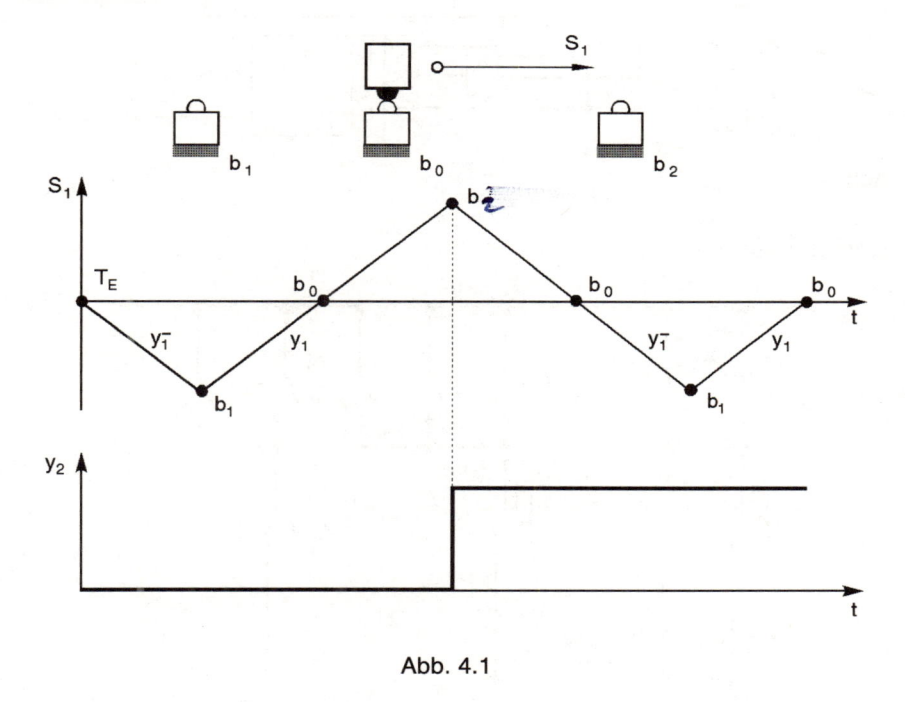

Abb. 4.1

Mit der bereits in das Diagramm eingezeichneten Hilfsgröße Y_2 ergeben sich nach dem stellbefehlsorientierten Entwurfsverfahren folgende Setz- und Rücksetzbefehle für die Signalspeicher:

4 Projektierungsbeispiele

$S_1 = b_1$; $R_1 = b_2 \vee b_0 y_2$;

$S_{\bar{1}} = T_E \vee b_2$; $R_{\bar{1}} = b_1$;

$S_2 = b_2$; $R_2 = T_E$.

Damit wurden folgende Schaltpläne abgeleitet:

Funktionsplan:

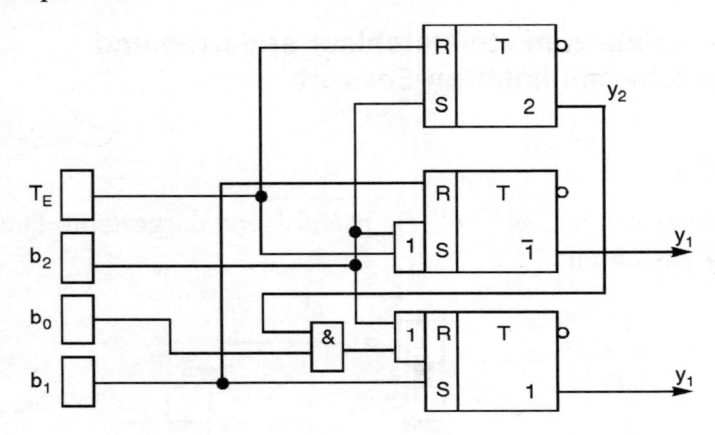

Abb. 4.2

Kontaktplan:

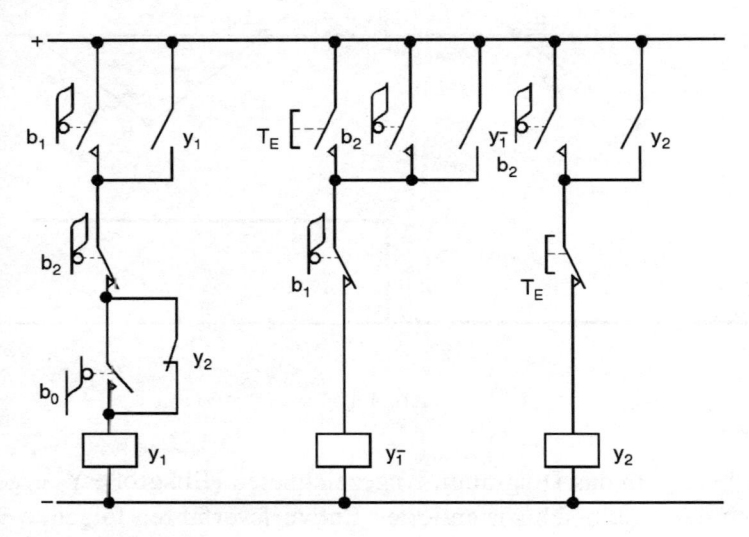

Abb. 4.3

4.1 Beispiele zum stellbefehlsorientierten und speicherminimierten Entwurf

Beispiel 2

Die hier dargestellte Einrichtung dient dazu, Teile auf eine bestimmte Höhe zu heben und dann auf eine Ablaufrutsche zu schieben.

Zur Verdeutlichung der Notwendigkeit von monostabilen Kippstufen beim stellbefehlsorientierten Entwurf wurden im Steuerungs-Schaltfolgediagramm die Wirkungsdauern einzelner Signale als Wirkungsstrecken hervorgehoben.

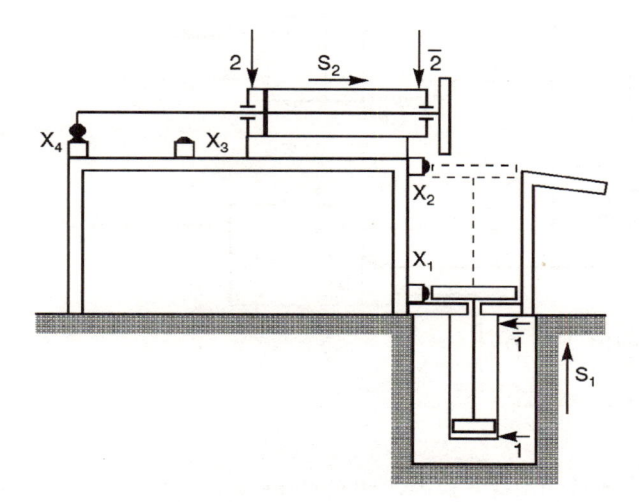

Abb. 4.4

Darstellung des Ablaufs mit Hilfe des kombinierten Steuerungs-Schaltfolgediagramms

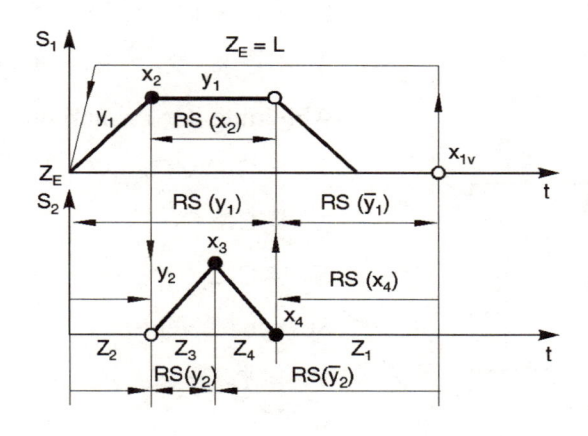

Abb. 4.5

127

4 Projektierungsbeispiele

Nach dem stellbefehlsorientierten Entwurf ergeben sich aus dem Diagramm die folgenden Setz- und Rücksetzbefehle für die beiden erforderlichen Signalspeicher:

$S_1 = Z_E x_{1v}$; $R_1 = \dot{x}_4^+$;

$S_2 = \dot{x}_2^+$; $R_2 = x_3$.

Damit steht der folgende Funktionsplan für diese Steuerung fest:

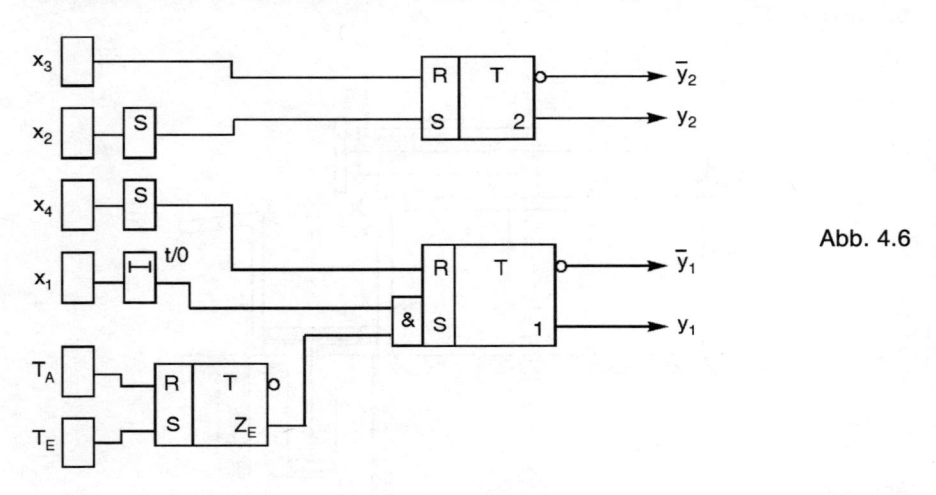

Abb. 4.6

Das speicherminimierte Entwurfsverfahren liefert für dieses Beispiel die folgende Lösung:

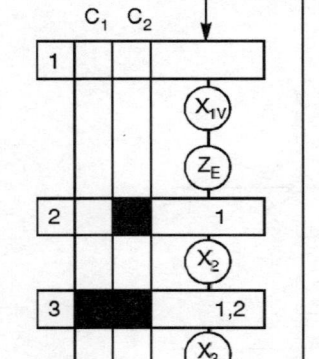

Sequenzleiter: Abb. 4.7

Strukturgleichungen:

$S_1 = C_2 X_2$; $R_1 = \bar{C}_2 X_4$

$S_2 = \bar{C}_1 X_{1v} Z_E$; $R_2 = C_1 X_3$

Ableitung der Primärbefehle

$Y_1 = \bar{C}_1 C_2 \vee C_1 C_2 \vee C_1 \bar{C}_2$

$ = C_1 \vee C_2$

$Y_2 = C_1 C_2$

Sekundärbefehle

$Y_1^- = \bar{Y}_1$

$Y_2^- = \bar{Y}_2$

Beispiel 3

Für die auf S. 122 beschriebene Bohreinrichtung (Bohren über Kreuz) soll eine Ablaufsteuerung entwickelt werden, die keinen besonderen Zusatzanforderungen unterliegt.

Steuerungs-Schaltfolgediagramm:

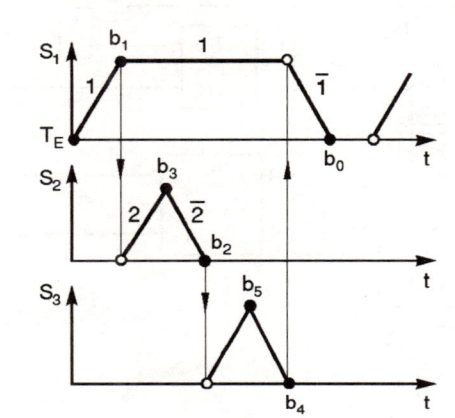

Abb. 4.8

Nach dem stellbefehlsorientierten Entwurfsverfahren liest man aus dem Diagramm folgende Strukturgleichungen ab:

$S_1 = b_{0v} K_E$; $R_1 = \acute{b}_4^+$;

$S_2 = \acute{b}_1^+$; $R_2 = b_3$;

$S_3 = \acute{b}_2^+$; $R_3 = b_5$.

Die Sekundärbefehle ergeben sich zu:

$Y_1^- = \bar{Y}_1$; $Y_2^- = \bar{Y}_2 \bar{b}_2$; $Y_3^- = \bar{Y}_3 \bar{b}_4$.

Damit hat sich folgender Funktionsplan ergeben:

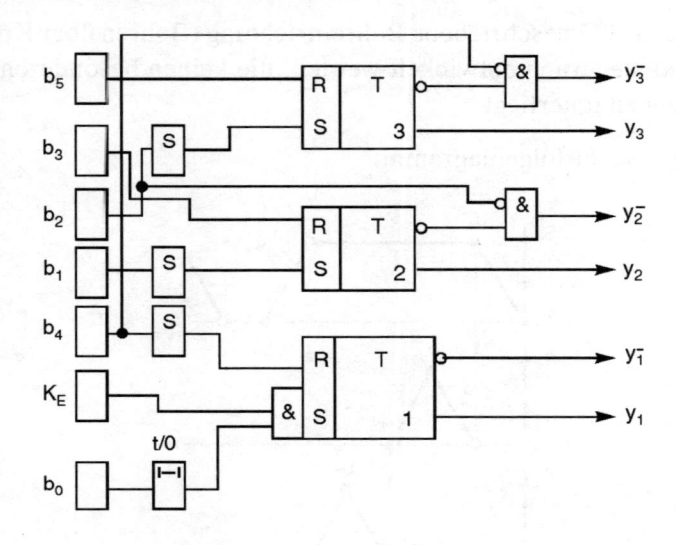

Abb. 4.9

Beispiel 4

Steuerung einer Stanze mit Niederhalter und Auswerfer

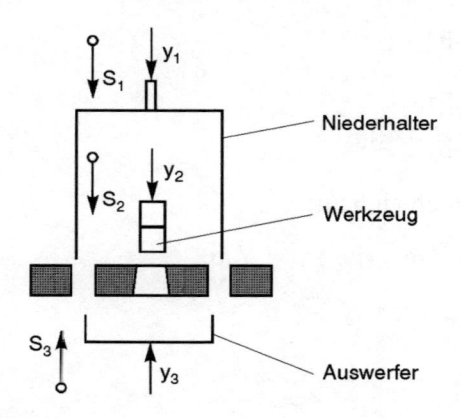

X_1 Niederhalter oben; X_2 Niederhalter unten;
X_3 Werkzeug oben; X_4 Werkzeug unten;
X_5 Auswerfer hinten; X_6 Auswerfer vorn;
X_0 Eintaster

Abb. 4.10

4.1 Beispiele zum stellbefehlsorientierten und speicherminimierten Entwurf

Steuerungsdiagramm

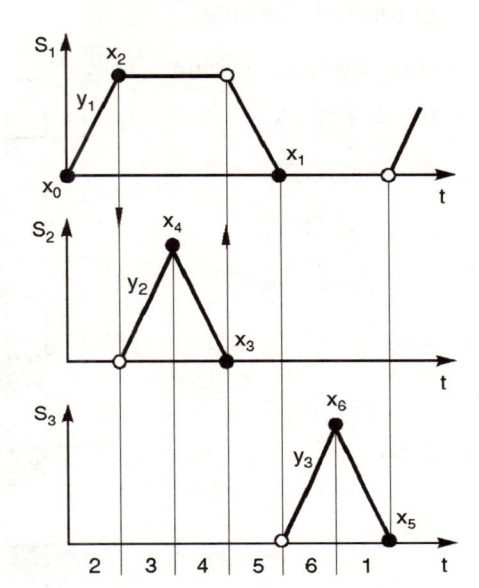

Abb. 4.11

Nach dem stellbefehlsorientierten Verfahren ergeben sich folgende Strukturgleichungen:

$S_1 = x_0$; $R_1 = \dot{x}_3^+$; $y_1 = Y_1$; $y_1^- = \bar{Y}_1$;

$S_2 = \dot{x}_2^+$; $R_2 = x_4$; $y_2 = Y_2$; $y_2^- = \bar{Y}_2$;

$S_3 = \dot{x}_1^+$; $R_3 = x_6$; $y_3 = Y_3$; $y_3^- = \bar{Y}_3$.

4 Projektierungsbeispiele

Nach dem speicherminimierten Entwurfsverfahren ergibt sich für die Stanzensteuerung die folgende Lösung:

Ableitung der Setz- und Rücksetzbefehle

$S_2 = C_2\bar{C}_3X_2;$ $R_1 = \bar{C}_2\bar{C}_3 X_6$

$S_2 = \bar{C}_1\bar{C}_3X_5X_0;$ $R_2 = C_1C_3X_3$

$S_3 = C_1C_2X_4;$ $R_3 = C_1\bar{C}_2X_1$

Karnaughplan für Ermittlung von Y_1

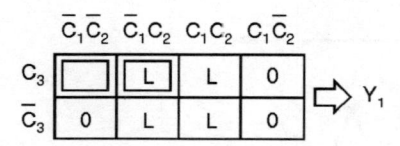

	$\bar{C}_1\bar{C}_2$	$\bar{C}_1C_2$	C_1C_2	$C_1\bar{C}_2$
C_3		L	L	0
$\bar{C}_3$	0	L	L	0

$\Rightarrow Y_1$

Abb. 4.13

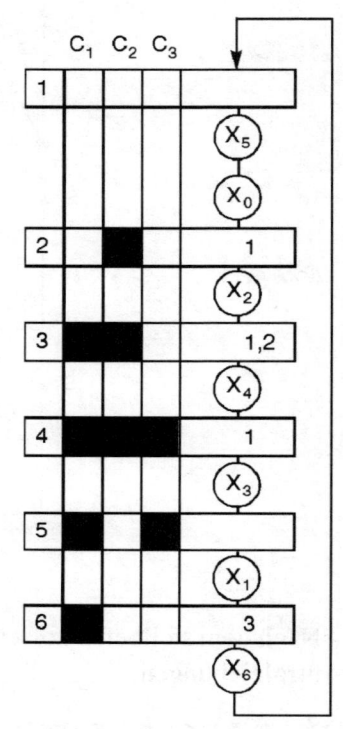

Ableitung der Stellbefehle: Abb. 4.12

$Y_1 = C_2$; $y_1^- = \bar{Y}_1$; $y_1 = Y_1$;

$Y_2 = C_1C_2\bar{C}_3$; $y_2^- = \bar{Y}_2$; $y_2 = Y_2$;

$Y_3 = C_1\bar{C}_2\bar{C}_3$; $y_3^- = \bar{Y}_3$; $y_3 = Y_3$.

Beispiel 5

Die im folgenden skizzierte Einrichtung dient der Automatisierung eines Stanzvorganges. Das Material wird mit Hilfe des Antriebes 3 und der Spannzangen 2 und 4 der Stanze von einem automatischen Bandabrollgerät zugeführt. Antrieb 3 schiebt das Band mit Hilfe der Spannzange 2 bei geöffneter Spannzange 4 vor. Die Spannzange 4 übernimmt nach dem Transport in das Werkzeug die ortsfeste Bestimmung. Die Stanze 5 soll gleichzeitig mit dem Rücklauf des Transportzylinders 3 ausgelöst werden.

4.1 Beispiele zum stellbefehlsorientierten und speicherminimierten Entwurf

Nach dem Stanzen wird die Platine durch den Antrieb 1 ausgeworfen. Danach beginnt, wenn noch eingeschaltet ist, der neue Einschub.

Hinweis:

Da die Antriebe 2 und 4 gegenläufig arbeiten, sind hier nur 4 Primärbefehle erforderlich.

Die Befehle „Spannen erfolgt" und „Spannzangen los" sollen der Einfachheit halber mit Verzögerungsgliedern aus den Befehlen „Spannen" und „Lösen" gewonnen werden.

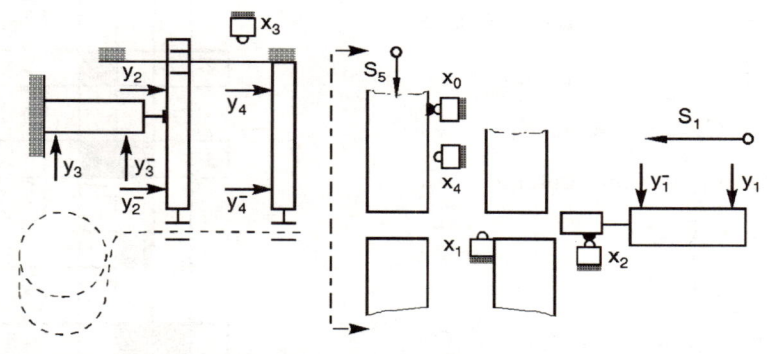

Abb. 4.14 Automatische Zuführ- und Auswerfeinrichtung

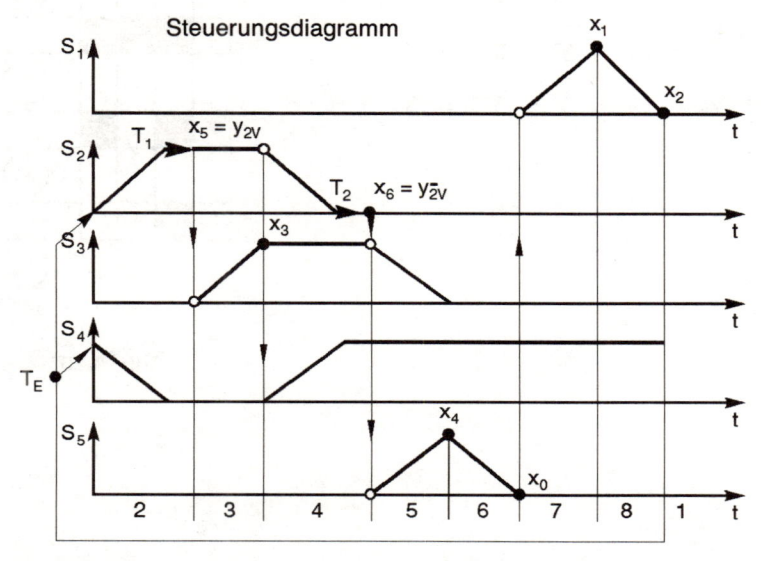

Abb. 4.15 Begradigte Zustandszahl — keine Wettlauferscheinungen

4 Projektierungsbeispiele

Da sich im ausgeschalteten Zustand ($Z_E = 0$) von der Stelle x_1 an kein Primärbefehl mehr ändert, könnte der Zustand 1 schon bei x_1 beginnen. Es läge dann allerdings eine ungerade Zustandszahl vor, mit der beim speicherminimierten Entwurf nicht gearbeitet werden kann.

Der speicherminimierte Entwurf liefert damit folgende Lösung:

Strukturgleichungen   Sequenzleiter

Ableitung der Setz- und Rücksetzbefehle

$S_1 = C_2\bar{C}_3 X_6$; $R_1 = \bar{C}_2\bar{C}_3 X_2$

$S_2 = \bar{C}_1 C_3 X_5$; $R_2 = C_1 C_3 X_0$

$S_3 = \bar{C}_1\bar{C}_2 Z_E \vee C_1 C_2 X_4$

$R_3 = \bar{C}_1 C_2 X_3 \vee C_1 \bar{C}_2 X_1$

Ableitung der Stellbefehle

$Y_1 = C_1 \bar{C}_2 C_3$

$Y_5 = C_1 C_2 \bar{C}_3$

$Y_2 = \bar{C}_1\bar{C}_2 C_3 \vee \bar{C}_1 C_2 C_3 = \bar{C}_1 C_3$

$Y_3 = \bar{C}_1 C_2 C_3 \vee \bar{C}_1 C_2 \bar{C}_3 = \bar{C}_1 C_2$

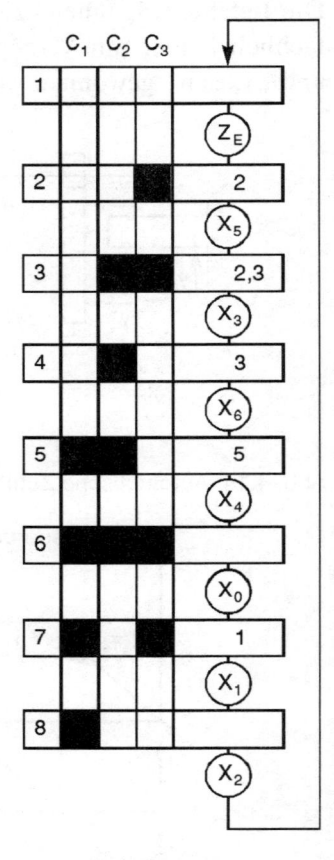

$Y_{\bar{1}} = \bar{Y}_1$; $Y_{\bar{2}} = \bar{Y}_2$; $Y_4 = Y_{\bar{2}}$

$Y_{\bar{5}} = \bar{Y}_5$; $Y_{\bar{3}} = \bar{Y}_3$; $Y_{\bar{4}} = Y_2$

Abb. 4.16

4.1 Beispiele zum stellbefehlsorientierten und speicherminimierten Entwurf

Nach dem stellbefehlsorientierten Verfahren ergeben sich aus dem Steuerungsdiagramm die folgenden Strukturgleichungen:

$S_1 = \dot{x}_0^+$; $R_1 = x_1$;

$S_2 = (x_2 Z_E)^{\cdot +}$; $R_2 = x_3$;

$S_3 = x_5$; $R_3 = x_6$;

$S_5 = \dot{x}_6^+$; $R_5 = x_4$;

$y_1 = Y_1$; $y_{\bar{1}} = \bar{Y}_1$;

$y_2 = Y_2$; $y_{\bar{2}} = \bar{Y}_2$;

$y_3 = Y_3$; $y_{\bar{3}} = \bar{Y}_3$;

$y_4 = \bar{Y}_2$; $y_{\bar{4}} = Y_2$;

$y_5 = Y_5$; $Y_{\bar{5}} = \bar{Y}_5$.

Damit hat sich für diesen Automaten stellbefehlsorientiert eine besonders vorteilhafte Lösung ergeben.

Beispiel 6

Ein Beschickungsgerät soll nach Betätigen des Eintasters ein Werkstück von einem Tisch auf einen anderen stellen.

Geräteskizze

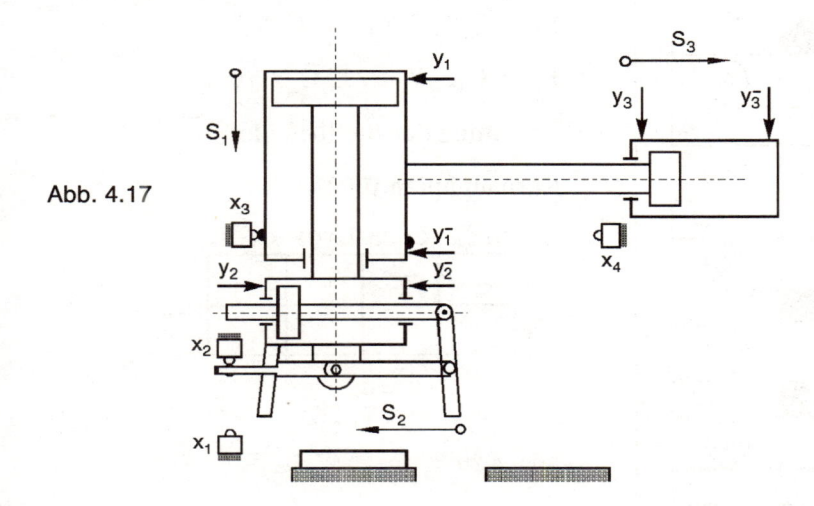

Abb. 4.17

4 Projektierungsbeispiele

Steuerungsdiagramm

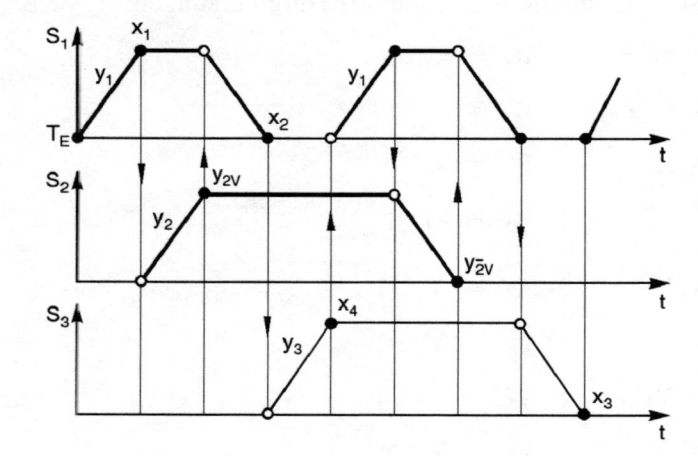

Abb. 4.18

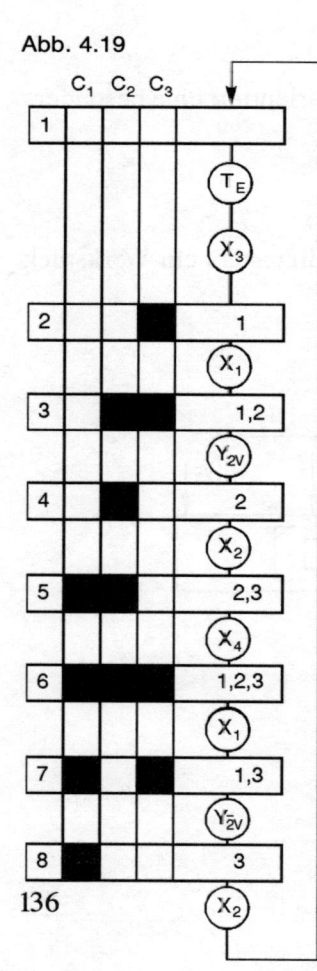

Abb. 4.19

Der speicherminimierte Entwurf liefert dafür folgende Steuerung:

Ableitung der Setz- und Rücksetzbefehle

$S_1 = C_2\bar{C}_3X_2$

$R_1 = \bar{C}_2\bar{C}_3X_2$

$S_2 = \bar{C}_1C_3X_1$

$R_2 = C_1C_3X_1$

$S_3 = \bar{C}_1\bar{C}_2T_EX_3 \lor C_1C_2X_4$

$R_3 = \bar{C}_1C_2Y_{2V} \lor C_1\bar{C}_2Y\bar{2}V$

Ableitung der Stellbefehle

Karnaughplan für Y_1:

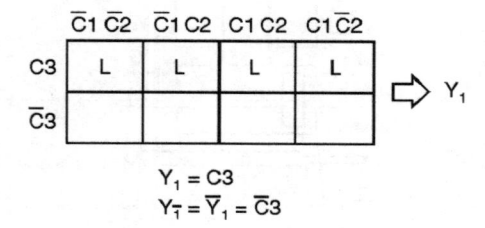

	$\bar{C}_1\bar{C}_2$	$\bar{C}_1C_2$	C_1C_2	$C_1\bar{C}_2$
C3	L	L	L	L
$\bar{C}3$				

$\Rightarrow Y_1$

$Y_1 = C3$
$Y_{\bar{1}} = \bar{Y}_1 = \bar{C}3$

Abb. 4.20

Karnaughplan für Y_2:

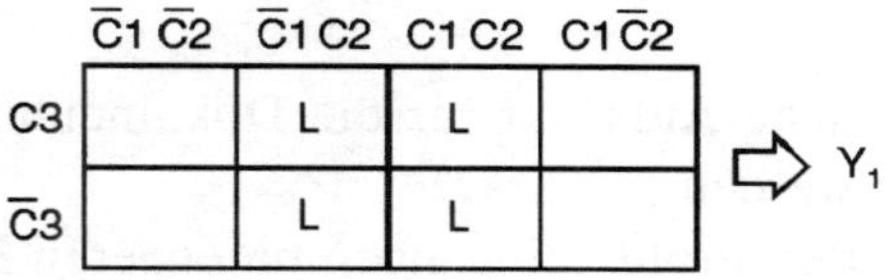

	$\bar{C}_1\bar{C}_2$	$\bar{C}_1 C_2$	$C_1 C_2$	$C_1\bar{C}_2$
C_3		L	L	
$\bar{C}_3$		L	L	

Abb. 4.21 ⇒ Y_1

$Y_2 = C_2$
$Y_{\bar{2}} = \bar{Y}_2 = \bar{C}_2$

Karnaughplan für Y_3:

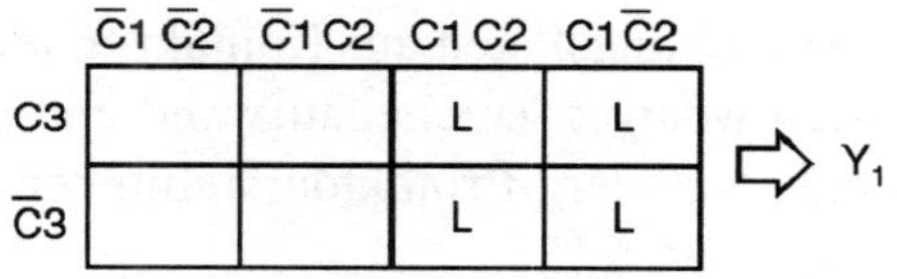

	$\bar{C}_1\bar{C}_2$	$\bar{C}_1 C_2$	$C_1 C_2$	$C_1\bar{C}_2$
C_3			L	L
$\bar{C}_3$			L	L

Abb. 4.22 ⇒ Y_1

$Y_3 = C_1$
$Y_{\bar{3}} = \bar{Y}_3 = \bar{C}_1$

Sellbefehlsorientiert ergeben sich aus dem Steuerungsdiagramm folgende Strukturgleichungen:

$S_1 = T_E \vee \dot{x}_4^+$; $R_1 = \dot{y}_{2v}^+ \vee \dot{y}_{2v}^\pm$; $y_1 = Y_1$; $y_{\bar{1}} = \bar{Y}_1$;

$S_2 = x_1 x_3$; $R_2 = x_1 x_4$; $y_2 = Y_2$; $y_{\bar{2}} = \bar{Y}_2$;

$S = x_2 y_2$; $R_3 = x_2 y_{\bar{2}}$; $y_3 = Y_3$; $y_{\bar{3}} = \bar{Y}_3$.

4.2 Beispiele zum SPS-orientierten Petrinetzentwurf

Mit Hilfe der in diesem Abschnitt abgehandelten Beispiele sollen vor allem die folgenden Vorteile des Petrinetzentwurfs verdeutlicht werden:

● Die Strukturen der Steuerungen werden transparenter.

4 Projektierungsbeispiele

- Die Programmierung von SPS kann übersichtlich auch ohne vorheriges Aufschreiben der AWL direkt auf der Grundlage des Petrinetzes ausgeführt werden.
- Der zeichnerische Aufwand für die Dokumentation von Steuerungen kann gesenkt werden.
- Petrinetze stellen Problemlösungen im engeren Problembezug dar als Kontaktpläne, Funktionspläne und Anweisungslisten.
- Eine Fehlersuche in Entwürfen und auch eine Störungssuche am Automaten werden dadurch erleichtert.
- Das Ablesen von Anweisungslisten für SPS-Anwenderprogramme aus Petrinetzen ist sehr einfach und für den Anfänger schneller erlernbar als das Ablesen der Anweisungslisten aus Kontakt- oder Funktionsplänen.
- Petrinetze erfordern weniger Zeichenaufwand und haben eine größere Informationsdichte als andere Projektdarstellungen.

Zur Erhöhung der Übersichtlichkeit sollen die Entwurfsbeispiele weiter laufend durchnumeriert werden.

Beispiel 7

Ein linearer Antrieb, der zwischen den beiden Endlagen b_0 und b_2 pendelt, soll mit dem Taster T_A an jeder Position angehalten werden können. Mit den Tastern T_L und T_R kann man diese Bewegung wahlweise nach links oder nach rechts beginnend wieder in Gang setzen. Durch Einrasten der Schalter K_R und/oder K_L kann man erreichen, daß der Antrieb beim Erreichen eines mittleren Schalters b_1 beim Rechtslauf und/oder beim Linkslauf seine Bewegung eine programmierbare Zeit lang unterbricht.

Pendelbewegung mit Zusatzforderungen:

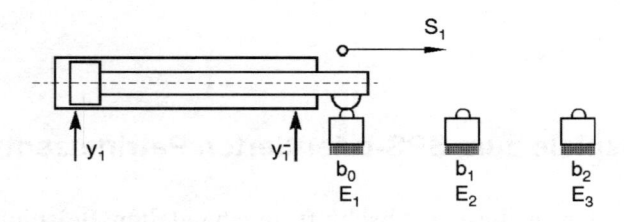

Abb. 4.23

4.2 Beispiele zum SPS-orientierten Petrinetzentwurf

	Parametrierung:
T_s : Inbetriebnahmetaster	E24
T_A : Halt in jeder Position	E23
T_L : Start nach links in jeder Position	E22
T_R : Start nach rechts in jeder Position	E21
K_R : Bewegungsunterbrechung bei b_1 beim Rechtslauf	E16
(K_R und K_L selbstrastend)	
K_L : Bewegungsunterbrechung bei b_1 beim Linkslauf	E15

Petrinetz:

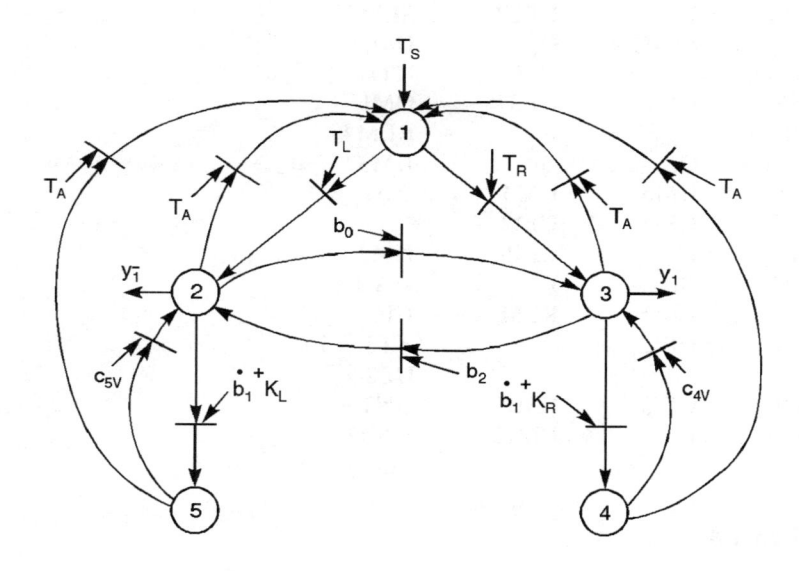

Abb. 4.24

In diesem Beispiel ist fünfmal eine direkte Wechselwirkung zwischen zwei Zuständen vorhanden. Man beachte die Besonderheiten bei der Festlegung der Rücksetzbefehle

4 Projektierungsbeispiele

AWL:

UE24	RLM1	RLM2	UE15
O(	UM5		SLM5
UM2	=T2	UM1	
UE23	UM4	UE21	UM2
)	=T1	O(	UT2
O(	UM1	UM2	OM1
UM3	UE22	UE1	RLM5
UE23	OT2	)	
)	O(	OT1	UM3
O(	UM3	SLM3	UM12
UM4	UE3	UM1	UE16
UE23	)	UE23	SLM4
)	SLM2	O(	UM3
O(		UM2	UT1
UM5	UM1	UE3	OM1
UE23	UE23	)	RLM4
)	O(	O(	UM3
SLM1	UM3	UM4	=A1
	UE1	UE12	
UM2	)	UE16	UM2
UE22	O(	)	=A11
O(	UM5	RLM3	UE2
UM3	UE12		=T3 [1]
			UE2
UE21	UE15	UM2	UNT3
)	)	UM12	=M12
			PE

Beispiel 8

Lange Rundteile mit axialer und radialer Bohrung — wahlweise

Der Bohrautomat des Einführungsbeispiels auf S. 82 wird mit einer zweiten Bohrmaschine ausgerüstet, die gegen den Spannkolben S_1 bohrt und die im Werkstück vorhandene Längsbohrung vor der Querbohrung ausführt.

Zusätzliche Koordinate S_4:

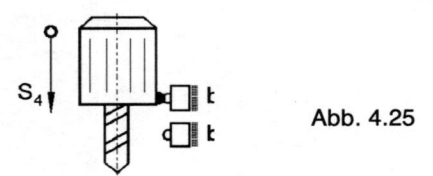

Abb. 4.25

4.2 Beispiele zum SPS-orientierten Petrinetzentwurf

Als Primärbefehle wurden festgelegt: $\bar{y}_1$, $\bar{y}_2$, y_2^-, y_3, y_4. Folgende 3 Fälle sind mit den Schaltern B und C vorwählbar.

Fall A : Kein Schalter betätigt — Fertigung nur Längsbohrung
Fall B : Nur Schalter B betätigt — Fertigung nur Querbohrung
Fall C : Nur Schalter C betätigt — Fertigung beider Bohrungen

Es ergibt sich folgendes Petrinetz:

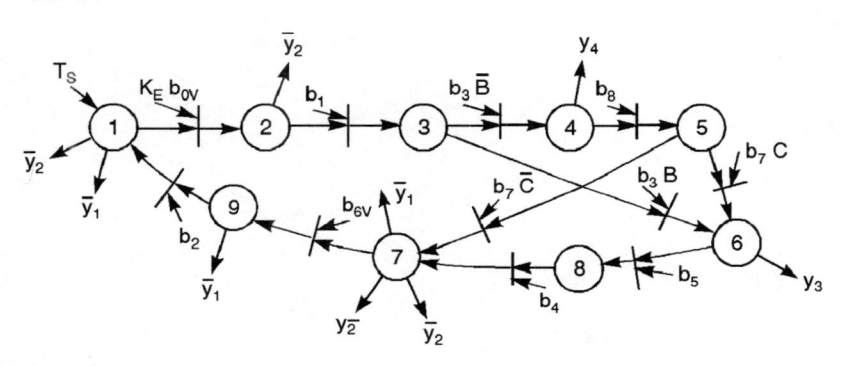

Abb. 4.26

Setz- und Rücksetzbefehle:

$S_1 = T_S \vee C_9 b_2$; $R_1 = C_2$,

$S_2 = C_1 K_E b_{0v}$; $R_2 = C_3$,

$S_3 = C_2 b_1$; $R_3 = C_4 \vee C_6$,

$S_4 = C_3 b_3 \bar{B}$; $R_4 = C_5$,

$S_5 = C_4 b_8$; $R_5 = C_6 \vee C_7$,

$S_6 = C_3 b_3 B \vee C_5 b_7 C$; $R_6 = C_8$,

$S_7 = C_5 b_7 \bar{C} \vee C_8 b_4$; $R_7 = C_9$,

$S_8 = C_6 b_5$; $R_8 = C_7$,

$S_9 = C_7 b_{6v}$; $R_9 = C_1$.

4 Projektierungsbeispiele

Stellbefehle:
Primärbefehle:

$Y_1^- = \bar{y}_1 = C_{1v}C_7 \vee C_9$

$Y_2 = \bar{\bar{y}}_2 = \overline{C_1 \vee C_2 \vee C_7}$

$Y_2^- = C_7$

$Y_3 = C_6$

$Y_4 = C_4$

Sekundärbefehle:

$Y_1 = \bar{Y}_1^-$

$Y_3^- = \bar{Y}_3 \bar{b}_4$

$Y_4^- = \bar{Y}_4 \bar{b}_7$

$Y_5 = \bar{b}_4$ \qquad Spindel radial

$Y_6 = \bar{b}_7$ \qquad Spindel axial

Beispiel 9

Lange Rundteile — wahlweise Radialbohrung und zwei Längen der Axialbohrung

Die Sondermaschine von Beispiel 8 wird an der Koordinate S_4 mit einem 3. Schalter ausgerüstet.

Schalterbezeichnungen:

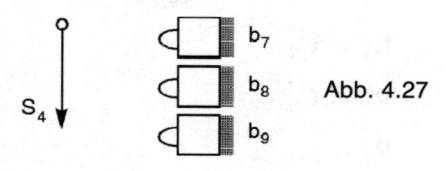

Abb. 4.27

4.2 Beispiele zum SPS-orientierten Petrinetzentwurf

Je nach Betätigung der Wahlschalter K_1 und K_2 soll der Automat folgende Werkstücke fertigen:

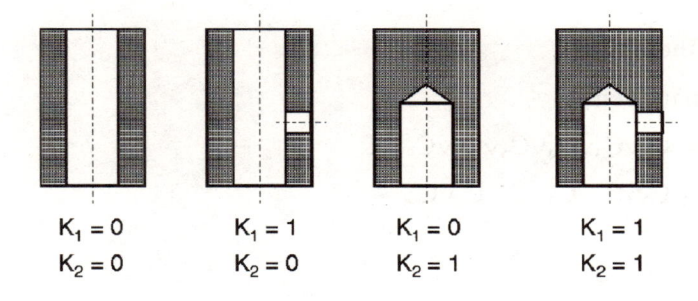

| $K_1 = 0$ | $K_1 = 1$ | $K_1 = 0$ | $K_1 = 1$ |
| $K_2 = 0$ | $K_2 = 0$ | $K_2 = 1$ | $K_2 = 1$ |

Abb. 4.28

Damit ergibt sich folgendes Petrinetz:

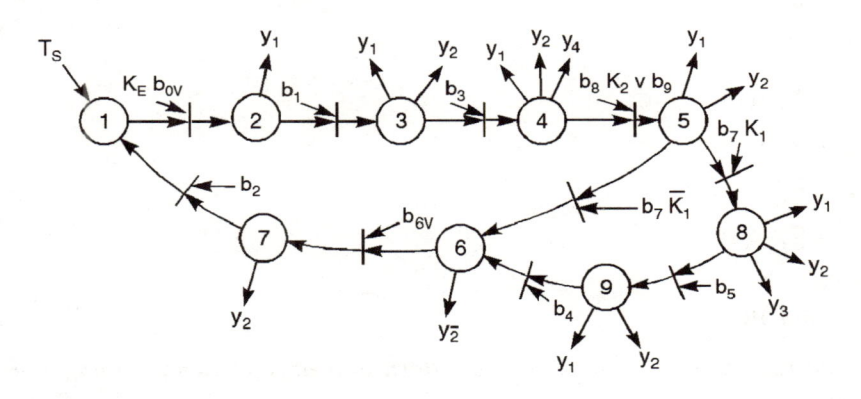

Abb. 4.29

Setz- und Rücksetzbefehle:

$S_1 = T_S \vee C_7 b_2$; $R_1 = C_2$,

$S_2 = C_1 K_E b_{Ov}$; $R_2 = C_3$,

$S_3 = C_2 b_1$; $R_3 = C_4$,

$S_4 = C_3 b_3$; $R_4 = C_5$,

$S_5 = C_4 (b_8 K_2 \vee b_9)$; $R_5 = C_6 \vee C_8$,

$S_6 = C_5 b_7 \bar{K}_1 \vee C_9 b_4$; $R_6 = C_7$,

$S_7 = C_6 b_6 v$; $R_7 = C_1$,

$S_8 = C_5 b_7 K_1$; $R_8 = C_9$,
$S_9 = C_8 b_5$; $R_9 = C_6$.

Stellbefehle:

Primärbefehle:

$Y_1 = C_2 \vee C_3 \vee C_4 \vee C_5 \vee C_8 \vee C_9$,

$Y_2 = C_3 \vee C_4 \vee C_5 \vee C_7 \vee C_8 \vee C_9$,

$Y_{\overline{2}} = C_6$,

$Y_3 = C_8$,

$Y_4 = C_4$.

Sekundärbefehle:

$Y_{\overline{1}} = \overline{Y}_1$,

$Y_{\overline{3}} = \overline{Y}_3 \overline{b}_4$,

$Y_{\overline{4}} = \overline{Y}_4 \overline{b}_7$,

$Y_5 = \overline{b}_4$,

$Y_6 = \overline{b}_7$.

Beispiel 10

Lange Rundteile mit zwei Wahlschaltern und durchgehender Längsbohrung

Die Sondermaschine der Beispiele 8 und 9 soll durch den Einsatz von zwei Wahlschaltern folgendermaßen gesteuert werden:

Tab. 4.1

K_1	K_2	
O	O	Das Teil soll unbearbeitet in den Fertigteileschacht geschoben werden.
O	L	Es soll nur die Längsbohrung ausgeführt werden.
L	O	Es soll nur die Querbohrung ausgeführt werden.
L	L	Es sollen beide Bohrungen ausgeführt werden (längs vor quer).

4.2 Beispiele zum SPS-orientierten Petrinetzentwurf

Damit ergibt sich folgendes Petrinetz:

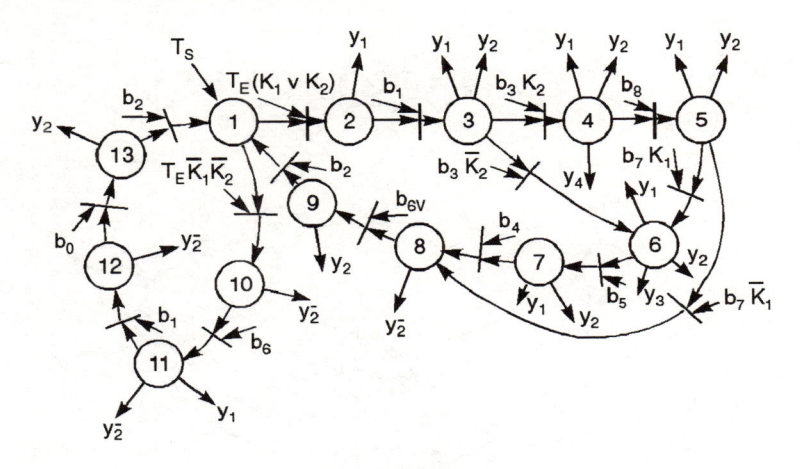

Abb. 4.30

Beispiel 11

Hammersteuerung

Ein pneumatischer Hammer wird auf Vorschlaghöhr von einer mechanischen Verriegelung abgefangen. Beim Abfangen wird, ausgelöst vom Sensor b_0 (günstig Lichtschranke), erst der Hubdruck abgeschaltet. Verzögert (nach derm Auslauf durch die Trägheit) kommt der Abfangriegel vor. Die Verzögerungszeit und der Sensor b_0 sind so eingestellt, daß sich der Bär beim Abfangen mit Sicherheit über dem Riegel befindet. Die Anzahl der Hauptschläge ist mit Hilfe der Schalter K_1 und K_2 bis max. 4 einstellbar. Für b_3 kann $\overline{Y_1}v$ genutzt werden, so daß die Steuerung mit den Lichtschranken b_0, b_1 und b_2 auskommt.

Abb. 4.31

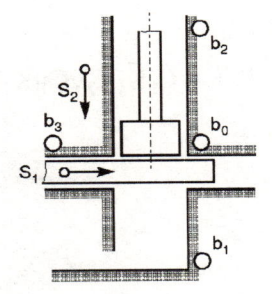

4 Projektierungsbeispiele

Es ergibt sich folgendes Petrinetz:

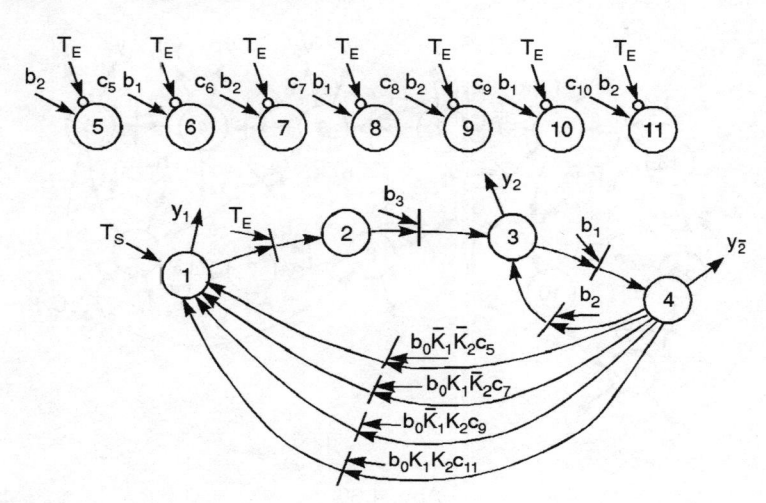

Abb. 4.32

Für die Programmierung der Schlagfolge gilt:

Tab. 4.2

K_2	K_1	
O	O	ein Hauptschlag
O	L	zwei Hauptschläge
L	O	drei Hauptschläge
L	L	vier Hauptschläge

Setz- und Rücksetzbefehle

$S_1 = T_S \vee b_0 C_4 (C_5 \bar{K}_1 \bar{K}_2 \vee C_7 K_1 \bar{K}_2 \vee C_9 \bar{K}_1 K_2 \vee C_{11} K_1 K_2)$

$R_1 = C_2$

$S_2 = C_1 T_E$

$R_2 = C_3$

$S_3 = C_2 b_3 \vee C_4 b_2$

$R_3 = C_4\underline{b_1}$

$S_4 = C_3 b_1$

$R_4 = C_3\underline{b_2} \vee C_1$

Achtung:

Besonderheit beim Rücksetzen: Wenn Zustände in direkter Wechselwirkung stehen, ist die Transitionsbedingung in das Rücksetzen einzubeziehen!

$S_5 = b_2$; $S_6 = C_5 b_1$; $S_7 = C_6 b_2$; $S_8 = C_7 b_1$;

$S_9 = C_8 b_2$; $S_{10} = C_9 b_1$; $S_{11} = C_{10} b_2$

$R_5 = R_6 = R_7 = R_8 = R_9 = R_{10} = R_{11} = T_E$

Stellbefehle:

$Y_1 = C_{1v}$

$Y_1^- = \bar{C}_1$

$Y_2 = C_3$

$Y_2^- = C_4$

Beispiel 12

Sortieren nach Größe

Auf dem Transportband TBM (senkrecht zur Zeichenebene) kommen Teile von zwei Größen an. Sie werden gegen einen Anschlag gedrückt und bleiben zwischen zwei Lichtschranken liegen.
LI1 wird nur von den großen Teilen unterbrochen. LI2 wird von allen Teilen unterbrochen. Die unterbrochenen Lichtschranken sollen O-Signal liefern. Aufgabe der Vorrichtung ist es, die kleinen Teile auf das TBL und die großen auf das TBR zu setzen.

4 Projektierungsbeispiele

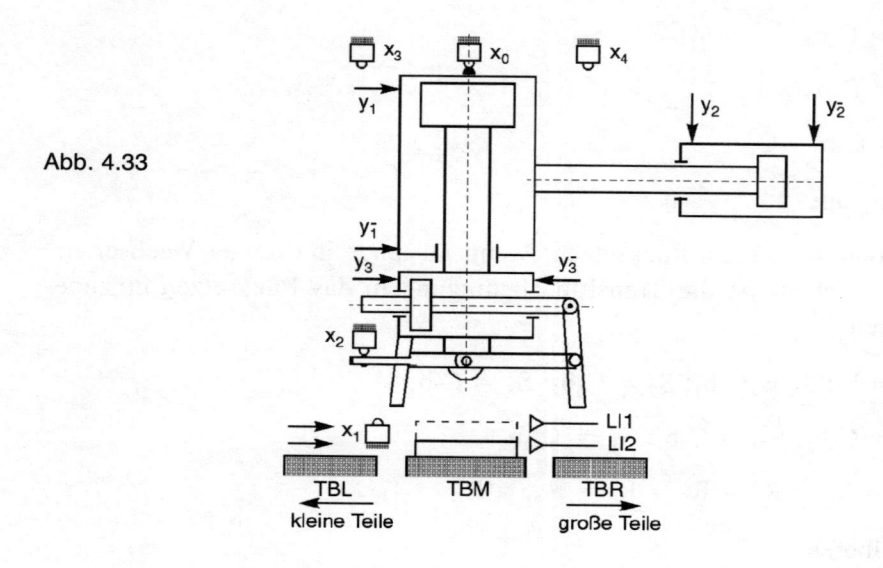

Abb. 4.33

TBL kleine Teile TBM TBR große Teile

Ermittlung der Entscheidungsbefehle für den Transport nach links oder rechts

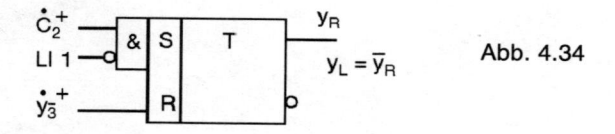

Abb. 4.34

Folgendes Petrinetz entsteht:

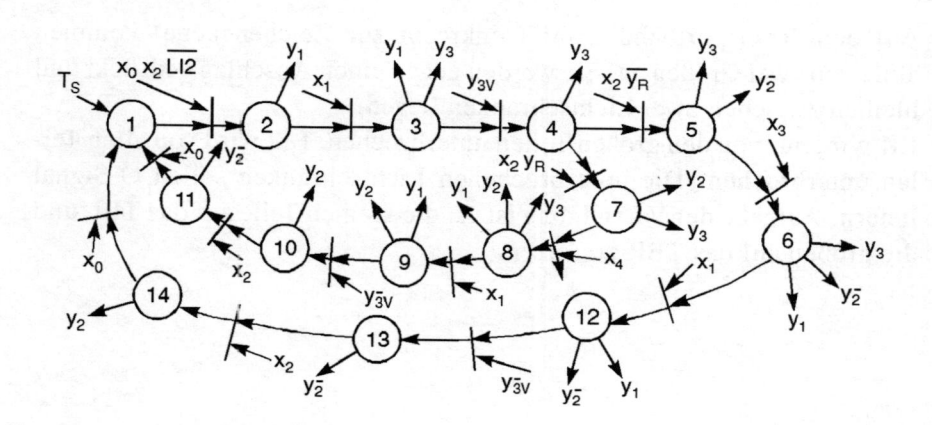

Abb. 4.35

4.2 Beispiele zum SPS-orientierten Petrinetzentwurf

Beispiel 13
Sortiereinrichtung für Rundteile mit und ohne Bohrung

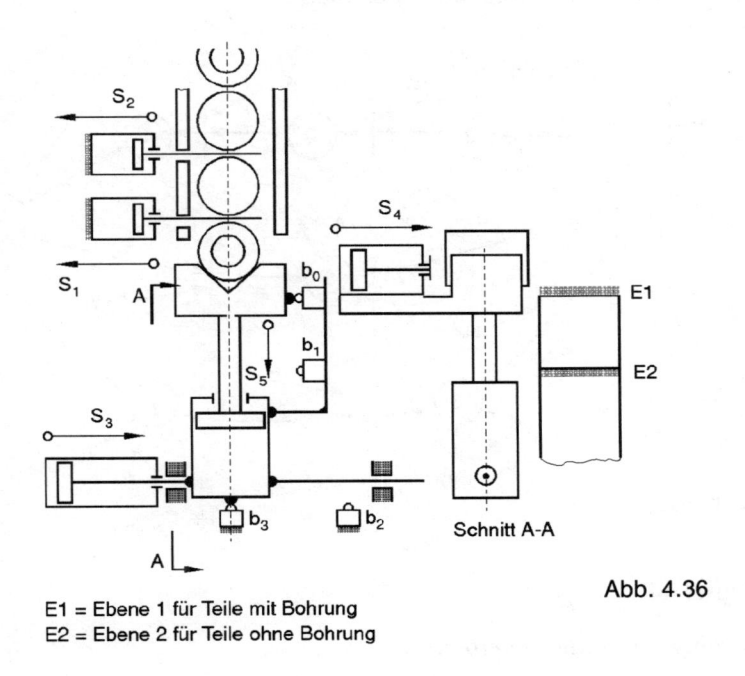

Abb. 4.36

E1 = Ebene 1 für Teile mit Bohrung
E2 = Ebene 2 für Teile ohne Bohrung

In der Wechselsperre befindet sich ein berührungsloser Pneumatikschalter oder eine Lichtschranke, der bzw. die Signal gibt, wenn das Teil eine Bohrung hat. Ein solches Teil wird auf die Ebene 1 befördert. Alle Teile ohne Bohrung gelangen auf die Ebene 2. Wenn ein senkrecht dazu eingebauter Signalgeber Y_T Signal gibt, das Magazin also leer ist, bleibt die Sortiereinrichtung nach dem Transport des letzten Teils in Ausgangsposition stehen.

Erzeugung des Entscheidungssignals

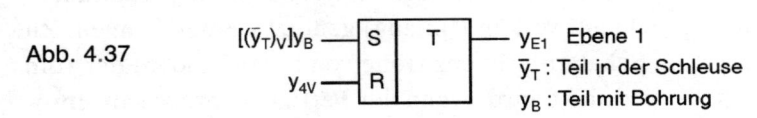

Abb. 4.37

$[(\bar{y}_T) \vee y_B]$ ——— S T ——— y_{E1} Ebene 1
y_{4V} ——— R $\bar{y}_T$: Teil in der Schleuse
                           y_B : Teil mit Bohrung

4 Projektierungsbeispiele

Wenn ein Teil auf die Ebene E1 oder E2 transportiert worden ist, gibt Y_{4v} einen Impuls und löscht den Entscheidungsspeicher.

Es ergibt sich damit folgendes Petrinetz:

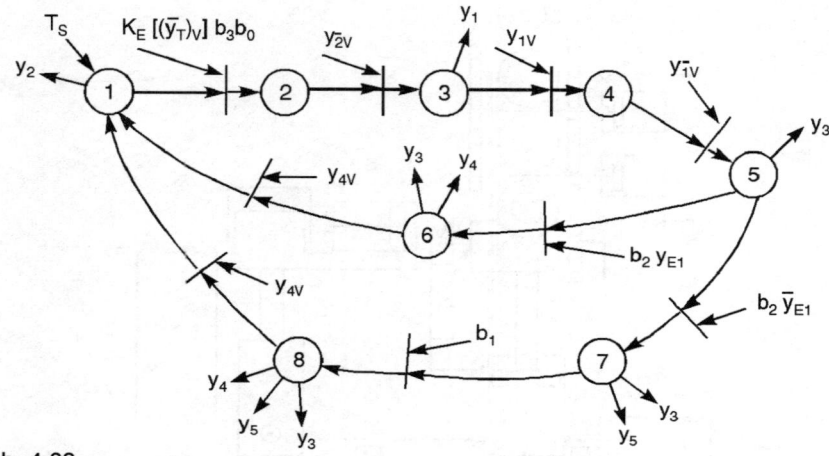

Abb. 4.38

Beispiel 14

Fertigung von Indexscheiben

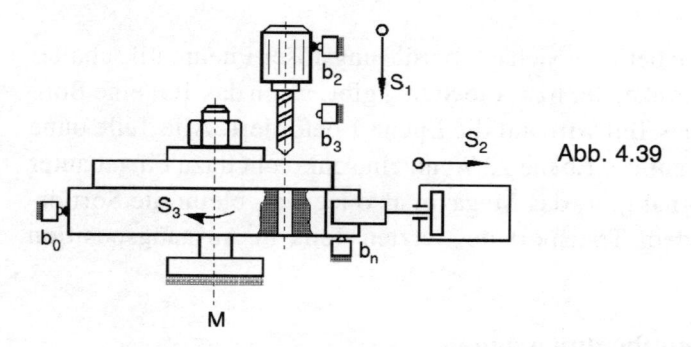

Abb. 4.39

Der dargestellte Automat soll auch für die Fertigung von Segmentindexscheiben (Bohrung nicht auf vollem Umfang) genutzt werden können. Zu diesem Zweck ist ein Schalter b_1 in der Höhe von b_0 vorhanden, der vom Nocken der Scheibe gedrückt wird, wenn der Fertigungsprozeß abgebrochen werden soll. Mit einem rastenden Handschalter A wird das Fertigen von Segmentscheiben vorprogrammiert.

4.2 Beispiele zum SPS-orientierten Petrinetzentwurf

Nachfolgend das Petrinetz:

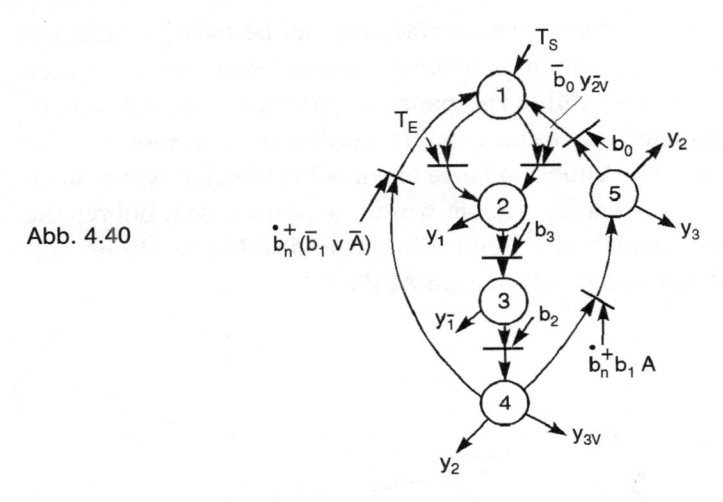

Abb. 4.40

- Es wird ein Befehl verzögert ausgegeben (Y_{3v} aus Zustand 4). Das ist nur möglich, wenn dieser Befehl immer verzögert benötigt wird. $Y_3 = C_{4v} \vee C_5$
- Es wird mit einem Schalter mit monostabiler Kippstufe gearbeitet. Das ist hier notwendig, weil sonst beim Ansteuern des Zustandes 4 immer sofort weitergeschaltet wird, da in diesem Moment b_n gedrückt ist. Zustand 4 würde also übersprungen werden. $\overset{\bullet}{b}{}_n^+$ gibt erst nach Ausführung des Zustandes 4 Signal, wenn b_n erneut gedrückt wird.

Beispiel 15

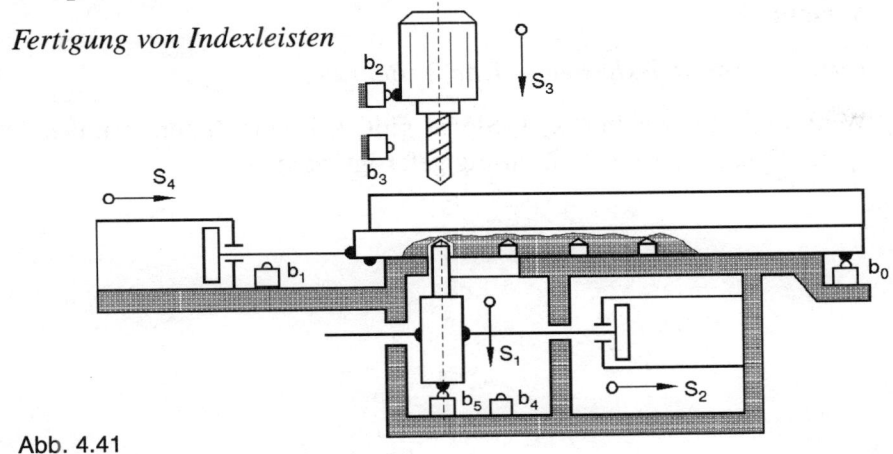

Fertigung von Indexleisten

Abb. 4.41

4 Projektierungsbeispiele

Variante 1:

Die im Prinzip dargestellt Sondermaschine dient der Fertigung von Indexleisten. Die Werkstücke, die in gleichen Abständen Bohrungen erhalten sollen, werden auf einen Schlitten gespannt, der unten mit einer Prototypindexleiste ausgerüstet ist. Wenn gebohrt worden ist, transportiert der Schritttransport das Werkstück so lange einen Schritt weiter, wie b_1 noch nicht erreicht wurde. Wenn b_1 erreicht wurde, wird nach dem Bohren die Ausgangsstellung angefahren. Beim Einrasten des Indexbolzens soll Zylinder 2 druckfrei sein (Einrasten im Auslauf!).

Petrinetz:

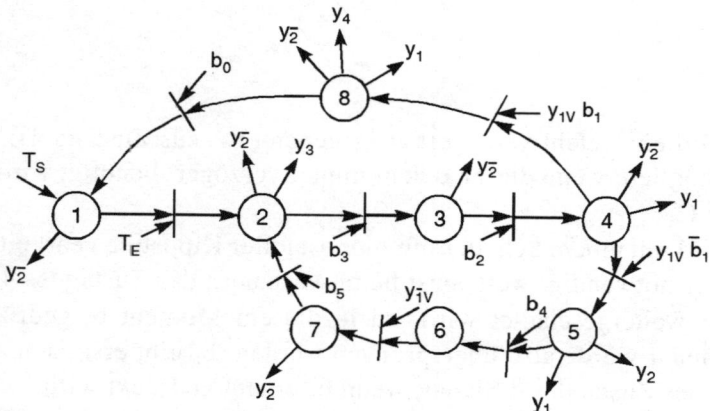

Abb. 4.42

Variante 2

Fertigung von Indexleisten — jede 2. Bohrung!

Wenn der Wahlschalter K_2 L-Signal gibt, soll vom Automaten des Beispiels 15 nur jede zweite Bohrung gefertigt werden.

4.2 Beispiele zum SPS-orientierten Petrinetzentwurf

Es ergibt sich das folgende Petrinetz:

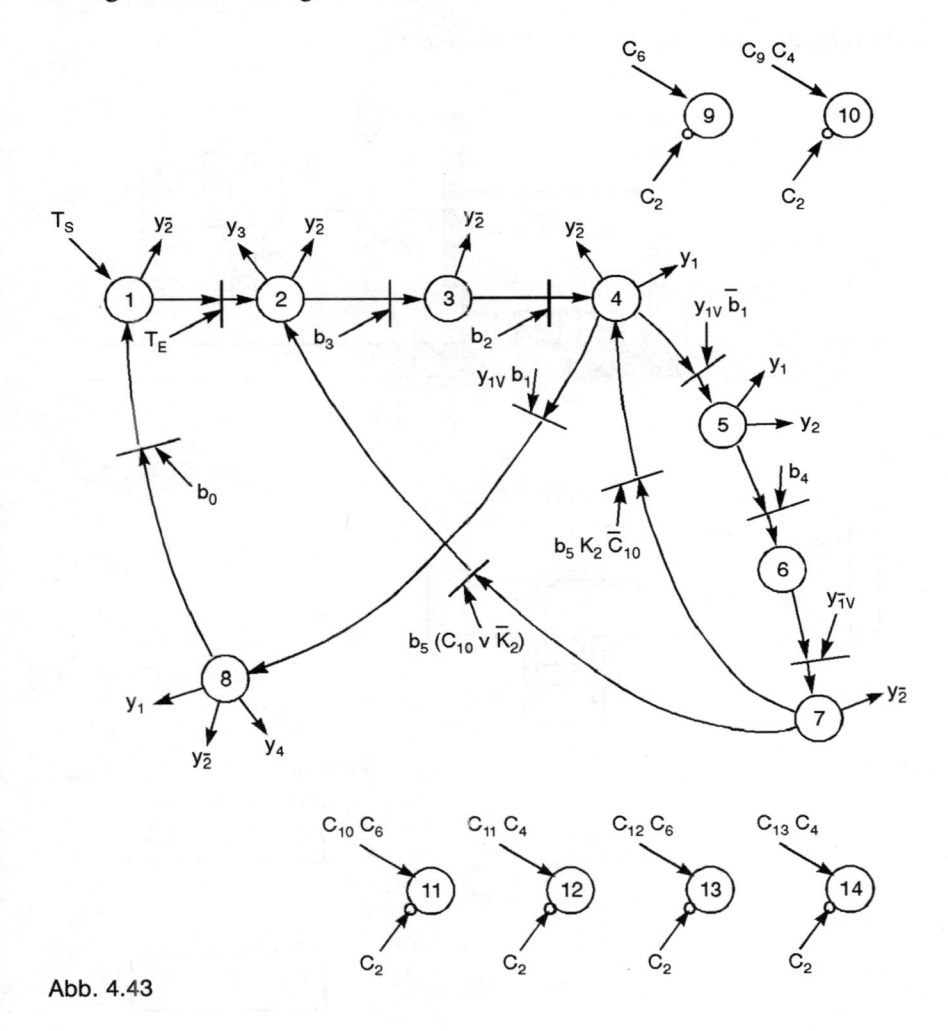

Abb. 4.43

Variante 3

Der Automat soll wahlweise jede Bohrung ($K_2 = O.K_3 = O.K_4 = O$), jede 2. Bohrung ($K_2 = L$), jede 3. Bohrung ($K_3 = L$), jede 4. Bohrung ($K_4 = L$) fertigen.

Lösung:
$b_5 K_2 \bar{C}_{10} \rightarrow b_5 [(K_2 \bar{C}_{10} \vee K_3 \bar{C}_{12} \vee K_4 \bar{C}_{14})]$
$b_5 (C_{10} \vee \bar{K}_2) \rightarrow b_5 [(\bar{K}_2 \vee C_{10})(\bar{K}_3 \vee C_{12})(\bar{K}_4 \vee C_{14})]$

4 Projektierungsbeispiele

Beispiel 16

Bohrautomat „Bohrungen hintereinander"

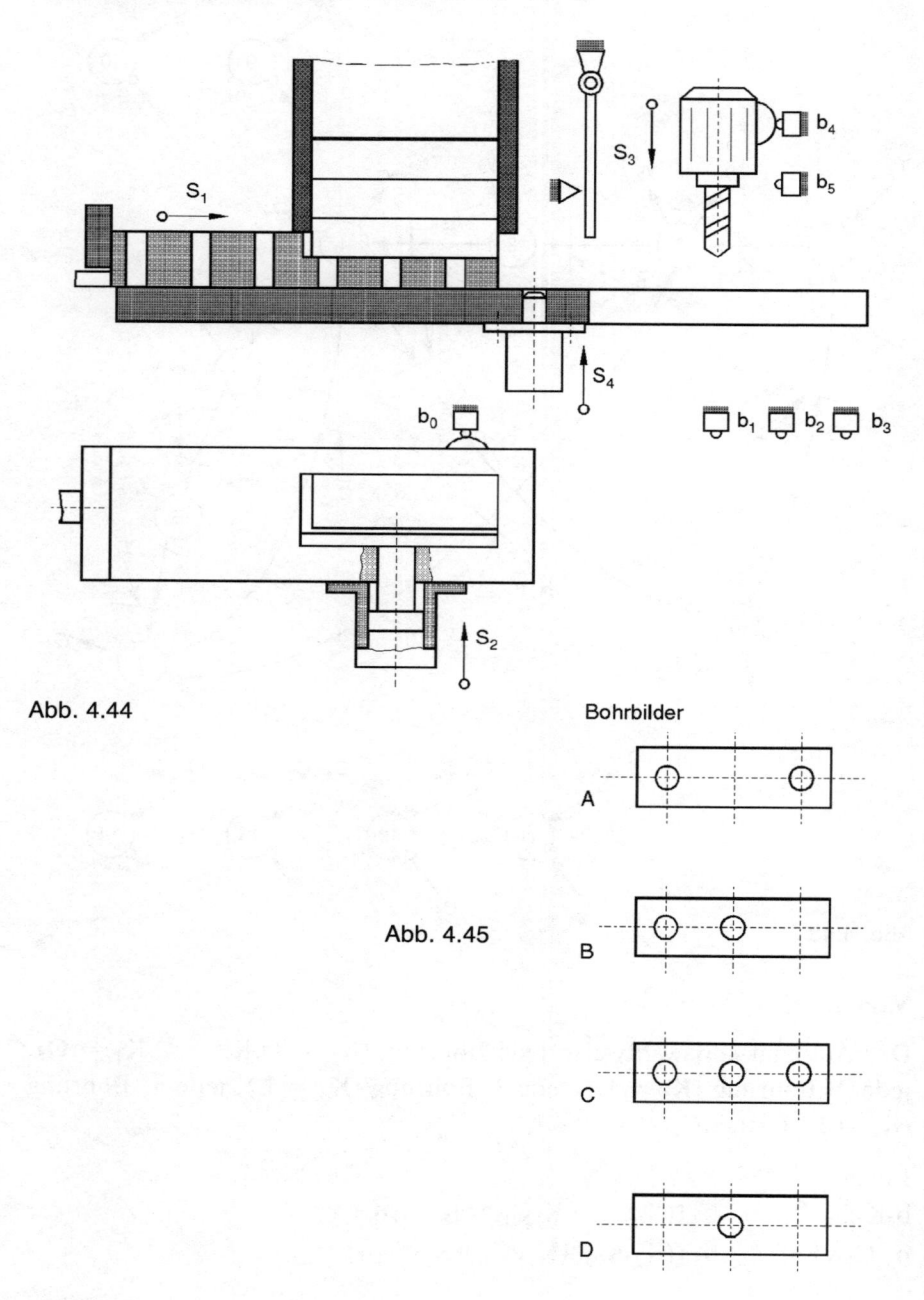

Abb. 4.44

Abb. 4.45

Bohrbilder

A

B

C

D

4.2 Beispiele zum SPS-orientierten Petrinetzentwurf

Der Automat soll in Abhändigkeit von der Stellung der Wahlschalter A, B, C, D die Bohrbilder A, B, C oder D fertigen.

Zusatzforderungen:
- Der Transportkolben fährt erst an (s_1), ehe gespannt wird (s_2).
- Auch beim Werkstück D fährt vor dem Zurückfahren der Transportkolben vor auf b_3, damit die Funktion des Abstreifens der gebohrten Werkstücke gewährleistet ist.

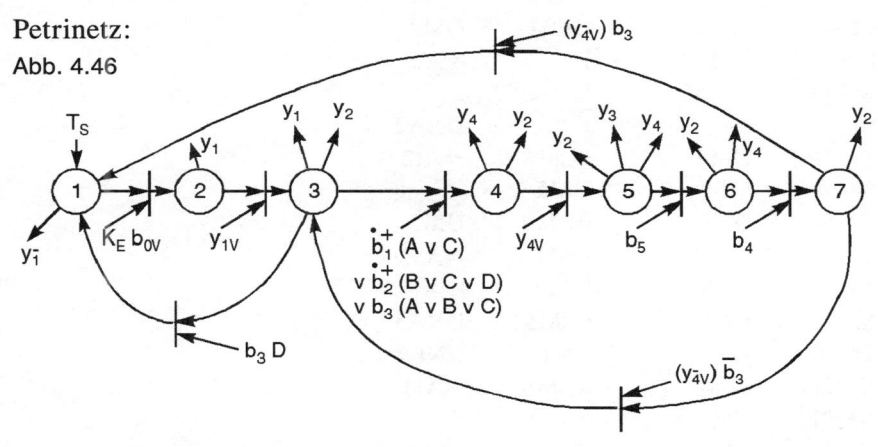

Petrinetz:
Abb. 4.46

Parametrierung:

T_S = M22   Betriebsbereitschaft beim Start der Steuerung
K_E = E16
b_O = E1
b_1 = E2
b_2 = E21
b_3 = E3   Schalter
b_4 = E7
b_5 = E9
A = E22
B = E23   Wahlschalter
C = E24
D = E15
y_{Iv} = T4
$\dot{b}_1^+$ = M32   Zeitglieder
$\dot{b}_2^+$ = M34
y_5 = A10   Bohrspindelantrieb

Stellbefehle:
y_1 = A1
y_1^- = A11
y_2 = A2
y_2^- = A12
y_3 = A3
y_3^- = A13
y_4 = A4
y_4^- = A14

155

4 Projektierungsbeispiele

Das Petrinetz läßt sich als Anweisungsliste folgendermaßen schreiben:

UE2	SLM1	)	UM1
UNM31	UM2	)	=A11
=M32	RLM1	O(	
UE2		UE3	UM3
=M31	UM1	U(	OM4
UE21	UT1	UE22	OM5
UNM33	UE16	OE23	OM6
=M34	SLM2	OE24	OM7
UE21	UM3	)	=A2
=M33	RLM2	)	
UE1		)	UNA2
=T1	UM2	SLM4	=A12
UA4	UT4	UM5	
=T2	O(	RLM4	UM5
UA14	UM7	UM4	=A3
=T3	UT3	UT2	
UA1	UNE3	SLM5	UNA3
=T4	)	UM6	UNE7
UNM2O	SLM3	RLM5	=A13
UNM21	UM1		
=M22	OM4	UM5	UM4
UNM2O	RLM3	UE9	OM5
=M21	UM3	SLM6	OM6
	U(	UM7	=A4
UM22	UM32	RLM6	
O(	U(		UNA4
UM3	UE22	UM6	=A14
UE3	OE24	UE7	
UE15	)	SLM7	UNE7
)	O(	UM1	=A10
O(	UM34	OM3	
UM7	U(	RLM7	PE
UT3	UE23	UM2	
UE3	OE24	OM3	
)	OE15	=A1	

4.2 Beispiele zum SPS-orientierten Petrinetzentwurf

Beispiel 17

Fräsautomat

Die nachfolgend skizzierte Fräsmaschine soll mit einer Steuerung zur vollautomatischen Fertigung der Werkstückformen A, B, C, D, E ausgerüstet werden. Das Werkstück wird von Hand gespannt, und nach Einrasten des entsprechenden Wahlschalters löst der Taster T_E den vollautomatischen Fräsvorgang aus.

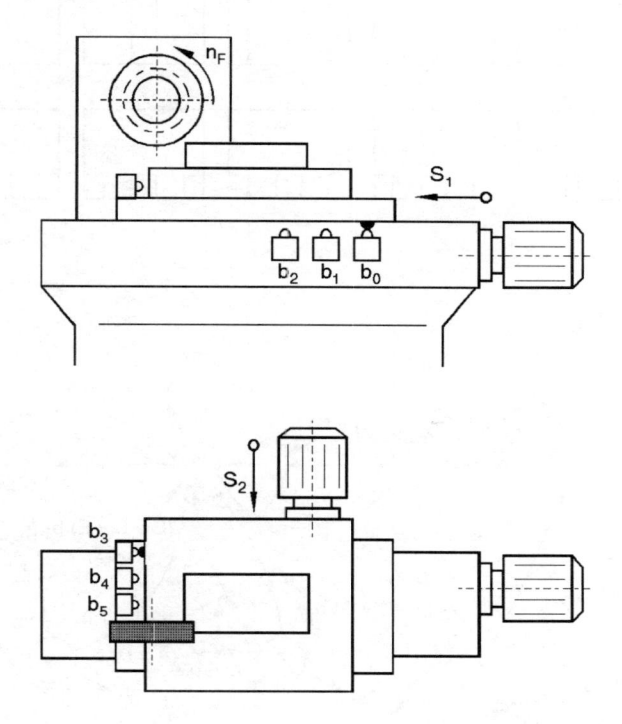

Abb. 4.47

4 Projektierungsbeispiele

Werkstückformen

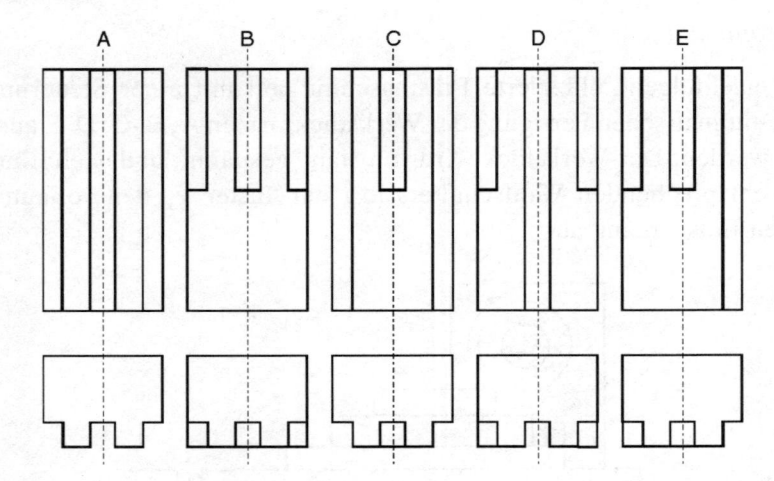

Abb. 4.48

Petrinetz:

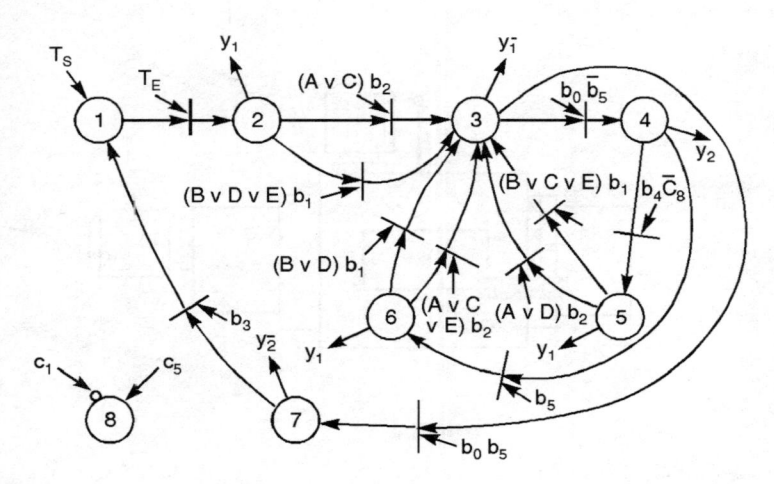

Abb. 4.49

4.2 Beispiele zum SPS-orientierten Petrinetzentwurf

Beispiel 18

Bohrwerk — Schwierigkeitsstufe 1

In Abhängigkeit von einem Wahlschalter K soll ein einfaches nockengesteuertes Bohrwerk folgende Bohrbilder herstellen:

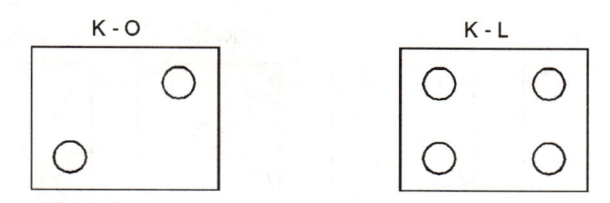

Abb. 4.50

Bezeichnung der Schalter und Bewegungskoordinaten am Bohrwerk:

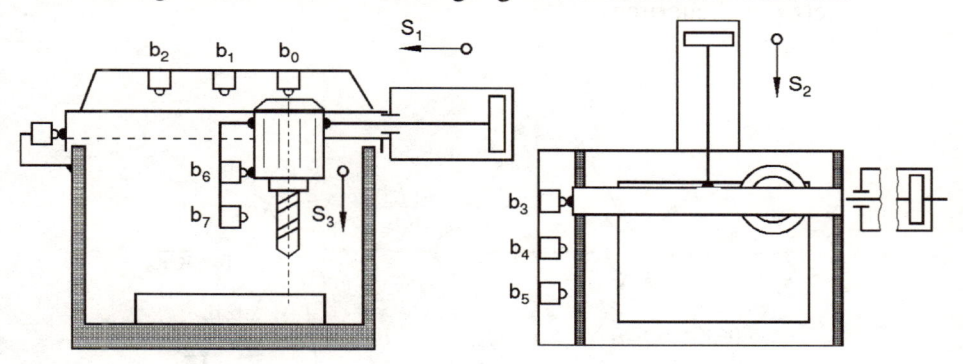

Abb. 4.51

Petrinetz des Automaten:

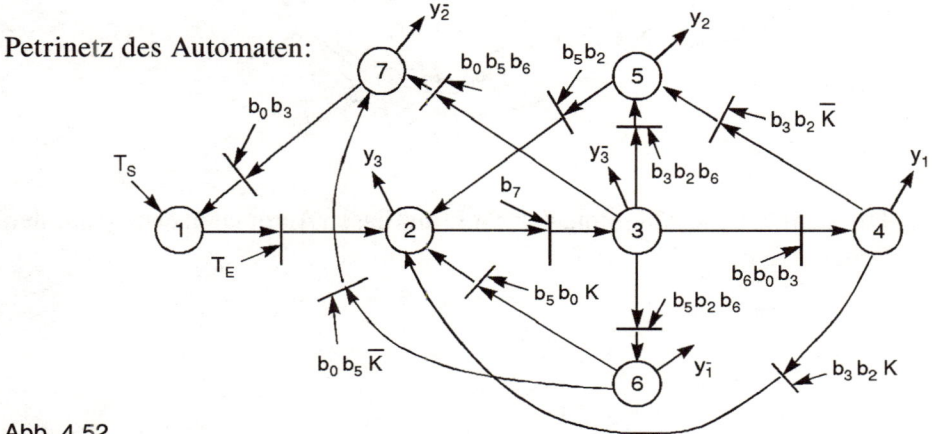

Abb. 4.52

159

4 Projektierungsbeispiele

Beispiel 19

Bohrwerk — Schwierigkeitsstufe 2

Entsprechend der Stellung von zwei Wahlschaltern K_1 und K_2 soll die Maschine des Beispiels 23 folgende Bohrbilder fertigen:

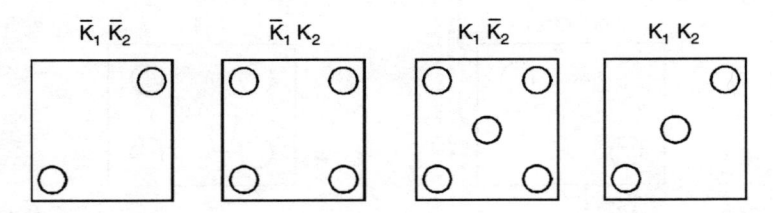

Abb. 4.53

Petrinetz der Steuerung:

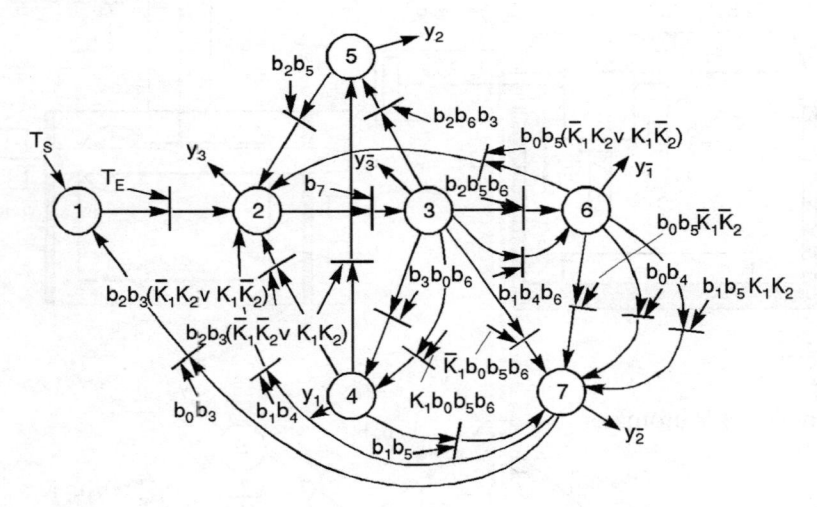

Abb. 4.54

Die ausführliche Ableitung der AWL für diesen Automaten erfolgt auf den Seiten 122 bis 124.

4.2 Beispiele zum SPS-orientierten Petrinetzentwurf

Beispiel 20

Mit dem Bohrautomaten des Beispiels 18 (S. 159) sollen die nachfolgend dargestellten Bohrbilder gefertigt werden. Der Automat soll sich nach der Fertigung einer bestimmten Werkstückzahl selbständig auf das nächste Werkstück umstellen (nach WS 4 wieder WS 1).

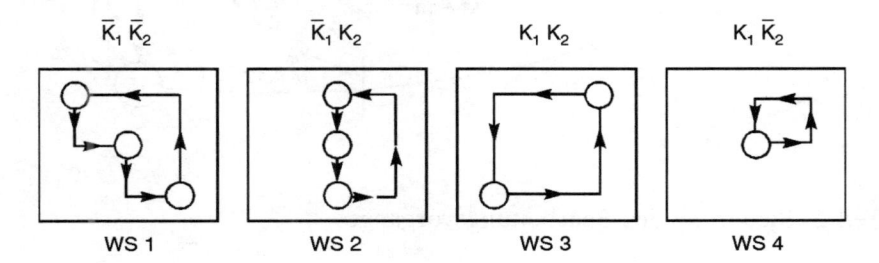

$\overline{K}_1\,\overline{K}_2$ $\overline{K}_1\,K_2$ $K_1\,K_2$ $K_1\,\overline{K}_2$

WS 1   WS 2   WS 3   WS 4

Abb. 4.55

Er ist mit der folgenden Bedieneinrichtung auszurüsten:

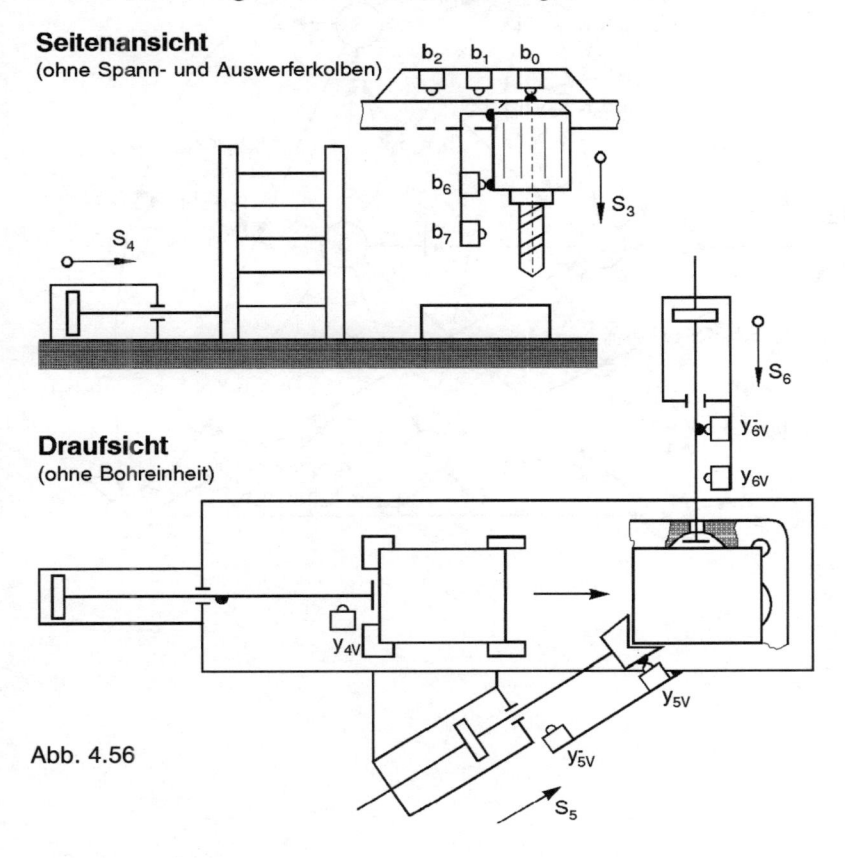

Seitenansicht
(ohne Spann- und Auswerferkolben)

Draufsicht
(ohne Bohreinheit)

Abb. 4.56

4 Projektierungsbeispiele

Teil 1: Steuerung der Werkstückzuführung

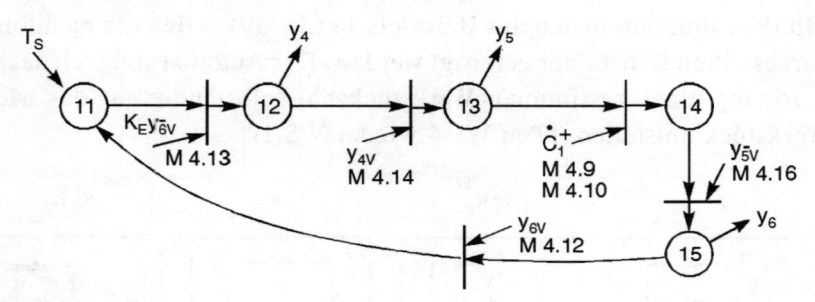

Abb. 4.57

Teil 2: Steuerung des Bearbeitungsvorganges

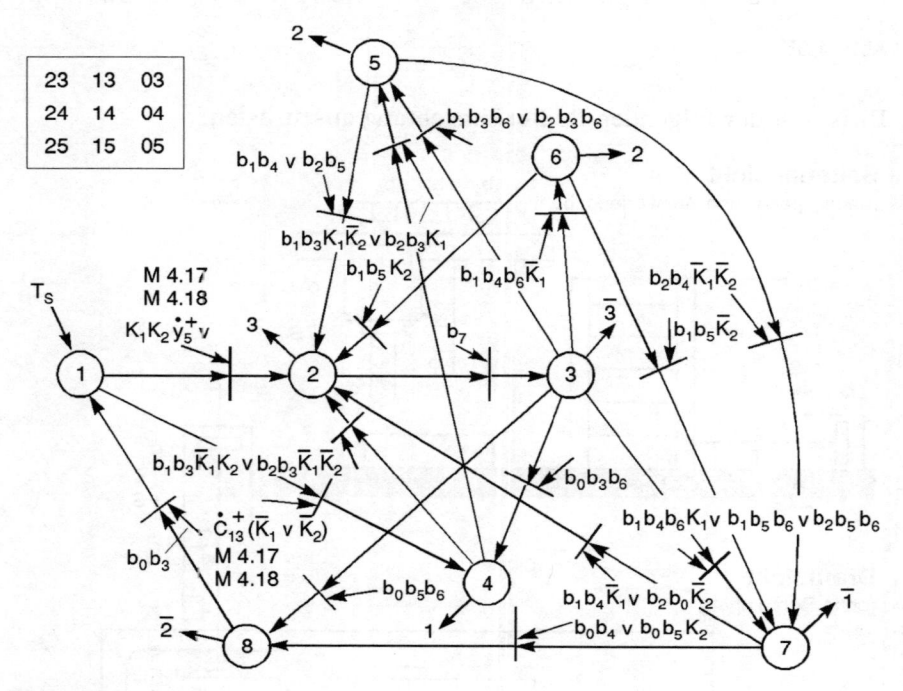

Abb. 4.58

4.2 Beispiele zum SPS-orientierten Petrinetzentwurf

Teil 3: Zusatzautomatik — Programmierbare Zählkette

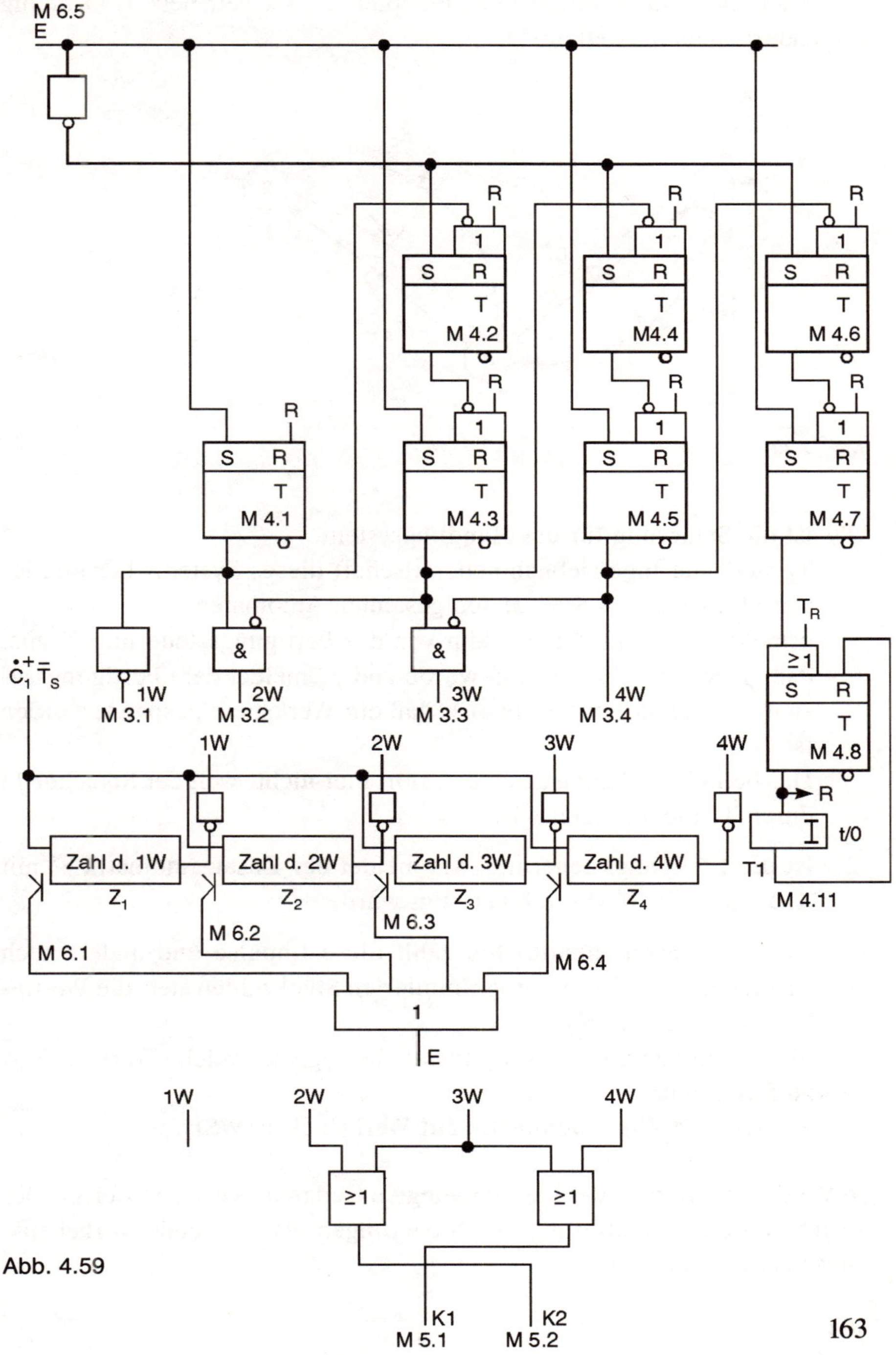

Abb. 4.59

4 Projektierungsbeispiele

Die Steuerung des Bohrautomaten des Beispiels 20 läßt sich genau wie die Steuerung des Fräsautomaten des Beispiels 21 als Petrinetz 2. Ordnung folgendermaßen darstellen:

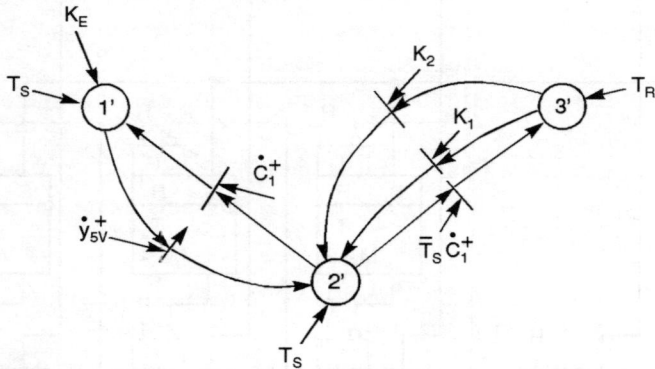

Abb. 4.60

①' ist die Steuerung für das Handlingsystem.
T_S stellt die Inbetriebnahmebereitschaft dieses Systems her und K_E startet über dieses System den gesamten Automaten.
$\dot{c}_1^+$ meldet dem Handlingsystem von der Fertigungssteuerung 2' aus, daß ein Werkstück gefertigt wurde und $\dot{y}_{5V}^+$ meldet dem Fertigungssystem vom Handlingsystem aus, daß ein Werkstück gespannt worden ist.
Das beim Einschalten erregte $\dot{c}_1^+$ stört hier nicht, weil der Speicher 13 durch T_S nicht gesetzt wird.

②' ist die Fertigungssteuerung. Sie meldet der Zusatzautomatik 3' mit $\bar{T}_S \dot{c}_1^+$, daß ein Werkstück gefertigt wurde.

③' ist die Zusatzautomatik. Sie zählt diese Impulse und ändert nach Erreichen der 4 fest einprogrammierten Stückzahlen stets die Wertigkeiten der K_1 und K_2.
Sie schreibt damit der Fertigungssteuerung vor, welche Werkstückart zu fertigen ist.
T_R stellt die Zusatzautomatik auf Werkstück 1 (WS1).

In Verallgemeinerung des hier dargelegten Gedankens erweist sich bei der strukturierten Projektierung von Steuerungen also folgende Vorgehensweise als zweckmäßig:

4.2 Beispiele zum SPS-orientierten Petrinetzentwurf

- Man sucht Signalverarbeitungsstrukturen mit einer relativ hohen Selbständigkeit.
  Ideal dabei sind natürlich solche Strukturen, die in beiden Richtungen nur mit Hilfe je eines binär digitalen Signals kommunizieren.
- Diese Strukturen werden benannt, und es werden in Form eines Petrinetzes 2. Ordnung die Koppelsignale festgehalten.
- Nun werden für diese Strukturen die Petrinetze und Funktionspläne entwickelt und erprobt.
  Die Koppelsignale werden dabei von Hand eingegeben.
- Jetzt braucht man nur noch die Eingänge der Koppelsignale durch die entsprechenden Merker zu ersetzen.

Programm des Bohrautomaten mit Handlingsystem und Umstellautomatik (Beispiel 20) für eine MODICON A120:
Besonderheiten der Programmierung s. Abschnitt 2.5 Seite 61.
Der Organisationsbaustein soll alle Programmbausteine unbedingt aufrufen:

OB 1: 1. Variante
BA PB1
BA PB2
BA PB3

Für den Fertigungsprozeß ist im Teil 2 ein Baustein projektiert worden, der die Umstellbedingungen bereits enthält.

Hier hätte man für jedes Werkstück auch separat eine Steuerung entwickeln können.

Die Umstellbedingungen werden dann als bedingte Bausteinaufrufe im OB1 festgeschrieben.

Wenn T_S = E3.8, K_1 = M5.1 und K_2 = M5.2 ist, werden die Programmbausteine für die vier Werkstückarten PB 11 bis PB bis PB 14 dann folgendermaßen aufgerufen:

OB 1 : 2. Variante

U(	U(	U(	U(
U E3.8	U E3.8	U E3.8	U E3.8
O(	O(	O(	O(
UN M5.1	UN M5.1	U M5.1	U M5.1
UN M5.2	U M5.1	UN M5.2	U M5.2
)	)	)	)
)	)	)	)
BAB PB1	BAB PB2	BAB PB3	BAB PB4

Wenn die Zustandsmerker der Programmbausteine PB1 bis PB4 auf die Kanäle 1 bis 4 gelegt werden, muß der Eingang der Zusatzautomatik folgender Befehl sein:

$$\dot{C}_1^+ \bar{T}_S \rightarrow (\dot{C}_{1.1}^+ \vee \dot{C}_{2.1}^+ \vee \dot{C}_{3.1}^+ \vee \dot{C}_{4.1}^+) \bar{T}_S.$$

Wenn man nun noch das etwas komplizierte Petrinetz der Fertigungssteuerung (Teil 2) durch die vier einfachen Petrinetze für die Einzelwerkstücke ersetzt (PB1 bis PB4), kommt man auf recht einfachem Weg zu einer gut strukturierten Steuerung für diesen Automaten.

Hier soll das Programm nach OB1 — 1. Variante — einmal für die MODICON A120 als Anweisungsliste aufgeschrieben werden:

Parametrierung:

Symbolische Adressierung: SYM
Absolute Adressierung: ABS

SYM	ABS	SYM	ABS	SYM	ABS	SYM	ABS
b_0	E2.1	K_E	E2.16	Y_1	A4.1	Y_5^-	A4.10
b_1	E2.2	T_S	E3.8	Y_2	A4.2	Y_6	A4.11
b_2	E2.3	K_1	M5.1	Y_3	A4.3	Y_6^-	A4.12
b_3	E2.4	K_2	5.2	Y_4	A4.4	Y_{6v}	T2(M4.12)
b_4	E2.5	E	M3.5	Y_5	A4.5	Y_{6v}^-	T3(M4.13)
b_5	E2.6	1W	M3.1	Y_1^-	A4.6	Y_{5v}^-	T5(M4.15)
b_6	E2.7	2W	M3.2	Y_2^-	A4.7	Y_{4v}	T4(M4.14)
b_7	E2.9	3W	M3.3	Y_3^-	A4.8	Y_{5v}	T6(M4.16)
T_R	E3.7	4W	M3.4	Y_4^-	A4.9		

Anweisungsliste:

OB 1
BA PB1
BA PB2
BA PB3

PB 1 — 1 Teil 1: Steuerung der Werkstückzuführung

L K300	L K300	U M1.12	U M1.15
= TSW2	= TSW4	R M1.11	R M1.14
U A4.11	U A4.4	= M1.11	= M1.14
SE T2	SE T4		
DZB 10MS	DZB 10MS	U M1.11	U M1.14
L TSW2	L TSW4	U 42.16	U M4.16
FREI	FREI	U M4.13	S M1.15
NOP	NOP	S M1.12	
= M4.12	= M4.14		U M1.11
		U M1.13	R M1.15
L K300	L K300	R M1.12	= M1.15
= TSW3	= TSW6	= M1.12	
U A4.12	U A4.10		U M1.12
SE T3	SE T6	U M1.12	= A4.4
DZB 10MS	DZB 10MS	U M4.14	
L TSW3	L TSW6	S M1.13	UN A4.4
FREI	FREI		= A4.9
NOP	NOP	U M1.14	U M1.13
= M4.13	= M4.16	R M1.13	= A4.5
		= M1.13	
L K300	U(		UN A4.5
= TSW5	U E3.8	U M1.1	= A4.10
U A4.5	O(	FLP M4.9	
SE T5	U M1.15	= M4.10	U M1.15
DZB 10MS	U M4.12		= A4.11
L TSW5	)	U M1.13	
FREI	)	U M4.10	UN A4.11
NOP	S M1.11	S M1.14	= A4.12
=M4.15			

PB 2 — Teil 2: Steuerung des Bearbeitungsvorganges

U(	U M1.5	U(	U E2.7
U E3.8	U(	U M1.4	O(
O(	U E2.2	O M1.5	U E2.3
U M1.8	U E2.5	O M1.6	U E2.4
U E2.1	O(	O M1.7	U E2.7
U E2.4	U E2.3	O M1.8	)
)	U E2.6	)	)
)	)	R M1.3	O(
S M1.1	)	=M1.3	U M1.4
U(	)		U(
U M1.2		U M1.13	U E2.2
O M1.4	O(	FLP M4.19	U E2.4
)	U M1.6	= M4.20	U M5.1
R M1.1	U E2.2		UN M5.2
= M1.1	U E2.6	U(	O(
	U M5.2	U M1.1	U E2.3
U M4.15	)	U M4.20	U E2.4
FLP M4.17	O(	U(	U M5.1
= M4.18	U M1.7	UN M5.1	)
U(	U(	ON M5.2	)
U M1.1	U E2.2	)	)
U M5.1	U E2.5	O(	)
U M5.2	UN M5.1	U M1.3	S M1.5
U M4.18	O(	U E2.1	
O(	U E2.1	U E2.7	U(
	U E2.6	U E2.4	
U M1.4	UN M5.2	)	U M1.2
U(	)	)	O M1.7
U E2.2	)	S M1.4	)
U E2.4	)		R M1.5
UN M5.1	)	U(	= M1.5
U M5.2	S M1.2	U M1.2	U M1.3
O(		O M1.5	U E2.2
U E2.3	U M1.3	)	U E2.5
U E2.4	R M1.2	R M1.4	U E2.7
UN M5.1	= M1.2	= M1.4	UN M5.1
UN M5.2		U(	S M1.6
)	U M1.2	U M1.3	
)	U E2.9	U (	U (
)	S M1.3	U E2.2	U M1.2
O(		U E2.4	O M1.7

4.2 Beispiele zum SPS-orientierten Petrinetzentwurf

```
)                )                           U M1.1
)                O(                          R M1.8
R M1.6           U M1.5         U(           = M1.8
= M1.6           U E2.3         U M1.3
                 U E2.5         U E2.1       U M1.4
U(               UN M5.1        U E2.6       = A4.1
U M1.3           UN M5.2        U E2.7
U(               )              O(           U M1.5
U E2.2           O(             U M1.7       O M1.6
U E2.5           U M1.6         U(           = A4.2
U E2.7           U E2.2         U E2.1
U M5.1           U E2.6         U E2.5       U M1.2
O(               UN M5.2        O(           = A4.3
U E2.2           )              U E2.1       U M1.7
U E2.6           )              U E2.6       = A4.6
U E2.7           S M1.7         U M5.2
)                               )            U M1.8
O(               U(             )            = A4.7
U E2.3           U M1.2         )
U E2.6           O M1.8         )            U M1.3
U E2.7           )              S M1.8       = A4.8
)                R M1.7
```


PB 3 — Zusatzautomatik — Programmierbare Zählkette

①	③	⑤	⑦
U M4.10	UN M3.2	UN M3.4	O M4.8
UN E3.8	R Z2	S Z4	)
= M4.21	=M6.12	L ZSW4	R M4.2
	L ZIW2	UN M3.4	= M4.2
L K2	>= ZSW2	R Z4	
= ZSW1	= M6.2	=M6.14	U M6.5
U M4.21		L ZIW4	S M4.3
ZV Z1	L K4	>= ZSW4	
UN M3.1	= ZSW3	= M6.4	U(
S Z1	U M4.21	U M6.1	UN M4.2
L ZSW1	ZV Z3	O M6.2	O M4.8
UN M3.1	UN M3.3	O M6.3	)
R Z1	S Z3	O M6.4	R M4.3
=M6.11	L ZSW3	= M6.5	= M4.3
L ZIW1	UN M3.3		
>= ZSW1	R Z3	U M6.5	UN M6.5

169

4 Projektierungsbeispiele

②	④	⑥	⑧
= M6.1	= M6.13	S M4.1	S M4.4
	L ZIW3		
L K3	>= ZSW3	U M4.8	U(
= ZSW2	= M6.3	R M4.1	UN M4.3
U M4.21		= M4.1	O M4.8
ZV Z2	L K5	UN M6.5	)
UN M3.2	= ZSW4	S M4.2	R M4.4
S Z2	U M4.21	U(	= M4.4
L ZSW2	ZV Z4	UN M4.1	

⑨	⑩	⑪	⑫
U M6.5	= M4.6	U M4.11	U M4.1
S M4.5		R M4.8	UN M4.3
	U M6.5	= M4.8	= M3.2
U(	S M4.7		
UN M4.4		L K50	U M4.3
O M4.8	U(	= TSW1	UN M4.5
)	UN M4.6	U M4.8	= M3.3
R M4.5	O M4.8	SE T1	
= M4.5	)	DZB 10MS	U M4.5
	R M44.7	L TSW1	= M3.4
UN M6.5	= M4.7	FREI	
S M 4.6	U(	NOP	U M3.3
U(	U M4.7	= M4.11	O M3.4
UN M4.5	O E3.7		= M5.1
O M4.8	)	UN M4.1	
)	S M4.8	= M3.1	U M3.2
R M4.6			O M3.3
			= M5.2

Beispiel 21

Ziffernfräsautomat O — I

Wie gezeigt wurde, lassen sich Prozeßsteuerungen mit Hilfe der vorgeschlagenen SPS-orientierten Petrinetze in einer besonders anschaulichen, übersichtlichen und doch einfachen Art beschreiben.

Wenn es um die Steuerung komplexer Prozesse geht, kann man die Transparenz noch dadurch erhöhen, daß man den Gesamtprozeß in Teilprozesse untergliedert, die in einer möglichst einfachen Wechselwirkung mit-

4.2 Beispiele zum SPS-orientierten Petrinetzentwurf

einander stehen und das Petrinetz der Gesamtsteuerung dann als ein Petrinetz der Petrinetze dieser Teilprozesse auffassen (s. auch Beispiel 20).

In vielen Fällen wird man Teilprozesse festlegen, denen auch vom technologischen Ablauf her eine gewisse Selbständigkeit zukommt. Wenn es beispielsweise um die automatische Bearbeitung eines Maschinenteils geht, läßt sich im allgemeinen eine Einteilung in wenigstens drei Programmbausteine vornehmen:

PB1: Ablaufsteuerung des Handlingsystems

PB2: Steuerung des Bearbeitungsvorgangs

PB2: Mastersteuerung mit Meß-, Zähl- und Vergleichsfunktionen zur Realisierung von prozeßabhängigen Änderungen des Programmablaufs oder eines übergeordneten Programms

Diese Programmbausteine werden separat entwickelt und erprobt und dann schrittweise verkettet.

Nach der Ankopplung eines jeden Programmbausteins sollte eine Zwischenerprobung vorgenommen werden. Ein solches strukturiertes Vorgehen hat sich beim Einsatz kleiner kompakter Steuerungen genauso bewährt, wie beim Einsatz großer modular aufgebauter SPS, die schon von der Programmiertechnik her für eine strukturierte Programmierung vorgesehen sind.

Die Entwicklung einer Steuerung mit Hilfe eines Petrinetzes 2. Ordnung (Petrinetz der Petrinetze) soll noch einmal an Hand eines einfachen Beispiels etwas näher erläutert werden:

Mit Hilfe der folgenden Einrichtung ist es möglich, die Ziffern □ und | in Metallplatten zu gravieren (*Abb. 4.6*). Der Fräser wird von einem Kreuztisch angetrieben. Die Schalter E 2.3 und E2.4 machen die Bewegung in Richtung S1 mit. Alle anderen Schalter sind ortsfest. Sie wurden nur symbolisch und nicht lagegerecht eingezeichnet. In ständiger Folge soll eine einstellbare Zahl von Platten mit den Zahlen 0 bis 3 in dualer Verschlüsselung hergestellt werden.

4 Projektierungsbeispiele

Fräser mit Kreuztisch

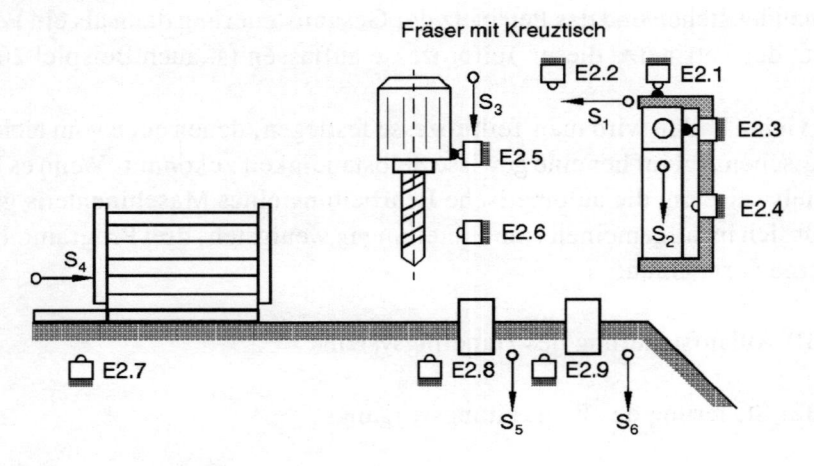

Abb. 4.61

Das Petrinetz 2. Ordnung nimmt konkret für diese Steuerung folgende Gestalt an:

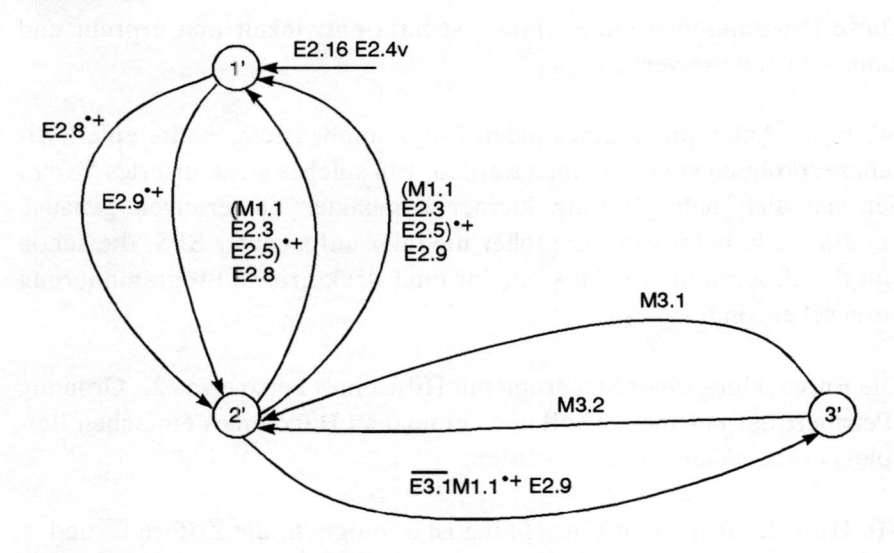

Abb. 4.62

4.2 Beispiele zum SPS-orientierten Petrinetzenentwurf

Bedeutung der Koppelsignale:

E2.$\dot{8}^+$	: rechte Bearbeitungsposition erreicht
E2.$\dot{9}^+$	: linke Bearbeitungsposition erreicht
E2.16E2.7v	: eingeschaltet und Teile im Magazin nachgerutscht
(M1.1E2.3E2.5)$^{\cdot +}$	: Zifferngravur beendet
E3.1M1.1$^+$E2.9	: Bearbeitung einer Platte beendet, (E3.1 ist der Inbetriebnahmeschalter)
M3.1	: rechts ist eine | zu fräsen
$\overline{M3.1}$	: rechts ist eine □ zu fräsen
M3.2	: links ist eine | zu fräsen
$\overline{M3.2}$	: links ist eine □ zu fräsen

Das Handlingsystem ①' erhält die Befehle A1, A2 und A3 von übergeordneten Systemen:

A1 = K_EE2.7v	ist der Befehl für das Einschieben des Werkstücks aus dem Magazin.
K_E	ist der selbstrastende Einschalter (im Programm gleich E2.16).
E2.7v	ist das etwa eine Sekunde verzögerte Signal von E2.7. Durch die Verzögerung wird das Nachrutschen der Teile garantiert.

A2 =(M1.1E2.3E2.5)$^{\cdot +}$E2.8 und
A3 =(M1.1E2.3E2.5)$^{\cdot +}$E2.9 melden dem Handlingsystem, daß eine Bearbeitung an der Stelle E2.9 bzw. E2.8 abgeschlossen wurde.

4 Projektierungsbeispiele

Damit nimmt die Steuerung für das Handlingsystem folgende einfache Gestalt an:

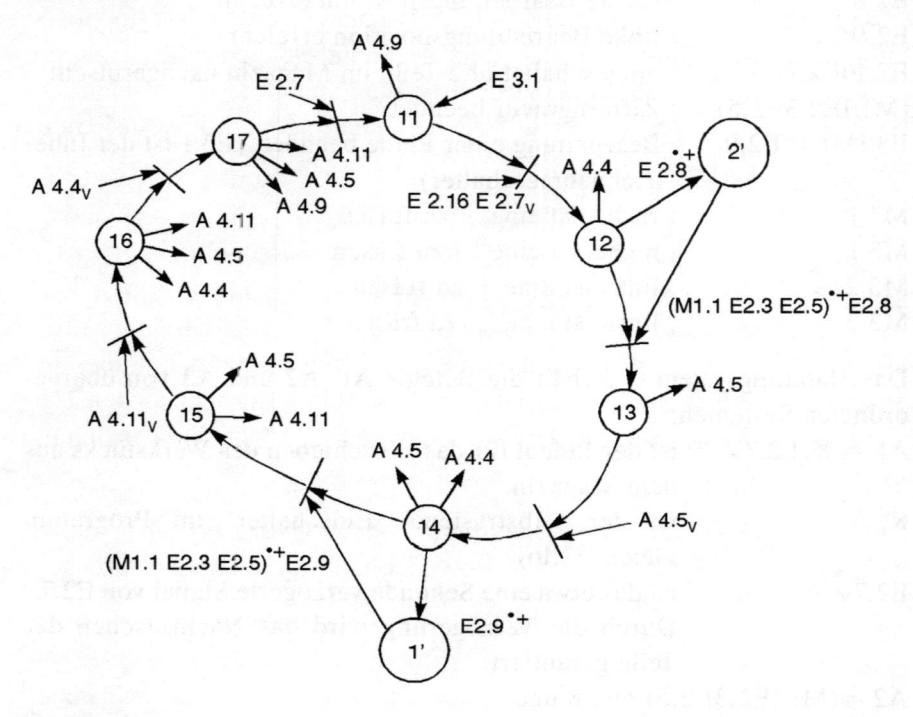

Abb. 4.63

Adressierung:

A4.4 : S4 vorwärts
A4.9 : S4 rückwärts
A4.5 : S5 vorwärts
A4.11 : S6 rückwärts
M2.2 : $(M1.1 E2.3 E2.5)^{\cdot +}$
M2.4 : A4.5v (Index „v" heißt: verzögert)
M2.5 : A4.6v
M2.6 : A4.4v
E3.1 : Inbetriebnahmeschalter
( )$^{\cdot +}$ O 1-Flanke des Klammerinhalts

Die in den Kreisen entstehenden Signale sind die Bitmerker des Kanals 1. M1.1 entspricht also der ①des Bildes.

4.2 Beispiele zum SPS-orientierten Petrinetzentwurf

Die Steuerung des Bearbeitungssystems 2' erhält vom Handlingsystem den Startbefehl $E2.8^{+} \vee E2.9^{+}$. Das Zeichen $.+$ gibt an, daß von den Sensorsignalen nur der O 1-Sprung als Impuls genutzt werden darf (monostabile Kippstufe). Wenn hier das statische Signal genutzt wird, kann die Steuerung nach Ausführung einer Bearbeitung nicht im Ruhezustand 1 so lange verharren, bis die erforderliche Handlingoperation ausgeführt wurde.

Die Bearbeitungssteuerung bekommt von der Mastersteuerung noch über die Befehle M3.1 und M3.2 mitgeteilt, ob sie an den Stellen 1 (E2.8=1) bzw. 2 (E2.9=1) eine | oder □ fräsen soll. Der Befehl: E 3.1M1.1 E2.9 teilt der Mastersteuerung mit, daß ein Bearbeitungsprozeß beendet wurde. Diese Steuerung erarbeitet mit Hilfe von 4 einstellbaren Zählern und einem kleinen Schieberegister aus diesem Befehl und aus den an den Zählern eingestellten Zahlen bei der feststehenden Fertigungsfolge die Befehle M3.1 und M3.2.

Da die Folge der zu fräsenden Dualzahlen immer 00,0L, L0, LL sein soll, stellt die Mastersteuerung die Befehle M3.1 und M3.2 in der entsprechenden Folge zur Verfügung.

Die Änderung dieser Steuersignale, d. h. die Umstellung auf das nächste Werkstück, wird vorgenommen, wenn der Zähler des vorhergehenden Werkstücks seinen Impuls abgibt.

4 Projektierungsbeispiele

Für 2' und 3' ergeben sich damit folgende Strukturen:

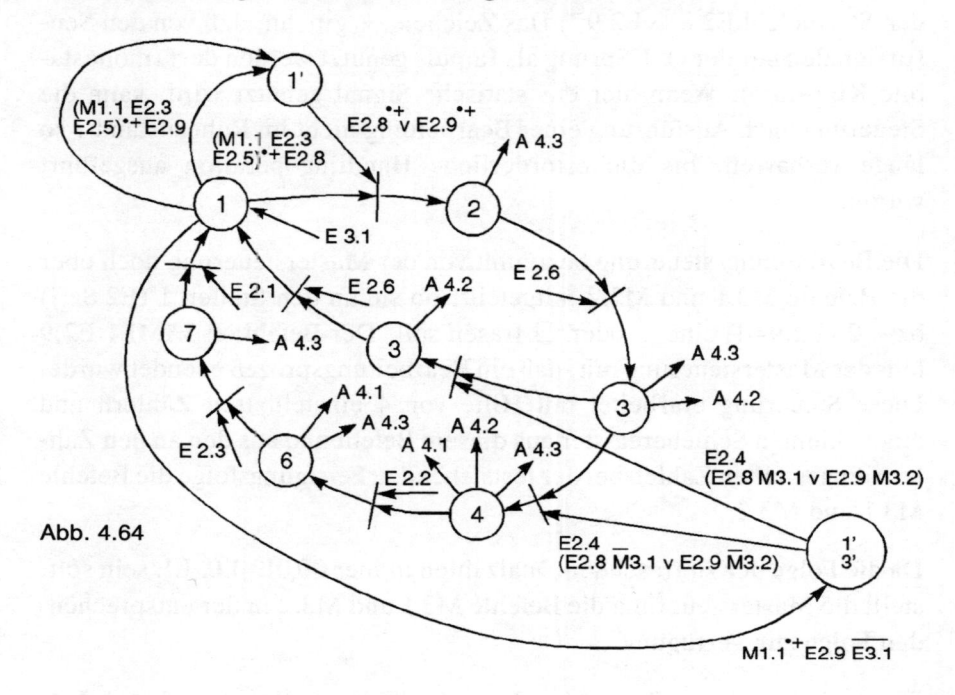

Abb. 4.64

A4.1 : s_1 vorwärts
A4.2 : s_2 vorwärts
A4.3 : s_3 vorwärts
M2.8 : $E2.\dot{8}^+$
M2.10 : $E2.\dot{9}^+$

Zu beachten ist vor allem der geringe zeichnerische Aufwand für die Darstellung der Steuerung auf dem Papier.

Für die Mastersteuerungen mit Zählern, Schieberegistern usw. eigenen sich im allgemeinen die bekannten Funktionspläne besser als Petrinetzdarstellungen.

Mit ein wenig Übung kann man auf der Grundlage der dargestellten Bilder das Anwenderprogramm unter Beachtung der Besonderheiten der jeweiligen Steuerung sofort eingeben.

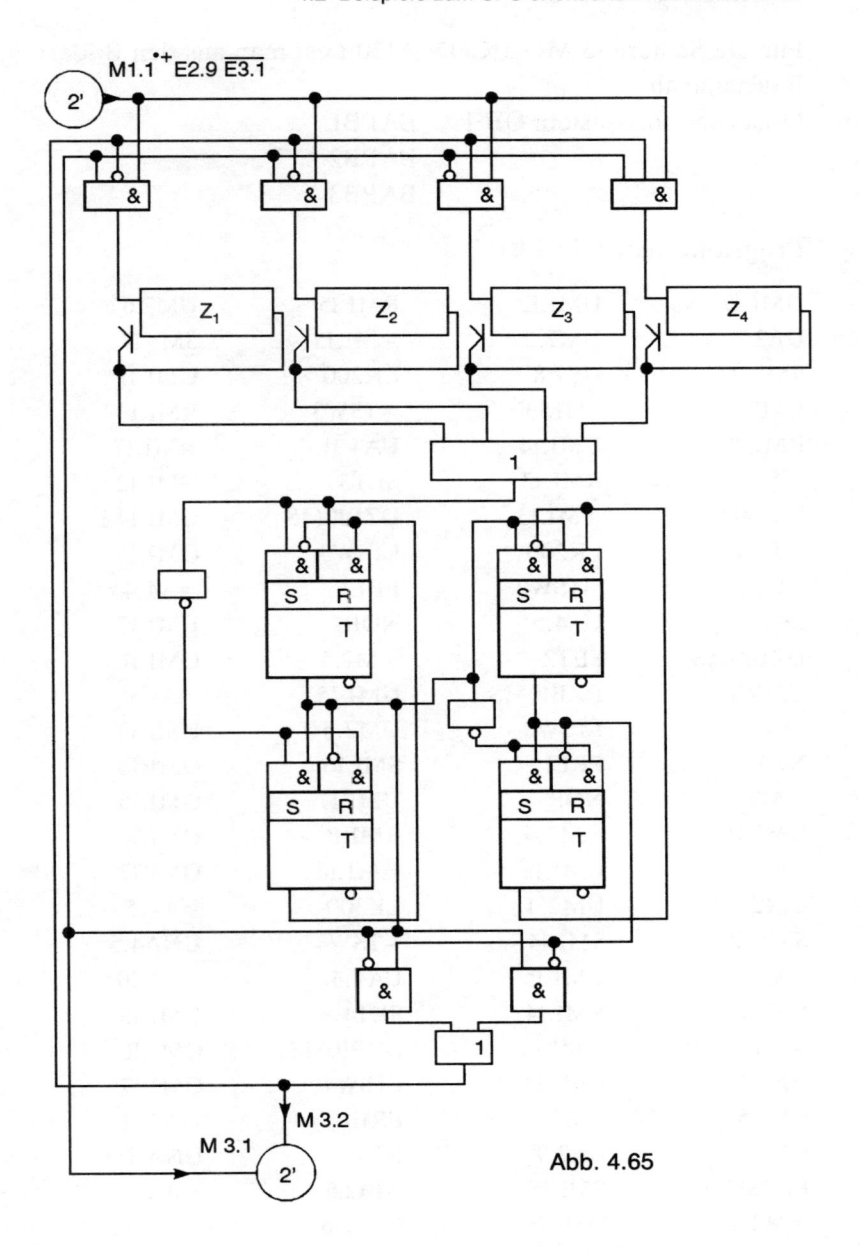

4.2 Beispiele zum SPS-orientierten Petrinetzentwurf

Abb. 4.65

4 Projektierungsbeispiele

Für die Steuerung MODICON A120 liest man aus den Bildern folgende Bausteine ab:
Organisationsbaustein OB 1 : BAPB1
BAPB2
BAPB3

Programmbaustein PB1:

UM1.17	UM1.12	RM1.15	UM2.6
UE2.7	UM2.2	=M1.15	SM1.17
SM1.11	UE2.8	LK200	UM1.11
UM1.12	SM1.13	=TSW3	RM1.17
RM1.11	UM1.14	UA4.11	=M1.17
=M.11	RM1.13	SET3	UM1.12
LK100	=M1.13	DZB10MS	OM1.14
=TSW1	LK200	LTSW3	OM1.16
UE2.7	=TSW2	FREI	=A4.4
SET1	UA4.5	NOP	UM1.17
DZB10MS	SET2	=M2.5	OM1.11
LTSW1	DZB10MS	UM1.15	=A4.9
FREI	LTSW2	UM2.5	UM1.13
NOP	FREI	SM1.16	OM1.14
=M2.1	NOP	UM1.17	OM1.15
UM1.11	=M2.4	RM1.16	OM1.16
UE2.16	UM1.13	=M1.16	OM1.17
UM2.1	UM2.4	LK300	=A4.5
SM1.12	SM1.14	=TSW4	UNA4.5
UM1.13	UM1.15	UA4.4	=A4.10
RM1.12	RM1.14	SET4	UM1.15
=M1.12	=M1.14	DZB10MS	OM1.16
UM1.1	UM1.14	LTSW4	OM1.17
UE2.5	UM2.2	FREI	=A4.11
UE2.3	UE2.9	NOP	UNA11
FLPM2.3	SM1.15	=M2.6	=A12
=M2.2	UM1.16	UM1.16	

Programmbaustein PB2:

U(	RM1.2	UE2.8	OM1.3
UE3.1	=M1.2	UNM3.1	OM1.4
O(	UM1.2	O(	OM1.6
UM1.5	UE2.6	UE2.9	OM1.7
UE2.5	SM1.3	UNM3.2	=M4.3
)	U(	)	UM4.1
O(	UM1.5	)	UNE2.2
UM1.7	OM1.4	SM1.4	=A4.1
UE2.1	)	UM1.6	UN4.1
)	RM1.3	RM1.4	UNE2.1
)	=M1.3	=M1.4	=A4.6
SM1.1	UM1.3	UM1.4	UM4.2
UM1.2	UE2.4	UE2.2	UNE2.4
RM1.1	U(	SM1.6	=A4.2
=M1.1	UE2.8	UM1.7	UNM4.2
UE2.8	UM3.1	RM1.6	UNE2.3
FLPM2.7	O(	=M1.6	=A4.7
=M2.8	UE2.9	UM1.6	UM4.3
UE2.9	UM3.2	UE2.3	UNE2.6
FLPM2.9	)	SM1.7	=A4.3
=M2.10	)	UM1.1	UNM4.3
UM1.1	SM1.5	RM1.7	UNE2.5
U(	UM1.1	=M1.7	=A4.8
		UM1.4	
		OM1.6	
		=M4.1	
UM2.8	RM1.5	UM1.3	
OM2.10	=M1.5	OM1.4	
)	UM1.3	OM1.5	
SM1.2	UE2.4	=M4.2	
UM1.3	U(	UM1.2	

Zuordnung der Koordinaten und der Befehle

	Vor	Zurück
s_1	A4.1	A4.6
s_2	A4.2	A4.7
s_3	A4.3	A4.8
s_4	A4.4	A4.9
s_5	A4.5	A4.10
s_6	A4.11	A4.12

4 Projektierungsbeispiele

Programmbaustein PB3

UM1.1	UM2.13	LZSW4	UM5.9
FLPM2.11	ZVZ2	FREI	RM5.8
=M2.12	UM5.2	NOP	=M5.8
UM2.12	SZ2	=M5.14	UNM5.6
UE2.9	LZSW2	LZIW4	UM5.8
UNE3.1	FREI	>=ZSW4	SM5.9
=M2.13	NOP	=M5.4	UNM5.8
LK1	=5.12	UM5.1	UNM5.6
=ZSW1	LZIW2	OM5.2	RM5.9
LK2	>=ZSW2	OM5.3	=M5.9
=ZSW2	=M5.2	OM5.4	UNM5.6
LK3	UNM3.1	=M5.15	UM5.8
=ZSW3	UM3.2	UM5.15	O(
LK4	UM2.13	UNM5.7	UM5.6
=ZSW4	ZVZ3	SM5.6	UNM5.8
UNM3.1	UM5.3	UM5.15	)
UNM3.2	SZ3	UM5.7	=M3.2
UM2.13	LZSW3	RM5.6	UM5.6
ZVZ1	FREI	=M5.6	=M3.1
UM5.1	NOP	UNM5.15	***
SZ1	=M5.13	UM5.6	
LZSW1	LZIW3	SM5.7	
FREI	>=ZSW3	UNM5.15	
NOP	=M5.3	UNM5.6	
=M5.11	UM3.1	RM5.7	
LZIW1	UM3.2	=M5.7	
ZSW1	UM2.13	UM5.6	
=M5.1	ZVZ4	UNM5.9	
UM3.1	UM5.4	SM5.8	
UNM3.2	SZ4	UM5.6	

Beispiel 22

Mehrfachnutzung von Zählketten erläutert am Luftaufzugshammer

Zur Auswahl der Vorschlagzahl kommen die Schalter T_1, T_2, T_3 und zur Auswahl der Hauptschlagzahl kommen die Schalter H_1, H_2 und H_3 zum Einsatz (maximal 3 Schläge von jeder Höhe).

Lichtschranken werden nur vom Bär unterbrochen und liefern dann L-Signal.

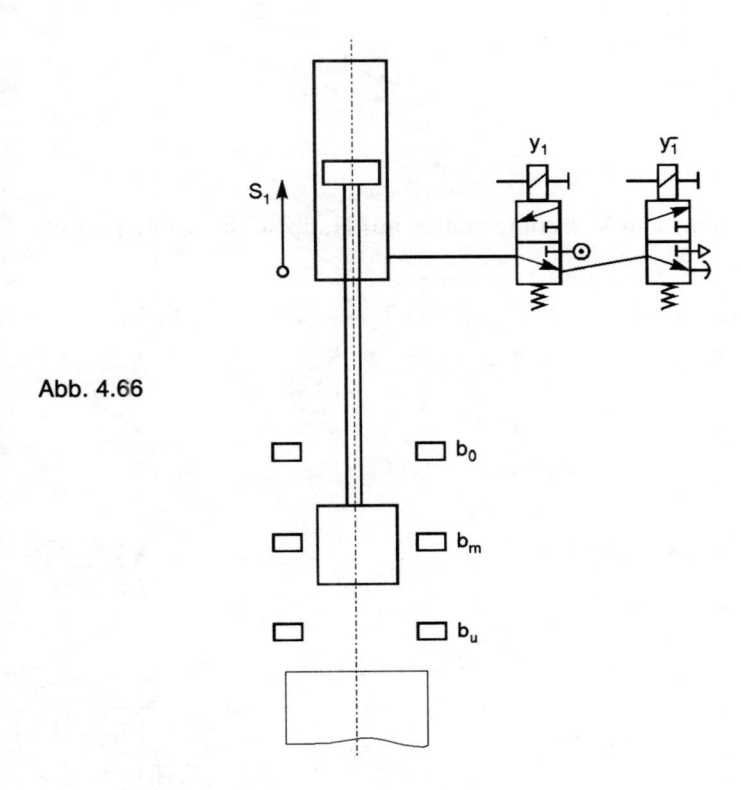

Abb. 4.66

4 Projektierungsbeispiele

Es ergibt sich folgendes Petrinetz:

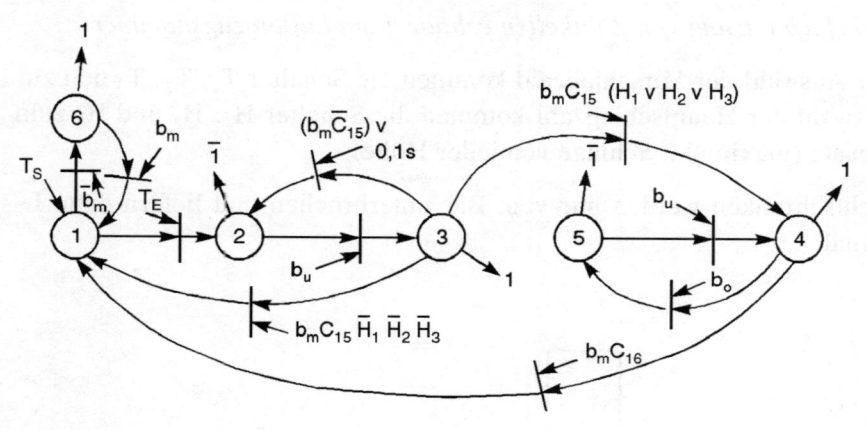

Abb. 4.67

Zählkette umstellbar von Vorschlag zählen auf Hauptschlag zählen durch C_{20}!

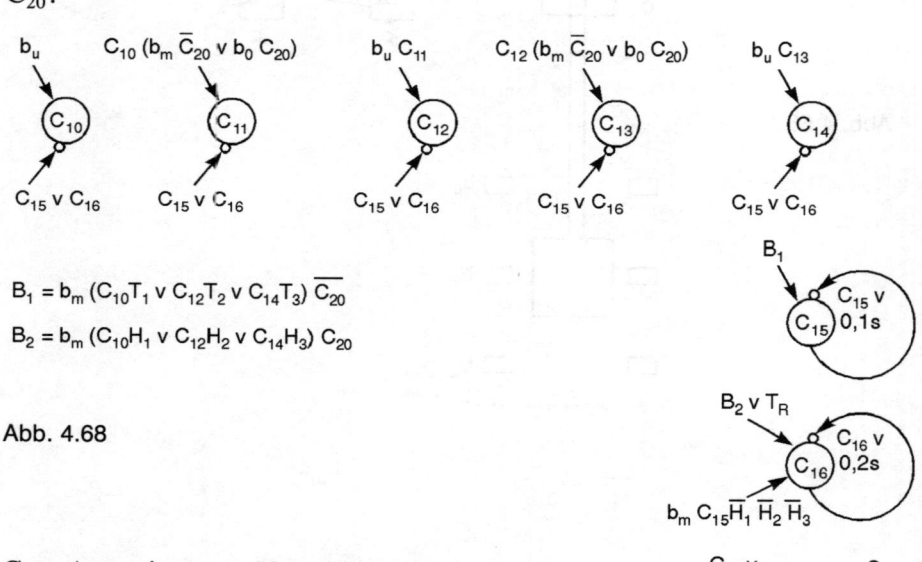

$B_1 = b_m (C_{10}T_1 \vee C_{12}T_2 \vee C_{14}T_3) \overline{C_{20}}$

$B_2 = b_m (C_{10}H_1 \vee C_{12}H_2 \vee C_{14}H_3) C_{20}$

Abb. 4.68

C_{15} : Aussteigen aus Vorschlagzyklus
C_{16} : Aussteigen aus Hauptschlagzyklus

B_1 und B_2 sind die Vorsignale, die in C_{15} und C_{16} nur wettlaufsicher gemacht worden sind.
C_{16} muß länger wirken als C_{15}.

4.2 Beispiele zum SPS-orientierten Petrinetzentwurf

Sonst ist kein sicherer Ausstieg aus dem Vorschlagzyklus ohne Hauptschlag möglich, da C_{20} nicht gelöscht wird.
Anweisungsliste für die MODICON A120:

Parametrierung:

b_u = E2.1 T_1 = E3.1 H_1 = E3.4 T_E = E2.16
b_m = E2.2 T_2 = E3.2 H_2 = E3.5 T_S = E3.8
b_O = E2.3 T_3 = E3.3 H_3 = E3.6 T_R = E3.7

y_1 = A4.1 B_1 = M1.21
y_1^- = A4.6 B_2 = M1.22
C_{15v} = M1.31 C_{16v} = M1.32

OB1
BA PB2
BA PB1

PB1 — Ablaufsteuerung

U(	U(	= M1.2	U E3.4	U M1.4	U M1.3
U E3.8	U M1.6		O E3.5	U E2.1	O M1.4
O(	UN E2.2	U M1.2	O E3.6	R M1.5	= A4.1
U M1.3	O M1.2	U E2.1	)	= M1.5	
U E2.2	)	S M1.3	O(		
U M1.15	R M1.1		U M1.5	U M1.1	
UN E3.4	= M1.1	U(	U E2.1	UN E2.2	
UN E3.5		U M1.2	)	S M1.6	
UN E3.6	U(	U M1.28	)		
)	U M1.1		S M1.4	U M1.1	
O(	U E2.16	O M1.1		U E2.2	
U M1.4	O(	O M1.4	U(	R M1.6	
U E2.2	U M1.3	)	U M1.5	= M1.6	
U M1.16	U M1.28	R M1.3	U E2.3	U M1.2	
)	)	= M1.3	O M1.1	O M1.5	
O(	)	U(	)	= A4.6	
U M1.6	S M1.2	U M1.3	R M1.4		
U E2.2	U M1.3	U E2.2	= M1.4		
)	U E2.1	U M1.15	U M1.4		
)	R M1.2	U(	U E 2.3		
S M1.1			S M1.5		

PB2 — Mastersteuerung

L K10	U E2.2	U E2.1	O(	U E2.2
=TSW1	UN M1.20	U M1.13	U M1.14	UN M1.15
U M1.15	O(	S M1.14	U E3.6	= M1.29
SE T1	U E2.3	U M1.30	)	L K10
DZB 10MS	U M1.20	R M1.14	)	= TSW3
L TSW1	)	= M1.14	= M1.22	U M1.29
FREI	)		U M1.21	SE T3
NOP	S M1.11	U E2.2	S M1.15	DZB 10MS
= M1.31	U M1.30	UN M1.20	U M1.31	L TSW3
	R M1.11	U(	R M1.15	FREI
L K20	= M1.11	U M1.10	= M1.15	NOP
= TSW2		U E3.1		= M1.28
U M1.16	U E2.1	O(	U(	
SE T2	U M1.11	U M1.12	U E2.2	
DZB 10MS	S M1.12	U E3.2	U M1.15	
L TSW2	U M1.30	)	UN E3.4	
FREI	R M1.12	O(	UN E3.5	
NOP	= M1.12	U M1.14	UN E3.6	
= M1.32		U E3.3	O M1.22	
	U M1.12	)	O E3.7	
U M1.15	U(	)	)	
O M1.16	U E2.2	= M1.21	S M1.16	
= M1.30	UN M1.20		U M1.32	
	O(	U E2.2	R M1.16	
U E2.1	U E2.3	U M1.20	= M1.16	
S M1.10	U M1.20	U(		
U M1.30	)	U M1.10	U M1.31	
R M1.10	)	U E3.4	S M1.20	
= M1.10	S M1.13	O(	U M1.16	
	U M1.30	U M1.12	R M1.20	
U M1.10	R M1.13	U E3.5	= M1.20	
U(	= M1.13	)		

Beispiel 23

Dreihöhensteuerung für Luftaufzugshämmer

Ein Luftaufzugshammer soll so programmiert werden können, daß er nach dem Auslösen der Schlagfolge null bis drei Schläge von den Fallhöhen eins bis drei ausführt.

Die Schlaghöhen werden mit Hilfe der optoelektronischen Sensoren L1 bis L3 erkannt. Wenn sich der Bär auf der Schlaghöhe befindet, gibt der entsprechende Sensor O-Signal.

Der Sensor LO gibt 1-Signal, wenn der Bär die Schlagposition erreicht (*s. Abb. 4.69 u. Abb. 4.70*). Nach Ausführung der Schlagfolge kehrt der Bär immer in die Ausgangsposition (Höhe L1) zurück. Hier wird er durch $Y_2=1$ gehalten. Leckverluste werden durch Druckimpulse ausgeglichen.

Die Schlaganzahl ist in den Schaltern folgendermaßen verschlüsselt:

Tab. 4.3

Anzahl der Schläge	Höhe L1		Höhe L2		Höhe L3	
	Wahlschalter K1	K2	Wahlschalter K3	K4	Wahlschalter K5	K6
0	0	0	0	0	0	0
1	0	1	0	1	0	1
2	1	0	1	0	1	0
3	1	1	1	1	1	1

Symbolische und absolute Bezeichnung der Signale:

Y_1	A1	Heben des Hammers
Y_2	A2	Halten des Hammers auf Position L1
LO	E1	Optoelektronische Näherungsschalter
L1	E2	Optoelektronische Näherungsschalter
L2	E15	Optoelektronische Näherungsschalter
L3	E3	Optoelektronische Näherungsschalter
K1	E22	Programmierschalter für die Schlagzahlen
K2	E23	Programmierschalter für die Schlagzahlen

4 Projektierungsbeispiele

K3	E24	Programmierschalter für die Schlagzahlen
K4	E12	Programmierschalter für die Schlagzahlen
K5	E13	Programmierschalter für die Schlagzahlen
K6	E14	Programmierschalter für die Schlagzahlen

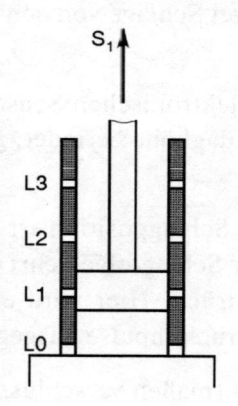

L1, L2, L3 = 1 bei Freigabe des Lichtstrahls
L0 = 1 bei Unterbrechung des Lichtstrahls

Abb. 4.69 Mechanischer Aufbau des Preßlufthammers

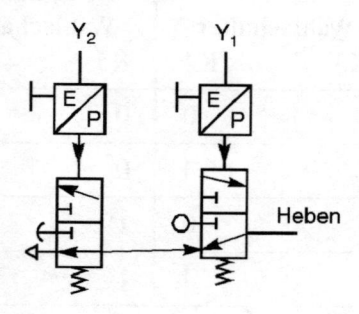

Abb. 4.70 Steuerung des Preßlufthammers

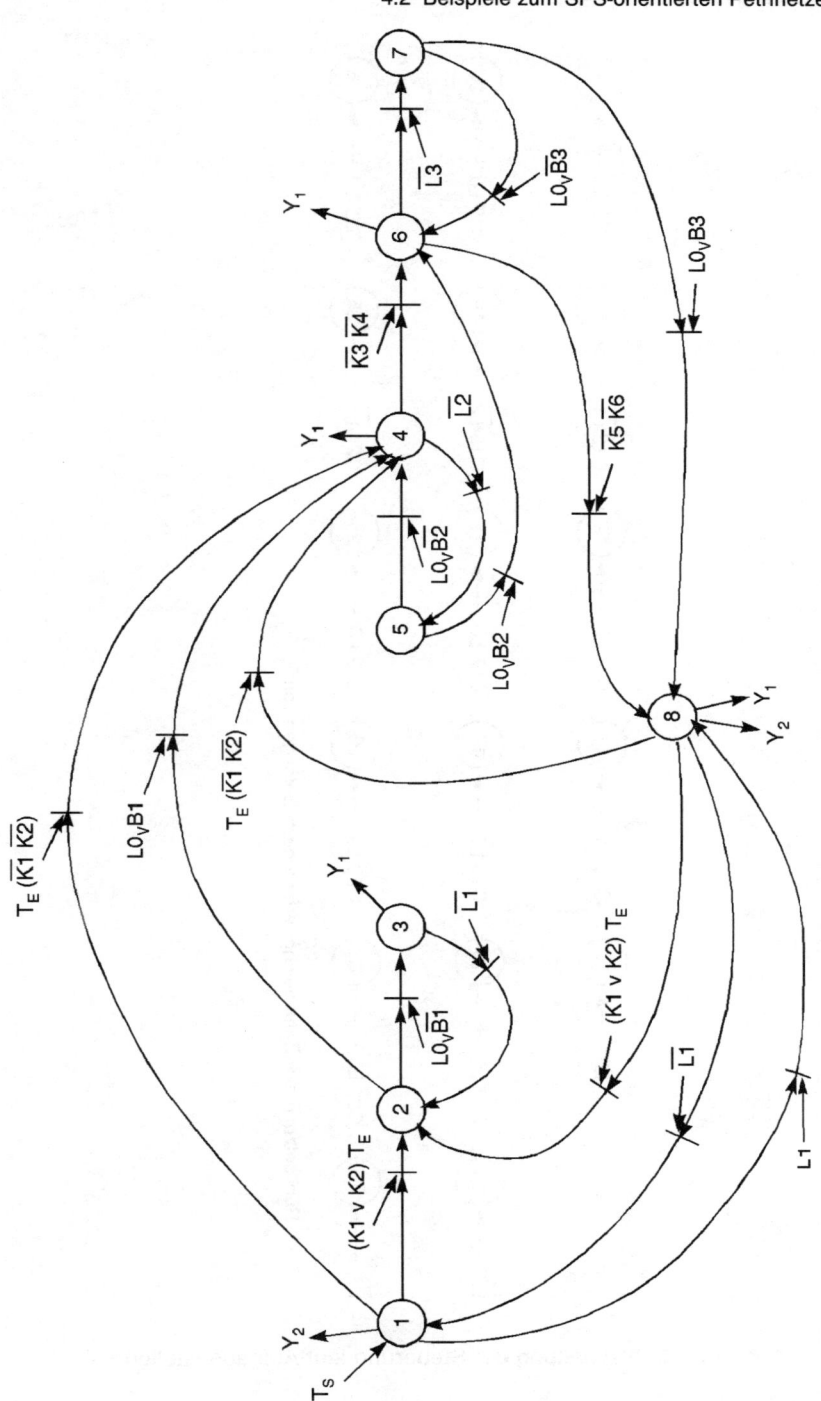

4.2 Beispiele zum SPS-orientierten Petrinetzentwurf

Abb. 4.71 Petrinetz laut Aufgabenstellung

4 Projektierungsbeispiele

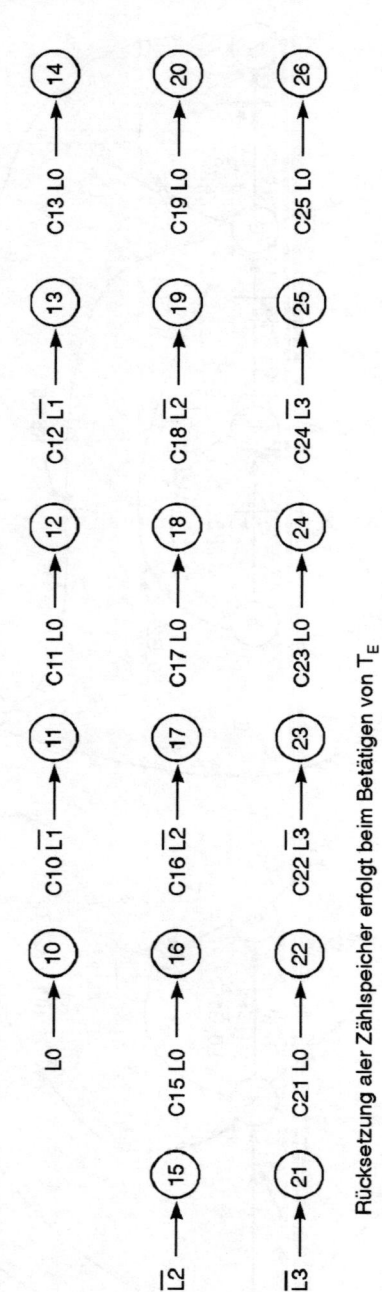

Abb. 4.72 Zählschaltung der Steuerung laut Aufgabenstellung

4.2 Beispiele zum SPS-orientierten Petrinetzentwurf

Logik der Abbruchbedingungen B1, B2, B3

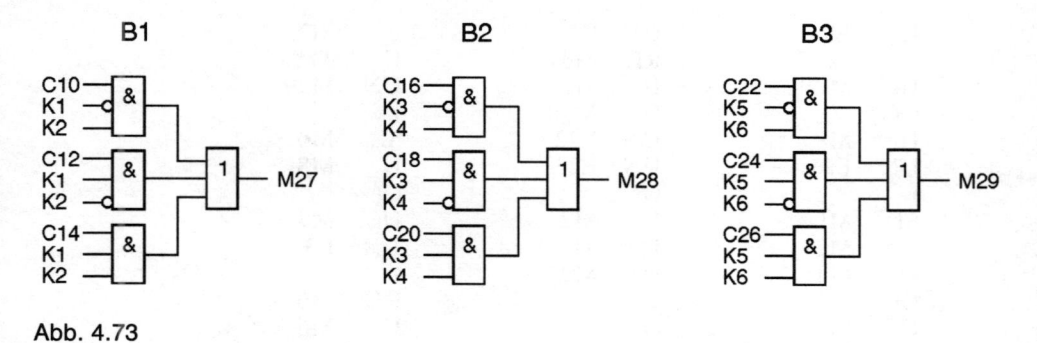

B1
- C10, K1, K2 → &
- C12, K1, K2 → &
- C14, K1, K2 → &
→ 1 → M27

B2
- C16, K3, K4 → &
- C18, K3, K4 → &
- C20, K3, K4 → &
→ 1 → M28

B3
- C22, K5, K6 → &
- C24, K5, K6 → &
- C26, K5, K6 → &
→ 1 → M29

Abb. 4.73

Kippstufe zur Rückstellung der Zählschaltung

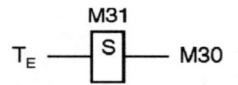

Abb. 4.74 Abbruchbedingungen und monostabile Kippstufe

T_E → [S] M31 → M30

4 Projektierungsbeispiele

Tabelle 4.7 Programmcode in DOLOG— AKL (reales Modell)

U	E1	UN	E2	U	M7
=	T1	RL	M3	U	T1
U	M128	U	M1	UN	M29
O(		U	M30	)	
U	M8	UN	E22	SL	M6
UN	E2	UN	E23	U	M8
)		O(		O(	
SL	M1	U	M2	U	M7
U	M2	U	T1	UN	E3
O	M4	U	M27	)	
O(		)		RL	M6
U	M8	O(		U	M6
U	E2	U	M5	UN	E3
)		U	T1	SL	M7
RL	M1	UN	M28	U	M8
U	M1	)		O(	
U	M30	O(		U	M6
		U	M30		
U(		U	M30	U	T1
U	E22	UN	E22	UN	M29
O	E23	UN	E23	)	
)		)		RL	M7
O(		SL	M4	U	M1
U	M3	U	M6	U	E2
UN	E2	O(		O(	
)		U	M5	U	M6
O(		UN	E15	UN	E13
U	M8	)		UN	E14
U	M30	RL	M4	)	
U(		U	M4	O(	
U	E22	UN	E15	U	M7
O	E23	SL	M5	U	T1
)		U	M6	U	M29
)		O(		)	
		U	M4	SL	M8
SL	M2	U	T1	U	M2
U	M4	UN	M28	O	M4
O(		)		O(	
U	M3	RL	M5	U	M1
U	T1	U	M4	UN	E2
UN	M27	UN	E24	)	
)		UN	E12	RL	M8
RL	M2	O(		U	E1
U	M2	U	M5	SL	M10
UN	M27	U	T1	U	M30
U	T1	U	M28	RL	M10
SL	M3	)		U	M10
U	M2	O(		UN	E2

4.2 Beispiele zum SPS-orientierten Petrinetzentwurf

SL	M11	U	M30	U	M16
U	M30	RL	M20	UN	E24
RL	M11	UN	E3	U	E12
U	M11	SL	M21	O(	
U	E1	U	M30	U	M18
SL	M12	RL	M21	U	E24
U	M30	U	M21	UN	E12
RL	M12	U	E1	)	
U	M12	SL	M22	O(	
UN	E2	U	M30	U	M20
SL	M13	RL	M22	U	E24
U	M30	U	M22	U	E12
RL	M13	UN	E3	)	
U	M13	SL	M23	=	M28
U	E1	U	M30	U	M22
SL	M14	RL	M23	UN	E13
U	M30	U	M23	U	E14
RL	M14	U	E1	O(	
UN	E15	SL	M24	U	M24
SL	M15	U	M30	U	E13
U	M30	RL	M24	UN	E14
RL	M15	U	M24	)	
U	M15	UN	E3	O(	
U	E1	SL	M25	U	M26
SL	M16	U	M30	U	E13
U	M30	RL	M25	U	E14
RL	M16	U	M25	)	
U	M16	U	E1	=	M29
UN	E15	SL	M26	U	E16
SL	M17	U	M30	UN	M31
U	M30	RL	M26	=	M30
RL	M17	U	M10	U	E16
U	M17	UN	E22	=	M31
U	E1	U	E23	U	M3
SL	M18	O(		O	M4
U	M30	U	M12	O	M6
RL	M18	U	E22	O	M8
U	M18	UN	E23	=	A1
UN	E15	)		U	M1
				O	M8
SL	M19	O(		=	A2
U	M30	U	M14	U	M128
RL	M19	U	E22	RL	M128
U	M19	U	E23	PE	
U	E1	)			
SL	M20	=	M27		

Beispiel 24

Die in Abb. 4.76 dargestellte Sondermaschine soll wahlweise die Ziffern 1 bis 4 in Metallplatten gravieren.

Die Ziffern werden mit Hilfe der selbstrastenden Wahlschalter K_1 bis K_4 vorgewählt.

Nach Einrasten des Schalters K_E läuft der folgende Vorgang in ständiger Folge ab (*s. Abb. 4.76*):

- Es wird eine Platte auf den Maschinentisch geschoben und gespannt (s_4 vor).
- Die gewählte Ziffer wird graviert.
- s_4 fährt zurück und anschließend stößt s_5 das Werkstück vom Maschinentisch.

Für die Bedienung ergibt sich stellbefehlsorientiert folgender Funktionsplan:

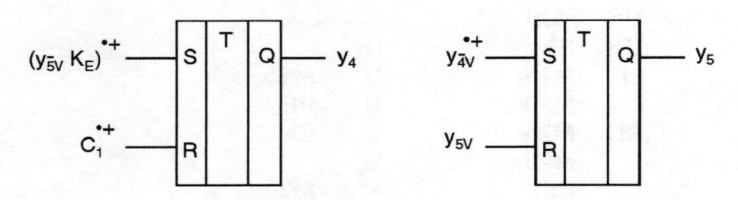

Abb. 4.75

4.2 Beispiele zum SPS-orientierten Petrinetzentwurf

S_2 nach vorn

S_4

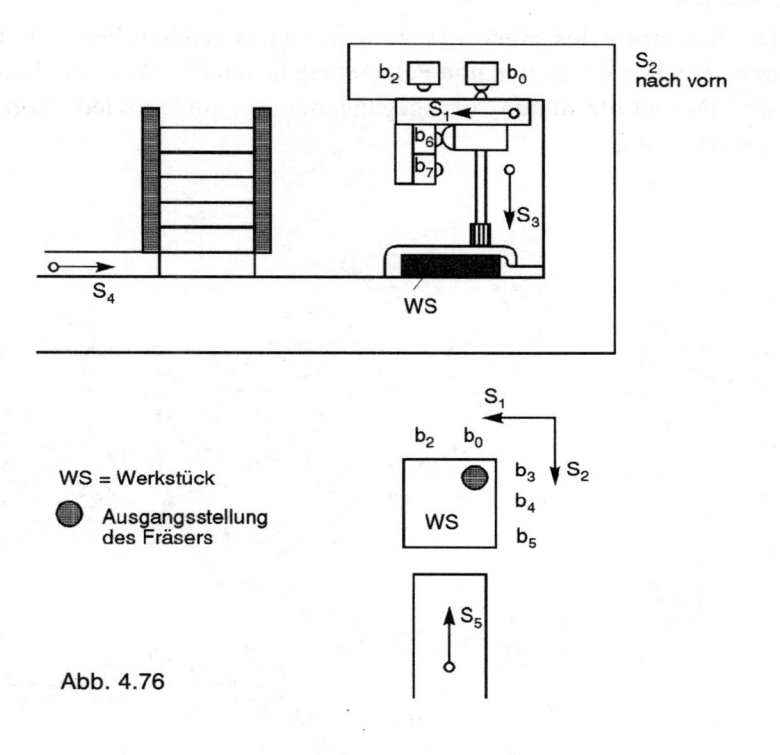

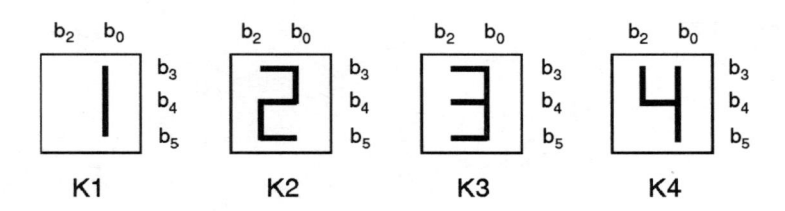

WS

WS = Werkstück

● Ausgangsstellung des Fräsers

Abb. 4.76

K1 K2 K3 K4

Abb. 4.77

4 Projektierungsbeispiele

Die Steuerung des Fräsvorgangs wird von folgendem Petrinetz beschrieben. Aus Funktionsplan und Petrinetz läßt sich die AWL problemlos ablesen. Das wurde in den vorangegangenen Beispielen wiederholt ausführlich dargestellt.

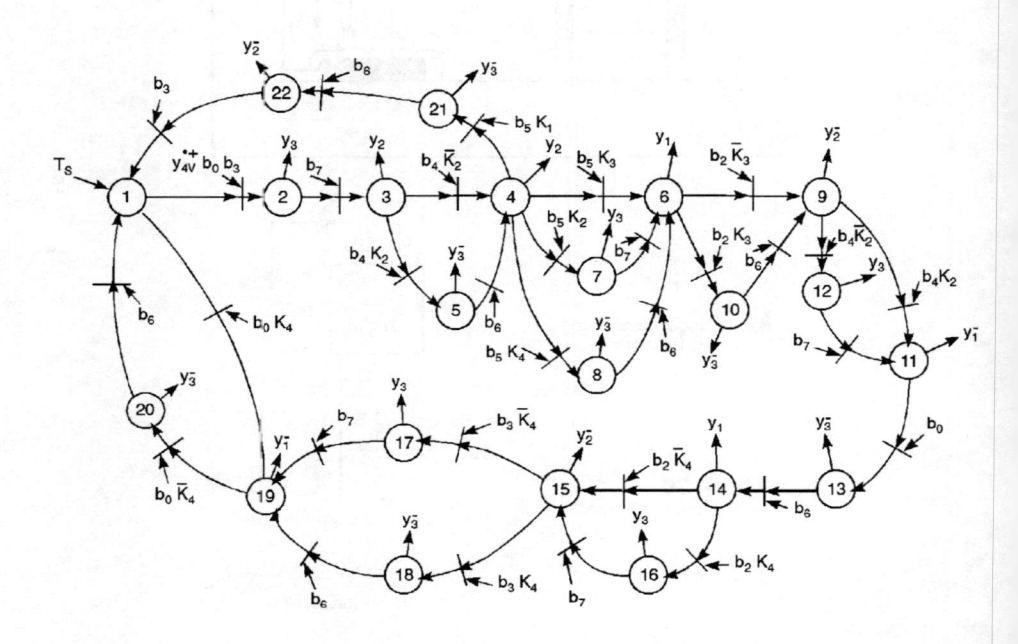

Abb. 4.78

Beispiel 25

Mit Hilfe der Wahlschalter K_1 und K_2 soll die im folgenden skizzierte Fräsmaschine so vorprogrammiert werden, daß sie die in *Abb. 4.80* angegebenen Buchstaben in Metallplatten eingraviert.

Die Platten werden von einer Bedienungseinrichtung aus einem Magazin zugeführt. Der Spannsylinder S_5 spannt erst kurz nach dem Anfahren des Transport- und Spannschiebers S_4. Beim Zurückfahren des Schiebers S_4 öffnet der Spannzylinder S_5, so daß das Werkstück von der Sperrklappe aus dem Transportschieber herausgeschoben werden kann. Es fällt unten durch in die Fertigteilkiste.

Bisher wurde bei der Projektierung von Fertigungssteuerungen für die wahlweise Herstellung unterschiedlicher Werkstücke stets mit einem Petrinetz für die Fertigungssteuerung gearbeitet.

Das führt zu kurzen Anweisungslisten, hat aber den Nachteil, daß man sich relativ komplizierte Übergangsbedingungen überlegen muß.

Hier soll nun einmal für jede mögliche Bearbeitungsvariante und für das Handlingsystem ein eigenes Petrinetz entwickelt werden.

Mit dem Inbetriebnahmeschalter T_S werden die Ausgangszustände aller Petrinetze (C_6, C_{15}, C_{28}, C_{41} und C_{50}) hergestellt. $K_E b_{8v}$ (eingeschaltet und Teile im Magazin nachgerutscht) startet das Petrinetz für die Spannvorrichtung. Wenn das Werkstück gespannt und die Bearbeitungsposition erreicht ist und die Fräsmaschine in Ausgangsposition steht.

C_{52} $\dot{b}_9^+ b_0 b_3$ fährt immer nur das Petrinetz des Werkstücks an, dessen Wahlschalterkombination gesetzt ist. Nach der Bearbeitung eines Werkstücks wird im Petrinetz für die Spannvorrichtung erst die Entsorgung eingeleitet ($\dot{C}_6^+ \vee \dot{C}_{15}^+ \vee \dot{C}_{28}^+ \vee \dot{C}_{41}^+$).

Deshalb ist in den Fertigungssteuerungen im Startbefehl auch das $\dot{b}_9^+$ erforderlich. b_9 würde ohne Entsorgung die Fertigung wieder anlaufen lassen.

Erst wenn nach dem Zuführen der nächsten Platte b_9 wieder gedrückt wird, fährt die vorprogrammierte Fertigungssteuerung wieder an.

Wenn man eine strukturiert programmierbare Steuerung (z. B. die MODI-CON A120) einsetzt, wird man selbstverständlich die Petrinetze vom

4 Projektierungsbeispiele

Werkstück 1 bis 4 und das der Spannvorrichtung auf den Programmbausteinen PB1 bis PB5 ablegen.

Die Wahlschalter erscheinen dann nur im Organisationsbaustein bei der bedingten Auswahl der Programmbausteine PB1 bis PB4.

Der Organisationsbaustein nimmt dann mit $K_1 = E3.1$ und $K_2 = E3.2$ folgende Gestalt an:

OB1

UN	E3.1	UN	E3.1	U	E3.1	U	E3.1	BA	PB5
UN	E3.2	U	E3.2	U	E3.2	UN	E3.2		
BAB	PB1	BAB	PB2	BAB	PB3	BAB	PB4		

Die Anweisungslisten für eine Kompaktsteuerung oder für die Programmbausteine PB1 bis PB5 einer größeren Steuerung können wie angegeben aus den folgenden Petrinetzen leicht abgelesen werden.

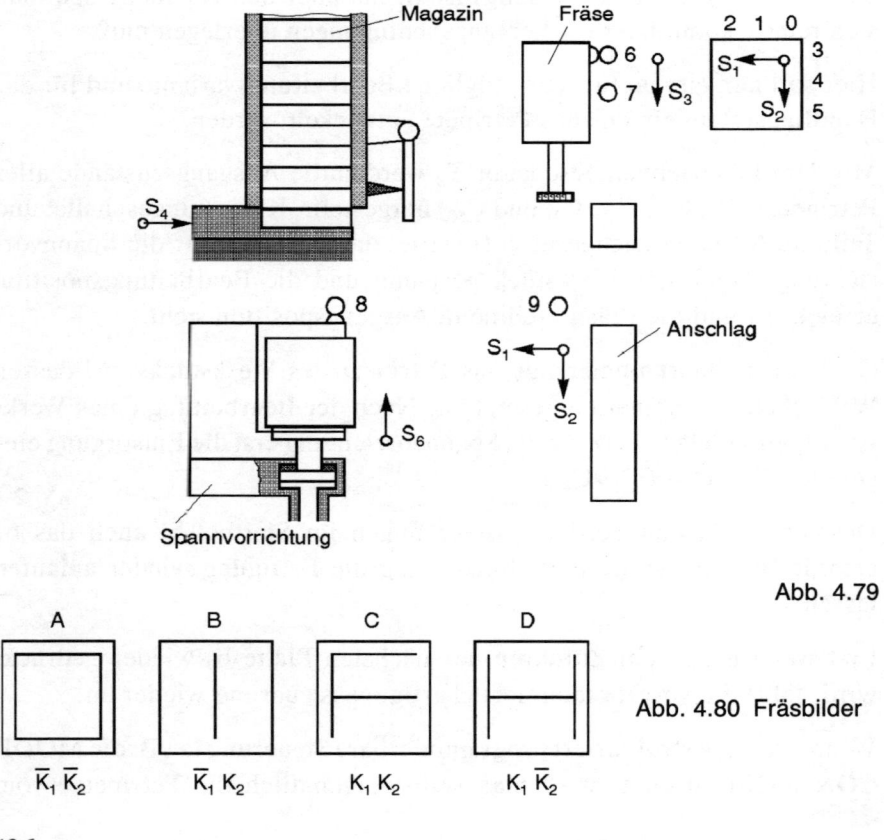

Abb. 4.79

Abb. 4.80 Fräsbilder

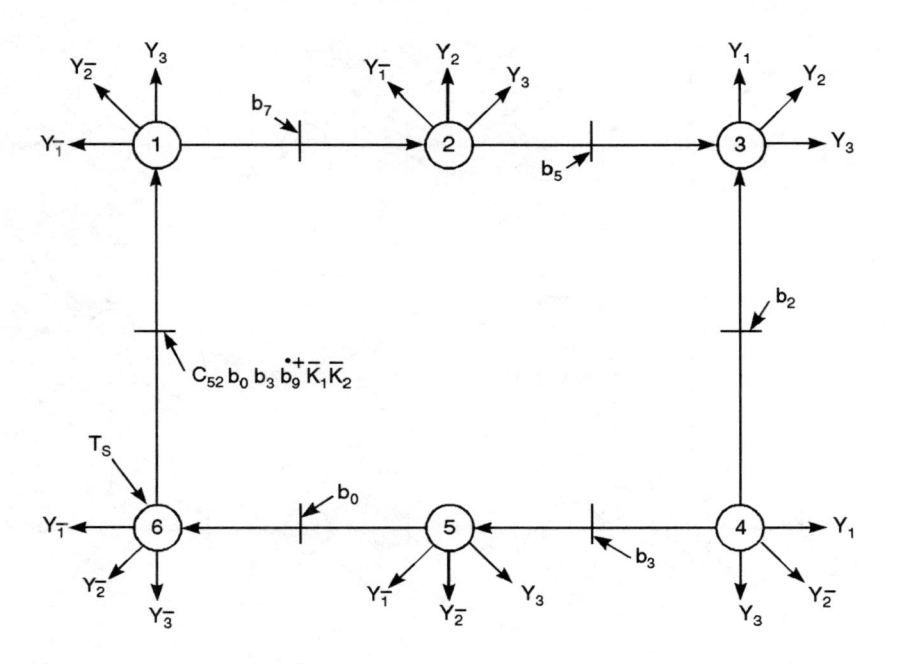

4.2 Beispiele zum SPS-orientierten Petrinetzentwurf

Abb. 4.81 Petrinetz für das Fräsbild A:

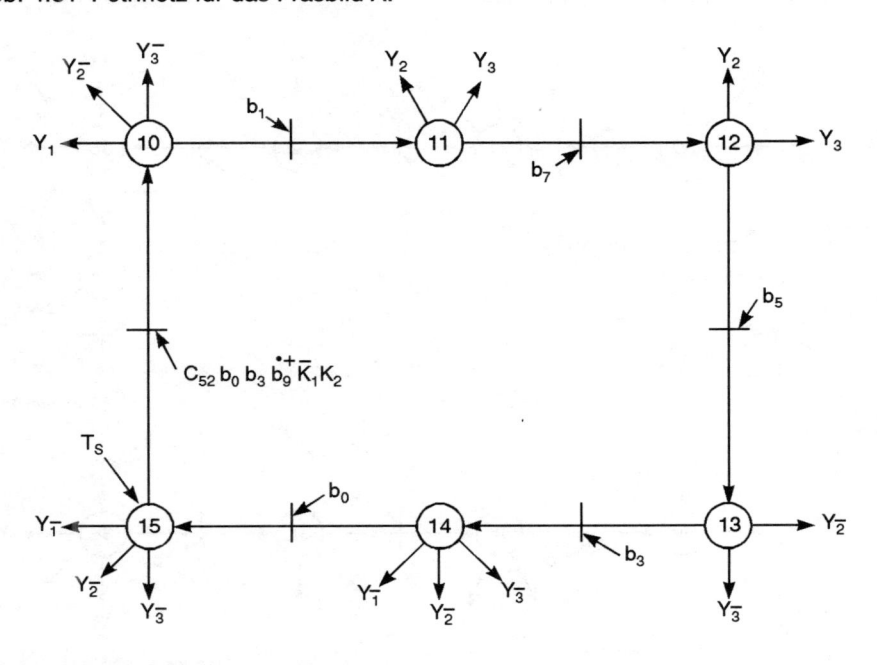

Abb. 4.82 Petrinetz für das Fräsbild B:

4 Projektierungsbeispiele

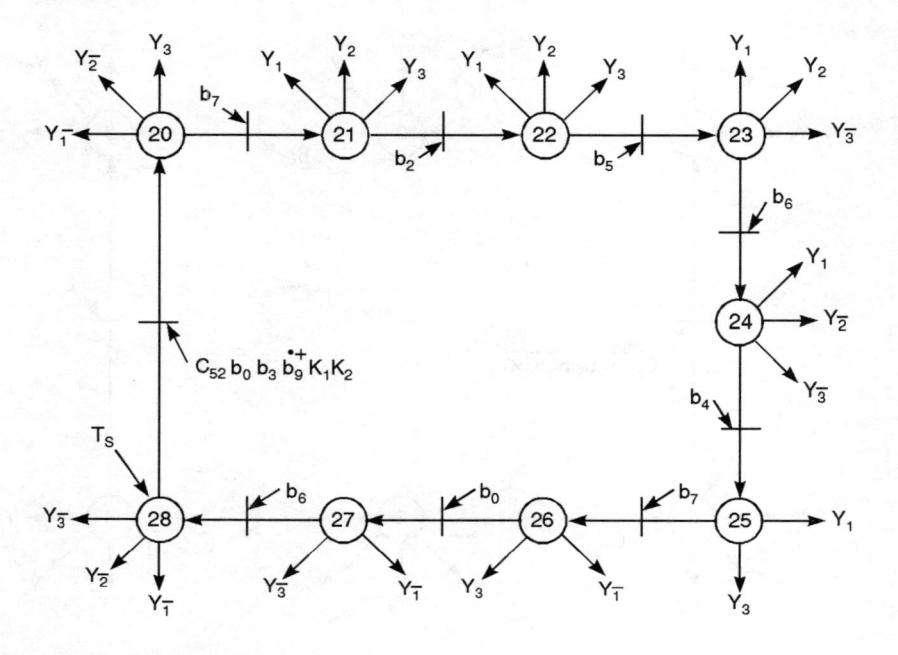

Abb. 4.8 Petrinetz für das Fräsbild C:

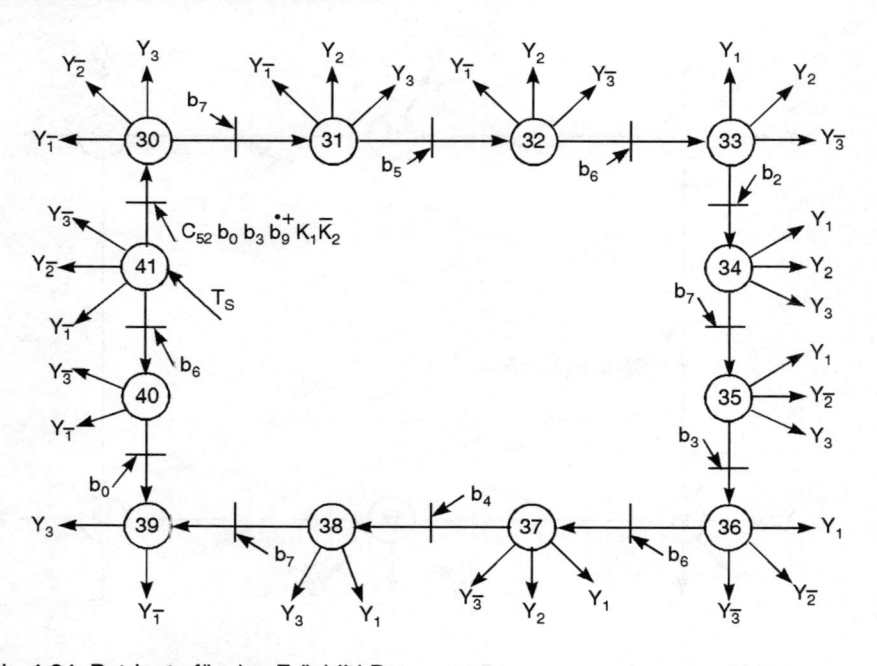

Abb. 4.84 Petrinetz für das Fräsbild D:

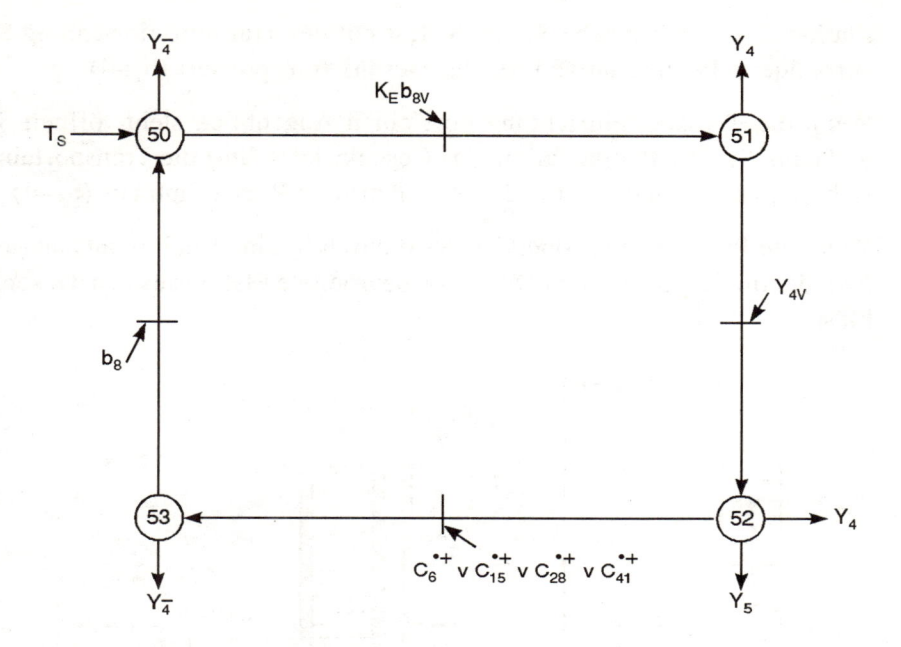

4.2 Beispiele zum SPS-orientierten Petrinetzentwurf

Abb. 4.85 Petrinetz für die Spannvorrichtung:

Beispiel 26

Tiefziehen dünner Platinen

Mit dem nachfolgend skizzierten Automaten wurde ein Tiefzeihprozeß automatisiert, der dadurch gekennzeichnet war, daß dem Gesenk relativ dünne Platinen zugeführt werden mußten.

Für die Handhabung dieser Platinen wurde die in der Geräteskizze (*Abb. 4.86*) sehr vereinfacht dargestellte Mechanik entwickelt.

Der Lader steht in der Ausgangsposition auf b_4. Wenn eingeschaltet ist ($K_E=1$), die Presse oben ($b_2=1$) und die Transporteinrichtung hinten ist ($b_3=1$), wird der Umformprozeß ausgelöst. Zuerst fährt der Lader mit der Platine über einen relativ kurzen Weg langsam vor und wird vorn vorsichtig abgebremst (Endlagenbremsung im Zylinder).

Wenn der Lader steht, fahren zuerst die beiden Antriebe S_2 von den Seiten unter die Platine. Danach kommt der Antrieb S_3 von oben. Nun ist die

4 Projektierungsbeispiele

Platine über die Antriebe S_2 und S_3 fest mit der Transporteinrichtung S_4 verbunden, die die Platine über das Gesenk transportiert ($b_1=1$).

Wenn die Transporteinrichtung dort einen Augenblick steht, öffnen S_3 und dann S_2. Die Platine fällt in das Gesenk. Jetzt fährt die Transporteinrichtung zurück und löst bei der Rückfahrt den Pressenhub aus ($b_5=1$).

Wenn die Presse wieder oben ist, wird durch b_2 ein Druckimpuls ausgelöst, der mit Hilfe mehrerer Düsen die bearbeitete Platine aus dem Gesenk bläst.

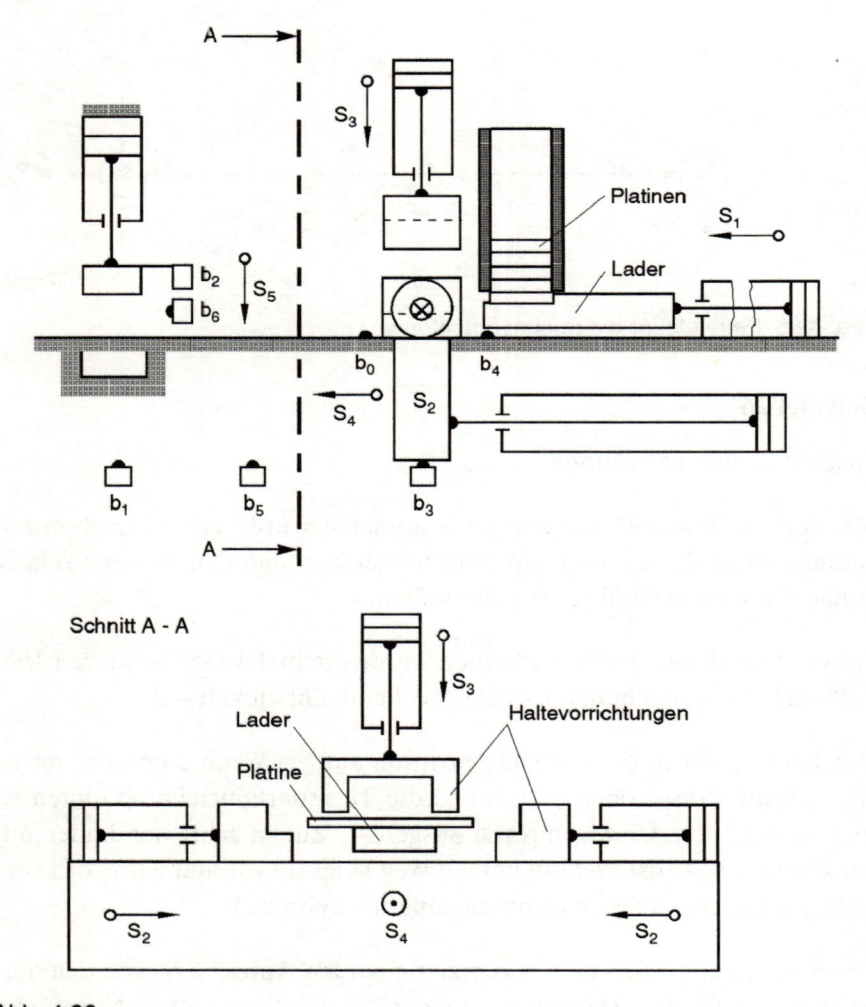

Abb. 4.86

4.2 Beispiele zum SPS-orientierten Petrinetzentwurf

Für solche Automaten (keine Sprünge und Verzweigungen) lassen sich nach allen im 3. Abschnitt dargestellten Methoden leicht Steuerstrukturen ableiten. Hier wird die Anweisungsliste nach der Petrinetzmethode gestaltet.

Steuerungs-Schaltfolgediagramm

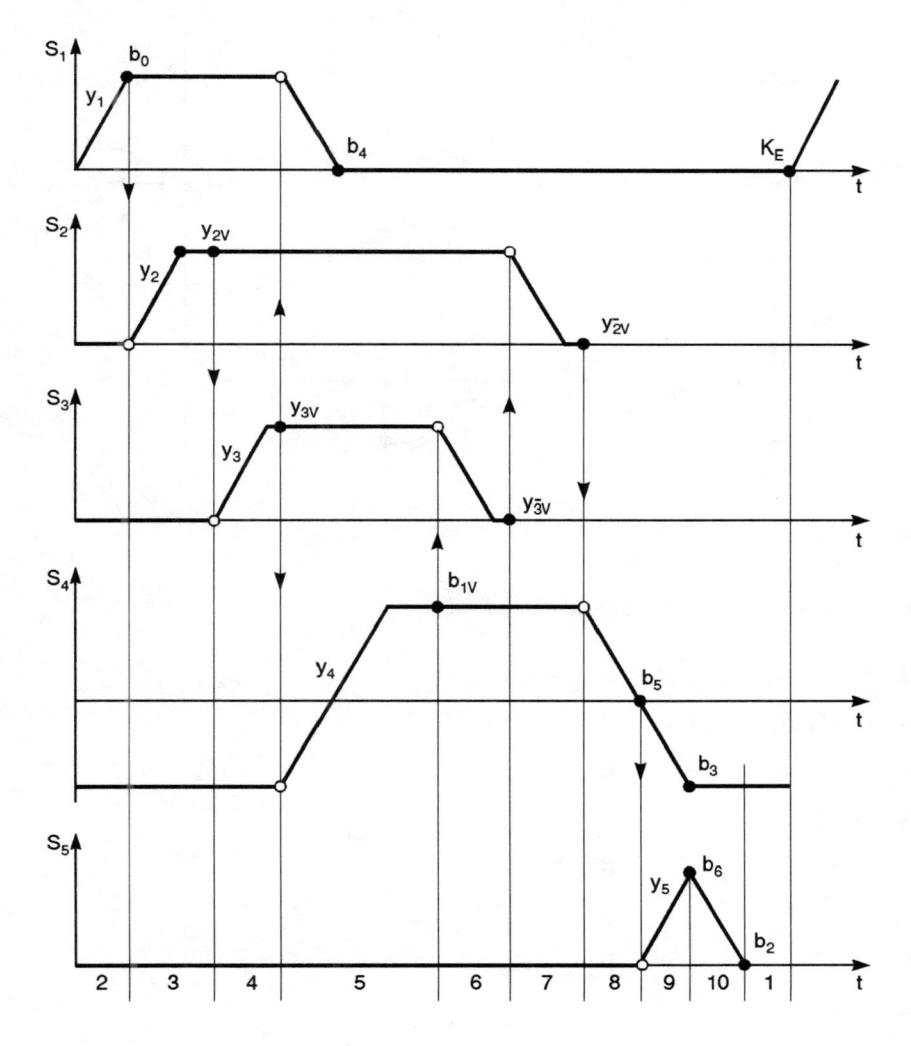

Abb. 4.87

Das Petrinetzverfahren

Das Petrinetz

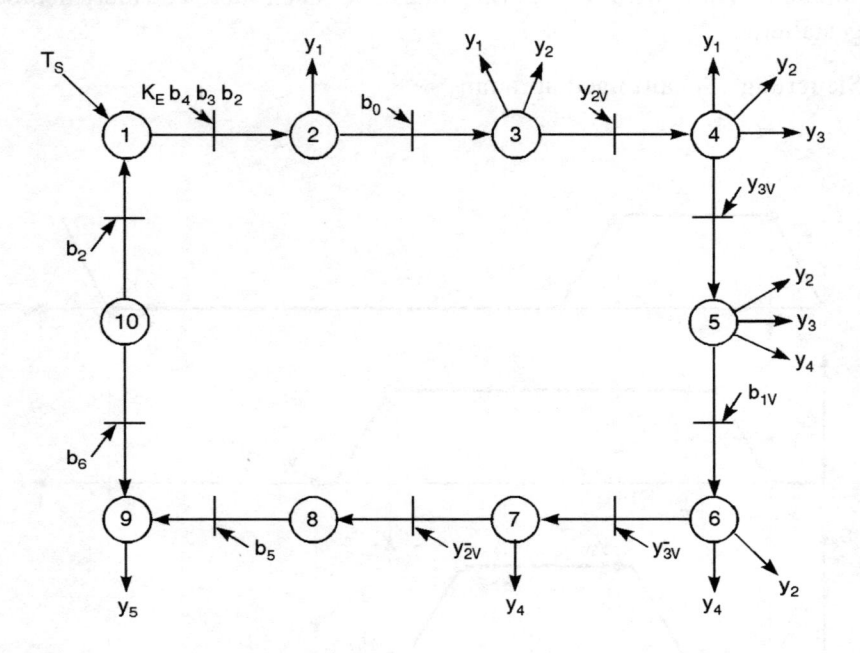

Abb. 4.88

Ableiten der Setz- und Rücksetzbefehle

$S_1 = C_{10}\, b_2 \vee T_S$ $R_1 = C_2$

$S_2 = K_E\, b_4\, b_3\, b_2\, C_1$ $R_2 = C_3$

$S_3 = C_2\, b_0$ $R_3 = C_4$

$S_4 = C_3\, y_{2v}$ $R_4 = C_5$

$S_5 = C_4\, y_{3v}$ $R_5 = C_6$

$S_6 = C_5\, b_{1v}$ $R_6 = C_7$

$S_7 = C_6\, \overline{y_{3v}}$ $R_7 = C_8$

$S_8 = C_7\, \overline{y_{2v}}$ $R_8 = C_9$

$S_9 = C_8\, b_5$ $R_9 = C_{10}$

$S_{10} = C_9\, b_6$ $R_{10} = C_1$

4.2 Beispiele zum SPS-orientierten Petrinetzentwurf

Bestimmen der Ausgänge

$y_1 = C_2 \vee C_3 \vee C_4$

$y_2 = C_3 \vee C_4 \vee C_5 \vee C_6$

$y_3 = C_4 \vee C_5$

$y_4 = C_5 \vee C_6 \vee C_7$

$y_5 = C_9$

Die Rückfahrbefehle sind hier gleich den negierten Vorfahrbefehlen. Der Befehl y_6 für das Öffnen des Ventils zum Ausblasen des Werkstückes aus dem Gesenk berechnet sich zu: $y_6 = \dot{b}_2^+$.

Die Anweisungsliste (AWL) wurde in der Programmiersprache Dolog AKL erstellt.

Vereinbarungen

Tabelle 4.8 Eingangsgrößen

Schalter	Geräteskizze	a020
1v	b_0	E3
1h	b_4	E1
4v	b_1	E12
4m	b_5	E11
4h	b_3	E10
5v	b_6	E15
5h	b_2	E13
TS	T_S	E21
TE	K_E	E16

Tabelle 4.9 Ausgangsgrößen

Befehle	A020
y_1	A1
y_2	A2
y_3	A3
y_4	A4
y_5	A5
$\overline{y_1}$	A11
$\overline{y_2}$	A12
$\overline{y_3}$	A13
$\overline{y_4}$	A14
$\overline{y_5}$	A15

Tabelle 4.10 Signalspeicher

Speicher	A020
C1	M1
C2	M2
C3	M3
C4	M4
C5	M5
C6	M6
C7	M7
C8	M8

Für die Zeitglieder T1 bis T6 wurden jeweils 3 Sekunden vereinbart.

Tabelle 4.11 Die AWL zum Petrinetz

0000:	U	E12	0036:	U	M4
0001:	=	T1	0037:	U	T2
0002:	U	A3	0038:	SL	M5
0003:	=	T2	0039:	U	M6
0004:	U	A13	0040:	RL	M5
0005:	=	T3	0041:	U	M5
0006:	U	A2	0042:	U	T1
0007:	=	T4	0043:	SL	M6
0008:	U	A12	0044:	U	M7
0009:	U	T5	0045:	RL	M6
0010:	U	E21	0046:	U	M6
0011:	O(		0047:	U	T3
0012:	U	E13	0048:	U	T3
0013:	U	M10	0049:	U	M8
0014:	)		0050:	RL	M7
0015:	SL	M1	0051:	U	M7
0016:	U	M2	0052:	U	T5
0017:	RL	M1	0053:	SL	M8
0018:	U	E16	0054:	U	M9
0019:	U	E1	0055:	RL	M8
0020:	U	E10	0056:	U	M8
0021:	U	E13	0057:	U	E11
0022:	U	M1	0058:	SL	M9
0023:	SL	M2	0059:	U	M10
0024:	U	M3	0060:	RL	M9
0025:	RL	M2	0061:	U	M9
0026:	U	M2	0062:	U	E15
0027:	U	E3	0063:	SL	M10
0028:	SL	M3	0064:	U	M1
0029:	U	M4	0065:	RL	M10
0030:	RL	M3	0066:	U	M2
0031:	U	M3	0067:	O	M3
0032:	U	T4	0068:	O	M4
0033:	SL	M4	0069:	=	A1
0034:	U	M5	0070:	U	M3
0035:	RL	M4	0071:	O	M4

4 Projektierungsbeispiele

0072:	O	M5		0086:	UN	A2
0073:	O	M6		0087:	=	A12
0074:	=	A2		0088:	UN	A3
0075:	U	M4		0089:	=	A13
0076:	O	M5		0090:	UN	A4
0077:	=	A3		0091:	=	A14
0078:	U	M5		0092:	UN	A5
0079:	O	M6		0093:	=	A15
0080:	O	M7		0094:	U	E13
0081:	=	A4		0095:	=	T6
0082:	U	M9		0096:	U	E13
0083:	=	A5		0097:	UN	T6
0084:	UN	A1		0098:	=	A6
0085:	=	A11		0099:	PE	

Beispiel 27

Bohrungsprüfautomat

Die von einer Drehmaschine bearbeiteten Teile erreichen über ein Stapelmagazin den Bohrungsprüfautomaten.

Es kann vorausgesetzt werden, daß sich immer wenigstens ein Teil im Magazin befindet (*s. Abb. 4.89*).

Wenn der Automat eingeschaltet ist ($K_E=1$) und die Zuführeinrichtung für Werkstücke eine bestimmte Zeit unter dem Magazin gestanden hat ($b_{ov}=1$), fährt die Zuführeinrichtung S_1 bis auf die Position b_1. In dieser Stellung fährt der pneumatische Bohrungsprüfer in die Bohrung und gibt eine bestimmte Zeit später ($b_{3v}=1$) die beiden binär digitalen Signale x_0 und x_1 ab, die die Merkerspeicher X_0 und X_1 setzen. $X_0=1$ heißt, das Teil hat eine zu große Bohrung. Es ist Ausschuß. In diesem Fall wird der Bohrungsprüfer wieder gezogen und die Zuführeinrichtung fährt zurück. Dabei wird das Werkstück vom Abstreifer in die Ausschußkiste geschoben.

Wenn $X_0 = 0$ ist, wird der pneumatische Bohrungsprüfer ebenfalls gezogen und es fährt von oben ein Gummibalgspreizer in die Bohrung, der beim Erreichen der Position b_5 aktiviert wird ($Y_6=1$).

4.2 Beispiele zum SPS-orientierten Petrinetzentwurf

Ein Gummibalg spreizt eine Federzange und nimmt damit das Werkstück auf. Einen Moment später ($Y_{6v} = 1$) wird das Werkstück gehoben.

Wenn der Merkerspeicher $X_1 = 1$ ist, handelt es sich um ein Teil mit einer zu kleinen Bohrung, das heißt, es ist Nacharbeit erforderlich.

Ein solches Teil wird nach dem Heben in Richtung S_5 bis auf die Position b_9 transportiert. Sollte auch $X_1 = 0$ sein, liegt der Bohrungsdurchmesser in der Toleranz. Das Teil ist ok. In diesem Fall wird es nach dem Heben in Richtung S_4 bis auf die Position b_7 transportiert.

Nun werden die Teile an der entsprechenden Position abgelegt. Dazu fährt der Gummibalgspreizer nach unten und wird beim Erreichen der unteren Position ($b_5 = 1$) entaktiviert.
Jetzt fährt der Gummibalgspreizer zurück in die Ausgangsposition. Beim Erreichen des Zustandes 1 werden die Merkerspeicher X_0 und X_1 gelöscht.

Prinzipskizze des Automaten

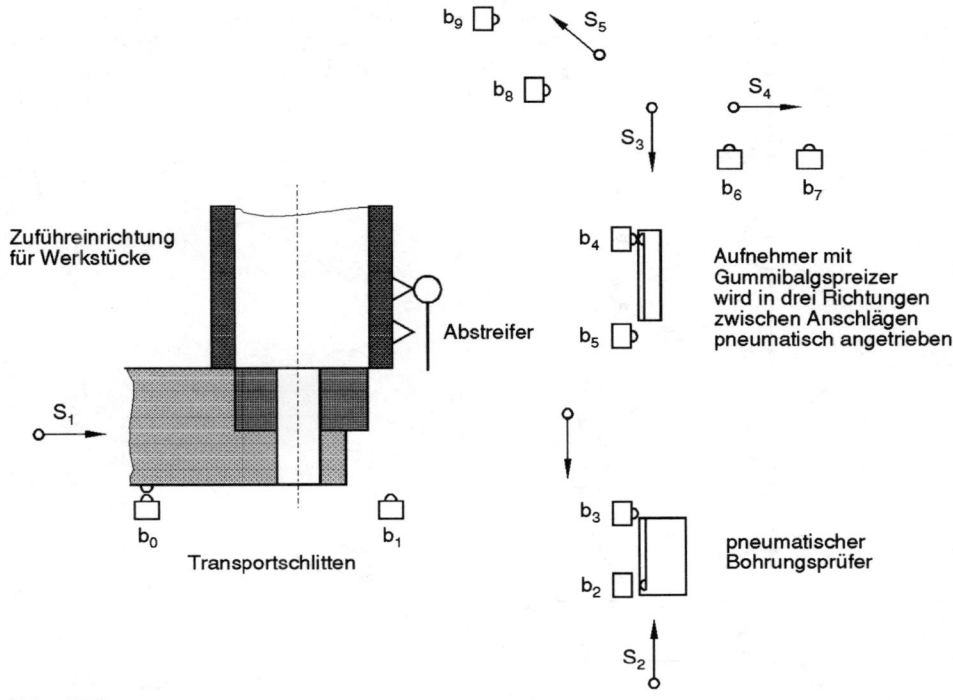

Abb. 4.89

4 Projektierungsbeispiele

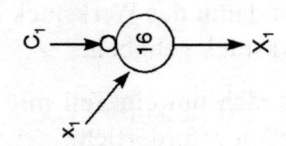

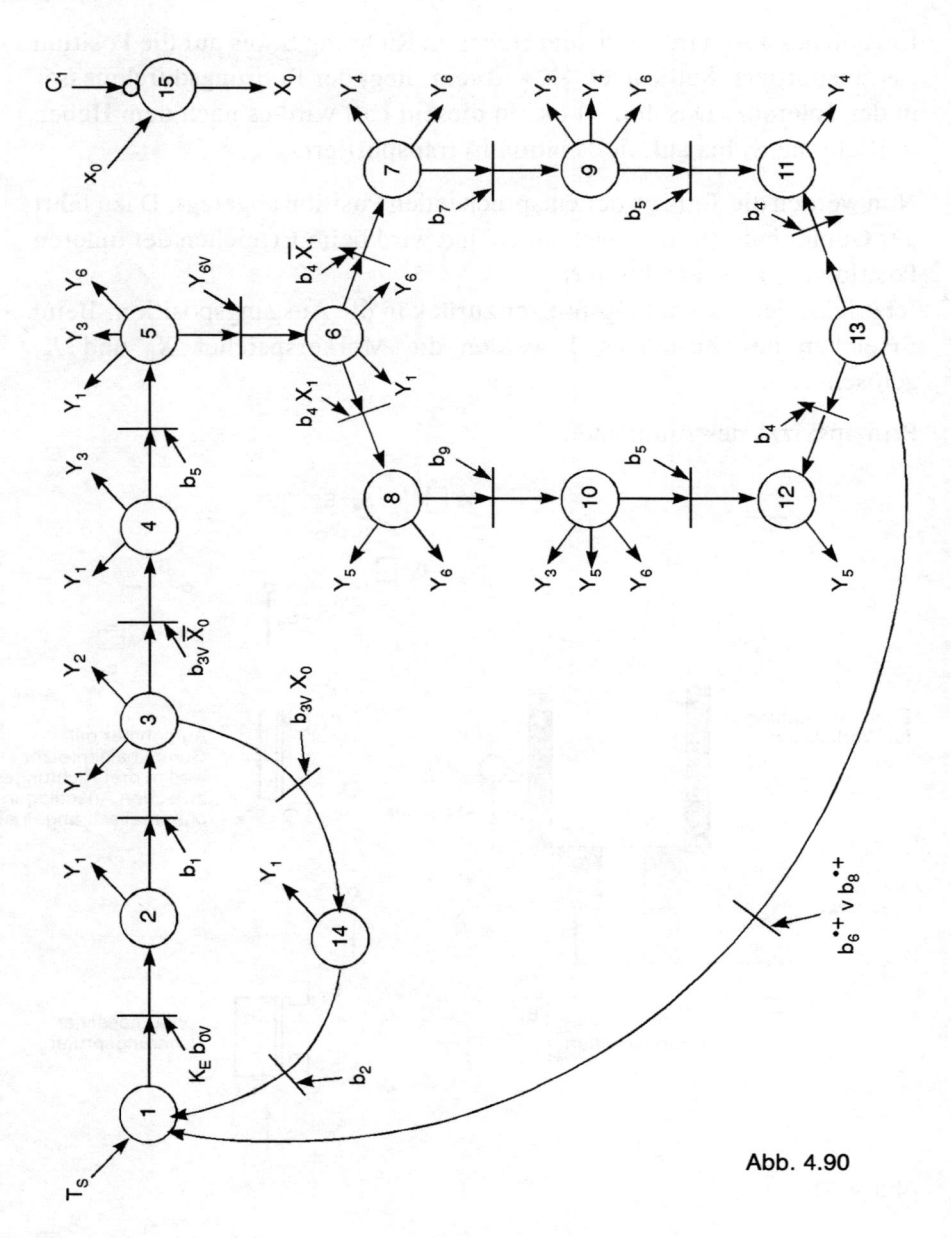

Petrinetz

Abb. 4.90

4.2 Beispiele zum SPS-orientierten Petrinetzentwurf

Beispiel 28

Sortieren von Drehteilen nach der Zapfenlänge

Der in *Abb. 4.91* dargestellte Automat soll die im Magazin ankommenden Drehteile nach der Zapfenlänge in die Schächte 1 bis 3 verteilen.

In Abhängigkeit von der Stellung eines Wahlschalters K sollten die Teile in folgende Schächte befördert werden:

K = 0 : Schacht 1: Teile mit kurzen Zapfen
        Schacht 2: Teile mit mittleren Zapfen
        Schacht 3: Teile mit langen Zapfen

K = 1 : Schacht 1: Teile mit langen Zapfen
        Schacht 2: Teile mit kurzen Zapfen
        Schacht 3: Teile mit mittleren Zapfen

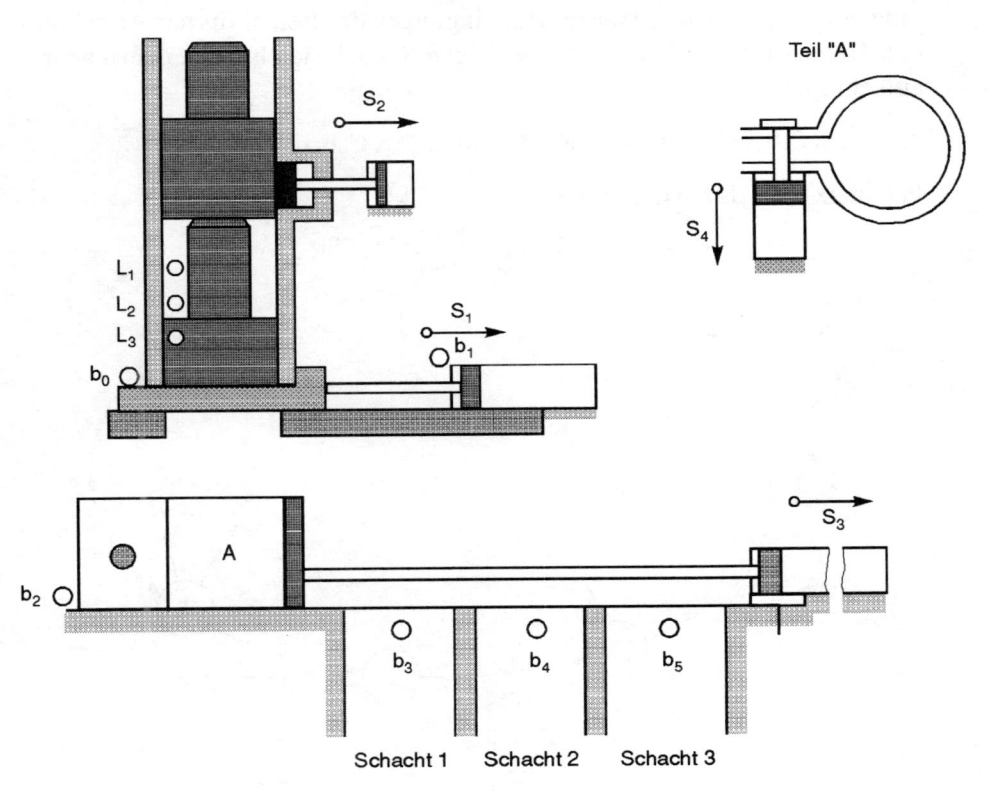

Abb. 4.91

4 Projektierungsbeispiele

Zur Erkennung der Zapfenlänge befinden sich im Magazin die Näherungsschalter L_1, L_2 und L_3.

Die Teilgröße wird mit Hilfe der Speicher c_8, c_9 und c_{10} in dem Moment festgehalten, wenn das Teil auf dem Magazinverschluß (s_1) ruht. Das ist im Zustand c_2 (s. Petrinetz) der Fall. Die entsprechende logische Kombination der Sensoren markiert die Zapfenlänge:

Kurzer Zapfen : $L_1 L_2$. Daraus folgt: C_8 wird gesetzt.

Mittlerer Zapfen : $\bar{L}_1 L_2$. Daraus folgt: C_9 wird gesetzt.

Langer Zapfen : $\bar{L}_1 \bar{L}_2$. Daraus folgt: C_{10} wird gesetzt.

Wenn das Teil im Schacht verschwunden ist und die Transportzange zurückfährt, werden diese Speicher zurückgesetzt ($c_7 = 1$). Mit Hilfe dieser Speicher, die für die Werkstückart stehen, läßt sich unter Beachtung der vorgegebenen Transportbedingungen der Befehl für das Anhalten der Transportzange über dem jeweiligen Schacht leicht folgendermaßen aufschreiben:

$$A = \bar{K}_1 (C_8 b_3 \vee C_9 b_4 \vee C_{10} b_5) \vee K_1 (C_{10} b_3 \vee C_8 b_4 \vee C_9 b_5).$$

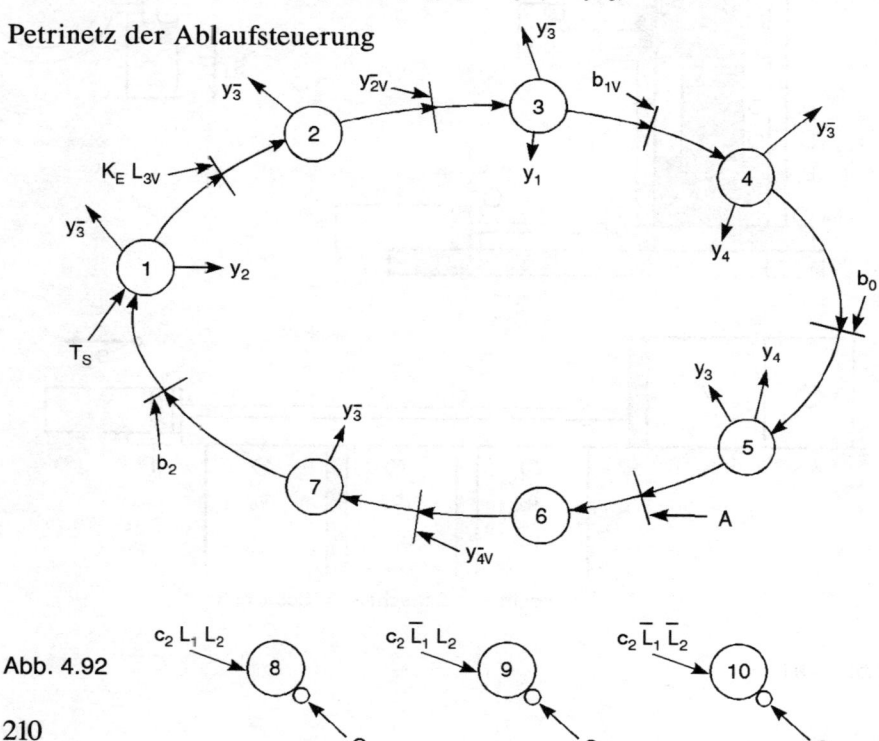

Petrinetz der Ablaufsteuerung

Abb. 4.92

A ist die von der Aufgabenstellung abhängige Übergangsbedingung vom Zustand 5 zu Zustand 6.

Damit ergibt sich für die Steuerung das folgende Gleichungssystem:

$S_1 = T_S \vee c_7 b_2$; $R_1 = c_2$

$S_2 = c_1 K_E L_{3v}$; $R_2 = c_3$

$S_3 = c_2 \bar{y}_{2v}$; $R_3 = c_4$

$S_4 = c_3 b_{1v}$; $R_4 = c_5$

$S_5 = c_4 b_0$; $R_5 = c_6$

$S_6 = c_5 A$; $R_6 = c_7$

$S_7 = c_6 \bar{y}_{4v}$; $R_7 = c_1$

$S_8 = c_2 L_1 L_2$; $R_8 = c_7$

$S_9 = c_2 \bar{L}_1 L_2$; $R_9 = c_7$

$S_{10} = c_2 \bar{L}_1 \bar{L}_2$; $R_{10} = c_7$

$y_1 = c_3$; $\bar{y}_1 = \bar{y}_1$

$y_2 = c_1$; $\bar{y}_2 = \bar{y}_2$

$y_3 = c_5$; $\bar{y}_3 = c_7 \vee c_1 \vee c_2 \vee c_3 \vee c_4$,

$y_4 = c_4 \vee c_5$; $\bar{y}_4 = \bar{y}_4$

Beispiel 29

Einige Möglichkeiten zur Einsparung von Timern beim Einsatz kleiner Kompaktsteuerungen

Kleine kompakte SPS verfügen manchmal über 16 oder sogar nur über 8 integrierte Timer. Der Einsatz solcher Steuerungen kann deshalb daran scheitern, daß ganz einfach zu wenig Timer für die Erzeugung von Verzögerungsgliedern oder anderen Zeitgliedern, wie z. B. von Monoflops oder astabilen Multivibratoren usw., vorhanden sind (s. auch Seite 35).

Zur Reduzierung der erforderlichen Anzahl der Timer gilt folgender Grundsatz, der bei kleinen kompakten Steuerungen mit Wortverarbeitung immer programmtechnisch umsetzbar ist:

Für Zeitglieder, die nicht gleichzeitig angesteuert werden, benötigt man nur einen Timer, auch dann, wenn unterschiedliche Verzögerungszeiten benötigt werden.

4 Projektierungsbeispiele

Die Anwendung dieses Grundsatzes zur Einsparung von Timern soll anhand des folgenden Beispiels etwas näher erläutert werden:

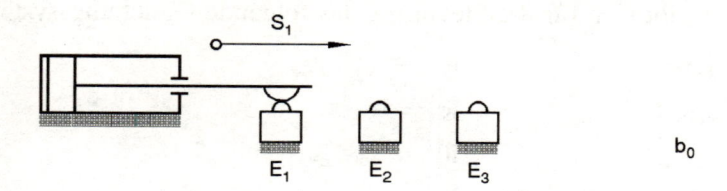

Abb. 4.93

Nach dem Einrasten des Einschalters K_E soll der Antrieb eine ständige Pendelbewegung ausführen und bei der Fahrt nach rechts in der Mitte eine bestimmte Zeit anhalten.

Er bleibt auch in den Endlagen eine bestimmte Zeit stehen. Die Haltezeiten sollen über zwei Pendelbewegungen programmierbar sein.

Man könnte natürlich mit sechs Timern arbeiten und deren Ausgänge über ein Schieberegister steuern.

Da die hier eingeplante MODICON A020 plus insgesamt nur über 16 Timer verfügt und dieser Antrieb nur ein Antrieb eines großen Automaten ist, soll unter Anwendung des genannten Grundsatzes mit einem Timer gearbeitet werden.

Der umzuprogrammierende Timer T_1 kann folgendermaßen die Verzögerungssignale der drei Schalter liefern:

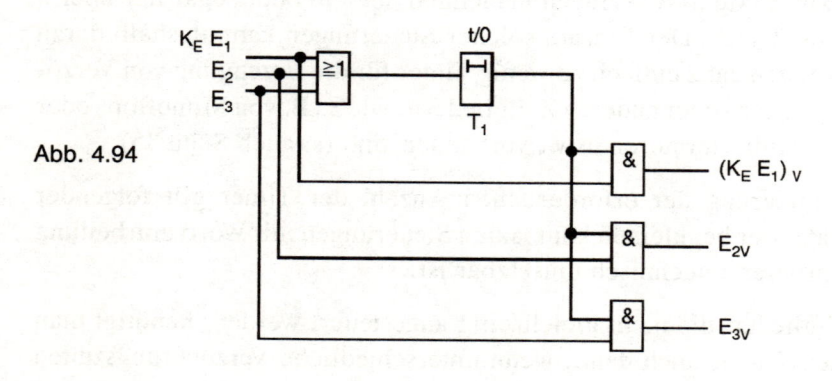

Abb. 4.94

4.2 Beispiele zum SPS-orientierten Petrinetzentwurf

Für die Ablaufsteuerung ergibt sich folgendes Petrinetz:

Es gilt:

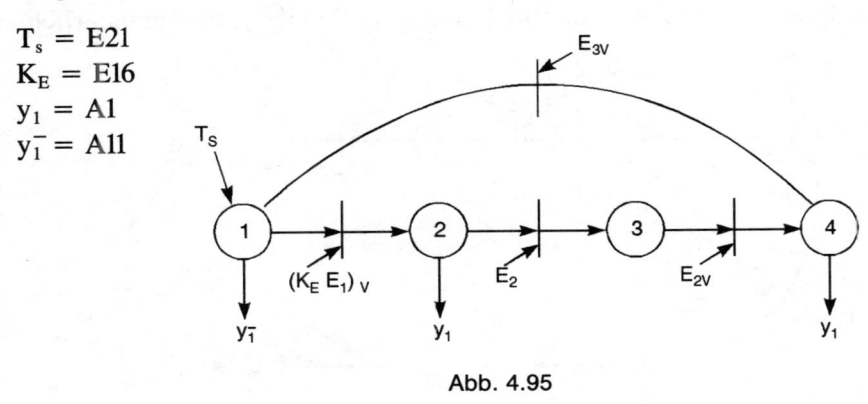

$T_s = E21$
$K_E = E16$
$y_1 = A1$
$y_1^- = A11$

Abb. 4.95

Für eine konstante Haltezeit von 1 s kann man damit sofort folgende AWL aufschreiben:

Tabelle 4.12

U E16	U M2	U E2	U M2
U E1	RL M1	SL M3	O M4
O E2		U M4	= A1
O E3	U M1	RL M3	
= T1 10	U E16		U M1
	U E1	U M3	= A11
U M4	U T1	U E2	
U E3	SL M2	U T1	PE
U T1	U M3	SL M4	
O E21	RL M2	U M1	
SL M1	U M2	RL M4	

Wenn die Verzögerungszeiten des Timers T1 nur über einen Arbeitszyklus des Automaten verändert werden müssen, kann man zur Programmierung der Verzögerungszeiten die Zustandsmerker des Petrinetzes heranziehen (Variante 1).

Sollen die Verzögerungszeiten über mehrere Zyklen verändert werden können, empfiehlt es sich, ein Schieberegister für die Erzeugung der Timerprogrammierbefehle einzuführen (Variante 2).

4 Projektierungsbeispiele

Variante 1 :

Zunächst muß das Petrinetz auf zwei Pendelbewegungen erweitert werden. Jetzt sind die Zeiten nur noch in einem Arbeitszyklus veränderlich.

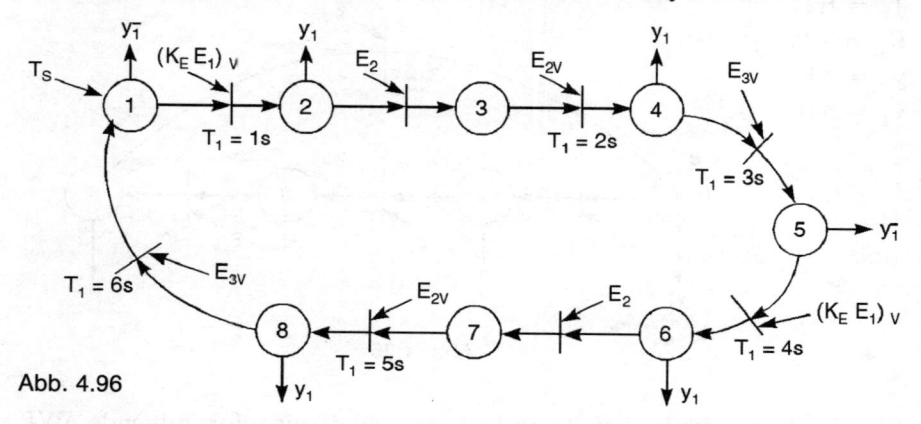

Abb. 4.96

Tabelle 4.13 Das Problem wird nun durch folgende AWL gelöst:

U E16	UU :L K40	SL M3	U M6
U E1	SW AA	U M4	U E2
O E2	VV: L K50	RL M3	SL M7
O E3	SW AA		U M8
= T1 10	WW:L K60	U M3	RL M7
	AA: = TSW1	U E2	
U M1	U M8	U T1	U M7
SW XX	U E3	SL M4	U E2
U M2	U T1	U M5	U T1
SW YY	O E21	RL M4	SL M8
U M4	SL M1	U M4	U M1
SW ZZ	U M2	U E3	RL M8
U M5	RL M1	U T1	
SW UU		SL M5	U M2
U M6	U M1	U M6	O M4
SW VV	U E16	RL M5	O M6
U M8	U E1		O M8
SW WW	U T1	U M5	= A1
XX:L K10	SL M2	U E16	
SW AA	U M3	U E1	U M1
YY: L K20	RL M2	U T1	O M5
SW AA		SL M6	= A11
ZZ: L K30	U M2	U M7	
SW AA	U E2	RL M6	PE

4.2 Beispiele zum SPS-orientierten Petrinetzentwurf

Variante 2:

Wenn Verzögerungszeiten über mehrere lange Arbeitszyklen eines Automaten geändert werden sollen, wird sich stets das Einrichten eines speziellen Schieberegisters für die Erzeugung der Programmierbefehle des Timers oder der Timer lohnen.

Im Beispiel kann dann für den Ablauf das Petrinetz für eine Pendelbewegung als Arbeitszyklus genutzt werden.

Die Ansteuerung des Timers setzt sich dann wie folgt aus einem Schieberegister (s. S. 53) und der direkten Timerprogrammierung zusammen. Die Zustandsspeicher des Petrinetzes werden neu mit M11, M12, M13 und M14 bezeichnet.

Tabelle 4.14

1:U	E16	26:SL	M120	54:SW	58	79:U	E2
2:U	E1	27:UN	M55	55:L	K50	80:U	T1
3:O	E2	28:SW	33	56:SW	58	81:SL	M14
4:O	E3	29:LBB	M1	57:L	K60	82:U	M11
5:=	T1	30:TBB	M2	58:=	TSW1	83:RL	M14
		31:U	M9			84:U	M12
6:U	A1	32:=	M1	59:U	M14	85:O	M14
7:UN	M51	33:U	M7	60:U	E3	86=	A1
8:=	M52	34:SW	91	T1:U	T1		
				62:O	E21	87:U	M11
9:U	A1	35:U	M1	63:SL	M11	88:=	A11
10:=	M51	36:SW	47			89:UN	M7
		37:U	M2	64:U	M12	90:SW	94
11:U	A11	38:SW	49	65:RL	M11	91:L	K1
12:UN	M53	39:U	M3	66:U	M11	92.TBB	M1
13:=	M54	40:SW	51	67:U	E16	93:SW	35
14:U	A11	41:U	M4	68:U	E1	94:NO	
15:=	M53	42:SW	53	69:U	T1		
16:U	M52	43:U	M5	70:SL	M12	95:PE	
17:O	M54	44:SW	55	71:U	M13		
18:=	M55	45:U	M6	72:RL	M12		
		46:SW	57				
19:U	E21	47:L	K10	73:U	M12		
20:SW	35	48:SW	58	74:U	E2		
21:U	M120	49:L	K20	75SL	M13		
22:SW	27	50:SW	58	76:U	M14		
23:L	K1	51:L	K30	77:RL	M13		
24:TBB	M1	52:SW	58				
25:UN	M119	53:L	K40	78:U	M13		

Beispiel 30

Nutzen von Systemmerkern zum Aufbau von Zeitplansteuerungen

SPS besitzen im allgemeinen Merker, deren Funktion systemimmanent festgelegt worden ist, die sogenannten Systemmerker. Bei der MODICON A 120 werden sie mit SM bezeichnet.

Im Folgenden soll die Anwendung des Einschaltmerkers SM2 und der Taktgebermerker SM12, SM13, SM14 und SM15 anhand von zwei Anwendungsfällen etwas näher erläutert werden. Zunächst ein paar Bemerkungen zur Funktion der genannten Systemmerker:

SM2   ist ein Merker, der immer nur im ersten Rechenzyklus nach dem Start der Steuerung gleich 1 ist.
Er kann also beispielsweise zum Einrichten von Ausgangszuständen von Schieberegistern und Zählern sehr gut genutzt werden.
Sollte eine Steuerung nicht über einen solchen Systemmerker verfügen, kann man seine Funktion mit Hilfe von drei gewöhnlichen Merkern leicht folgendermaßen realisieren:

```
UN M100
UN M101
=  M102
UN M100
=  M101
```

M102 kann die Funktion von SM2 übernehmen

Manche Steuerungen, z. B. die MODICON A020, haben einen Merker, der im Ausgangszustand gesetzt ist (M128).
Diesen Merker kann man dadurch zum Einschaltmerker machen, daß man ihn am Programmende zurücksetzt. Die letzten Befehle des Programms lauten:

```
U  M128
RL M128
PE
```

Die Taktgebermerker einer Steuerung geben Impulsfrequenzen ab:

SM12 liefert   1   Impuls je Sekunde,
SM13 liefert   2,5 Impulse je Sekunde,
SM14 liefert   5   Impulse je Sekunde und
SM15 liefert 10   Impulse je Sekunde.

4.2 Beispiele zum SPS-orientierten Petrinetzentwurf

Anwendungsfall 1:

Nach dem Start einer Zeitachse durch Einrasten des Schalters E3.1 zur Zeit t=0 sollen auf die Zehntelsekunde genau beliebige Antriebe im Verlauf einer großen Zeitspanne geschaltet werden können.

Als Zeitspanne sollen einmal 30 000 Minuten, also 20,833 Tage, als ausreichend angesehen werden.

Mit dem nachfolgend angegebenen Programm wird aus einer SPS (hier MODICON A120) eine Schaltuhr mit der angegebenen Genauigkeit gemacht.

Schaltuhrprogramm:

U	E3.1	Nach dem Einschalten von E3.1 (Start der Schaltuhr)
U	SM15	gibt M1.2 10 Impulse mit der Länge einer Zyklusdauer
FLP	M1.1	in der Sekunde ab.
=	M1.2	
L	K10	Bis 10 Zählen der Zehntelsekundenimpulse M1.2.
=	ZSW1	
U	M1.2	
ZV	Z1	
U	M1.4	Rückstellen des Zähleristwertes und Setzen des Soll-
O	E3.2	wertes durch:
O	SM2	— den Rückstelltaster E3.2
S	Z1	— den Einschaltmerker SM2 beim Start der Steuerung
L	ZSW1	— den Ausgangsimpuls M1.4 der Zählerstufe
Frei		(Sekundenausgangsimpuls)
NOP		
=	M2.1	Erzeugen des Sekundenausgangsimpulses M1.4
U	M2.1	
FLN	M1.3	
=	M1.4	
L	K60	Zählen der Sekundenausgangsimpulse M1.4
=	ZSW2	

4 Projektierungsbeispiele

U	M1.4	und Erzeugen der Minutenausgangsimpulse
ZV	Z2	M1.6
U	M1.6	
O	E3.2	
O	SM2	
S	Z2	
L	ZSW2	
FREI		
NOP		
=	M2.2	
U	M2.2	
FLM	M1.5	
=	M1.6	
LK	30 000	Zählen der Minuten bis 30 000 Minuten = 20,833 Tage
=	ZSW3	
U	M1.6	
ZV	Z3	
U	E3.2	
O	SM2	
O	M1.8	
S	Z3	
L	ZSW3	
FREI		
NOP		
=	M.23	
U	M2.3	
FLN	M1.7	
=	M1.8	
L	ZIW1	Es soll hier nur der Aktuator A4.1 1 Minute und 5,5
==	K5	Sekunden nach dem Start ein- und 2 Minuten und 9,8
=	M3.1	Sekunden nach dem Start wieder ausgeschaltet werden.
L	LIW2	
==	K5	
=	M3.2	Ermittlung der Einschaltzeit

4.2 Beispiele zum SPS-orientierten Petrinetzentwurf

```
L    ZIW3
==   K1
=    M3.3

L    ZIW1
==   K8      Ermittlung der Ausschaltzeit
=    M3.4

L    ZIW2
==   K9
=    M3.5

L    ZIW3
==   K2
=    M3.6

U    M3.1
U    M3.2
U    M3.3    Einschalten
S    A4.1
U    M3.4
U    M3.5
U    M3.6    Ausschalten
R    A4.1
=    A4.1
```

Der Zeitbereich kann durch Einführen einer Stundenzählstufe und im Extremfall auch einer Tageszählstufe so erweitert werden, daß man mit einer solchen Zeituhr allen praktischen Belangen gerecht werden kann.

Für das Zurückstellen des Zählers zu einem beliebigen Zeitpunkt kann man vor den Zählersetzbefehlen SZ1, SZ2 und SZ3 den Befehl O M5.1 einführen.

Wenn nach 100 Minuten und 10,5 Sekunden der Zyklus beendet werden soll, kann man das durch folgenden Befehlssatz am Programmende erreichen:

4 Projektierungsbeispiele

```
L    ZIW1
==   K5
=    M6.1

L    ZIW2
==   K10
=    M6.2

L    ZIW3
==   K100
=    M6.3

U    M6.1
U    M6.2
U    M6.3
=    M5.1
* * *
```

Anwendungsfall 2:

Es soll einmal gezeigt werden, wie mit Hilfe der Systemmerker und der differenzenzähler günstig Zeitvergleiche vorgenommen werden können.

Es soll angenommen werden, daß die beiden Aktuatoren A4.1 und A4.2 möglichst gleich lang wirken müssen, um einen Prozeß optimal zu gestalten. Diese Aktuatoren können beispielsweise Magnetventile sein, die bestimmte Substanzen in einen Behälter fließen lassen und in ständiger Folge ein- und ausgeschaltet werden.

Wenn die Toleranz der Wirkungsdauerdifferenz der Aktuatoren A4.1 und A4.2 (im Beispiel 3 s) überschritten wird, soll ein Warnsignal A4.10 gegeben werden, das erst wieder von Hand (durch E3.3) zurückgesetzt wird.

Tabelle 4.15 AWL für die Lösung dieses Problems:

```
U    E3.1      Ansteuern der Aktuatoren hier von Hand (Simulation).
=    A4.1      Diese Ansteuerung wird im allgemeinen von einem
U    E3.2      längeren Programmteil realisiert.
=    A4.2
```

4.2 Beispiele zum SPS-orientierten Petrinetzentwurf

U	A4.1	Erzeugung der Zehntelsekundenimpulse des
U	SM15	Aktuators A 4.1
FLP	M1.1	
=	M1.2	

U	A4.2	Erzeugung der Zehntelsekundenimpulse des
U	SM15	Aktuators A4.2
FLP	M1.3	
=	M1.4	

L	K 30 000	Maximal mögliche Toleranz gleich 3 000 s
=	ZSW1	

U	M1.2	Differenz wird genutzt, wenn der Aktuator A4.1 vor
Z+	Z1	dem Vektor A4.2 läuft.
U	M1.4	
Z-	Z1	
U	E3.3	
O	SM2	
S	Z1	
L	ZSW1	
FREI		
NOP		
=	M1.5	

L	K 30 000	Differenz wird genutzt, wenn der Aktuator A4.2 vor
=	ZSW2	dem Aktuator A4.1 läuft
U	M1.4	
Z+	Z2	
U	M1.2	
Z-	Z2	
U	E3.3	
O	SM2	
S	Z2	
L	ZSW2	
FREI		
NOP		
=	M1.6	

L	ZIW1	Wenn der Aktuator A4.1 mindestens 3 s länger läuft
=>	K30	als der Aktuator A4.2, wird M1.7 = 1.
=	M1.7	

L	ZIW2	Wenn der Aktuator A4.2 mindestens 3 s länger läuft
=>	K30	als der Aktuator A4.1, wird M1.8 = 1.
=	M1.8	

U(		Wenn die Lauftoleranz überschritten wird, gibt
U	M1.7	A4.10 1-Signal
O	M1.8	Eine Kotrollampe leuchtet auf.
)		
S	A4.10	

U	E3.3
R	A4.10
=	A4.10

4.3 Automatisierung von Fertigungsprozessen nach unterschiedlichen Entwurfsverfahren

Beispiel 31

Sondermaschine zum Zerteilen von Stangenmaterial
(Schwierigkeitsstufe 1)

Für die nachfolgend skizzierte Sondermaschine soll eine Steuerung nach dem stellbefehlsorientierten Verfahren gestaltet werden.

Sondermaschine zum Zerteilen von Stangenmaterial

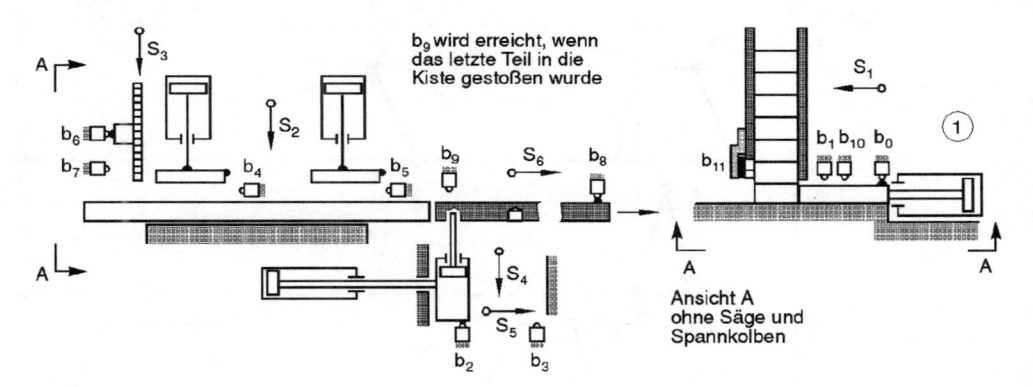

Abb. 4.97

Beschreibung des Ablaufes:

Vom Zuführzylinder 1 werden mit Hilfe eines Schiebers lange Stangen aus einem Stapelmagazin über einen längeren Weg bis gegen einen Anschlag auf einem Maschinentisch geschoben (s_1). Nun wird mit s_2 gespannt. Wenn b_4 und b_5 gedrückt sind, fährt die Säge oder der Trennschleifer vor und zurück (s_3). Beim Erreichen von b_6 fährt s_2 zurück und s_1 bis auf b_{10}. Nun transportiert der Schritttransport mit s_4 und s_5 die Stange in die nächste Trennposition. Nun wird wieder gespannt und der Vorgang wiederholt sich so lange, bis nach dem Schritttransport b_9 erreicht wird. In diesem Fall bleibt s_4 gezogen, der Antrieb s_6 zieht die Schritttransportstange zurück auf b_8 und der Schieber s_1 holt die nächste Stange aus dem Magazin. Der Vorgang läuft so lange ab, bis der Sensor b_{11} kein Signal mehr gibt.

4 Projektierungsbeispiele

Stellbefehlsorientierter Entwurf

Darstellung des kombinierten Steuerungs-/Schaltfolgediagramms (*Abb. 4.98*):

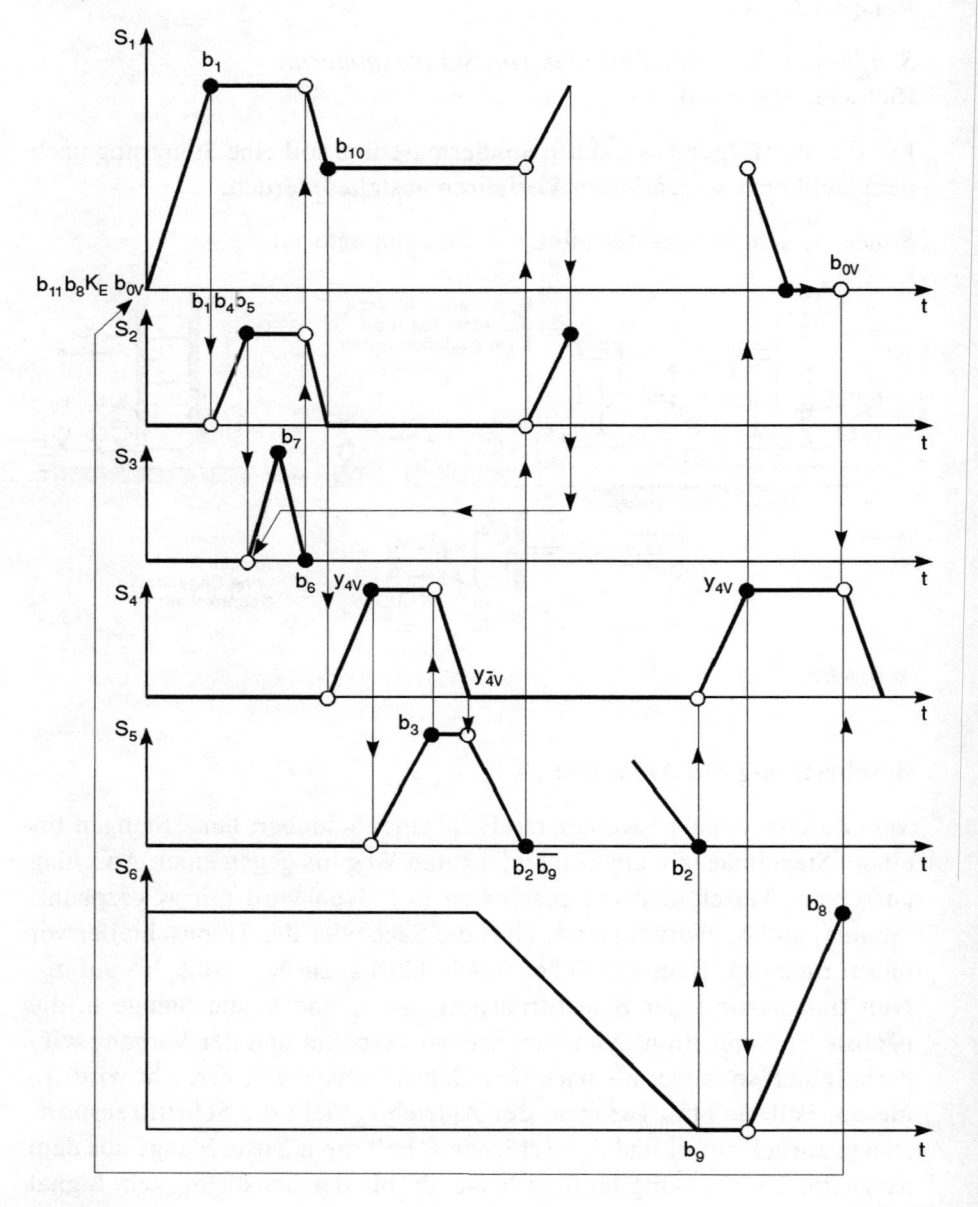

Abb. 498

4.2 Automatisierung von Fertigungsprozessen nach unterschiedlichen Entwurfsverfahren

Nach der im Abschnitt 3.1 beschriebenen Methode liest man aus dem kombinierten Steuerungs-/Schaltfolgediagramm direkt folgende Setz- und Rücksetzbefehle für die Stellbefehlsspeicher ab:

$S_1 = K_E\, b_{0v}\, b_8\, b_{11} \vee \dot{b}_2^+ \bar{b}_9;$

$R_1 = \dot{b}_6^+;$

$S_1^- = \dot{b}_6^+ \vee y_{4v}\, b_9;$

$R_1^- = \dot{b}_{10}^+ \vee K_E\, b_{0v}\, b_8\, b_{11};$

$S_2 = \dot{b}_1^+ \vee \dot{b}_2^+ \bar{b}_9;$

$R_2 = \dot{b}_6^+;$

$S_3 = (b_1\, b_4\, b_5)^{\cdot+};$

$R_3 = b_7;$

$S_4 = \dot{b}_{10}^+ \bar{y}_1 \vee \dot{b}_2^+ b_9;$

$R_4 = b_3 \vee \dot{b}_8^+;$

$S_5 = \dot{y}_{4v}^+ \bar{b}_9;$

$R_5 = y_{4v}^-;$

$S_6 = b_9 y_{4v};$

$R_6 = b_8.$

Damit steht der im folgenden dargestellte Funktionsplan fest, der, wie angegeben, natürlich auch sofort als Anweisungsliste aufgeschrieben werden kann.

4 Projektierungsbeispiele

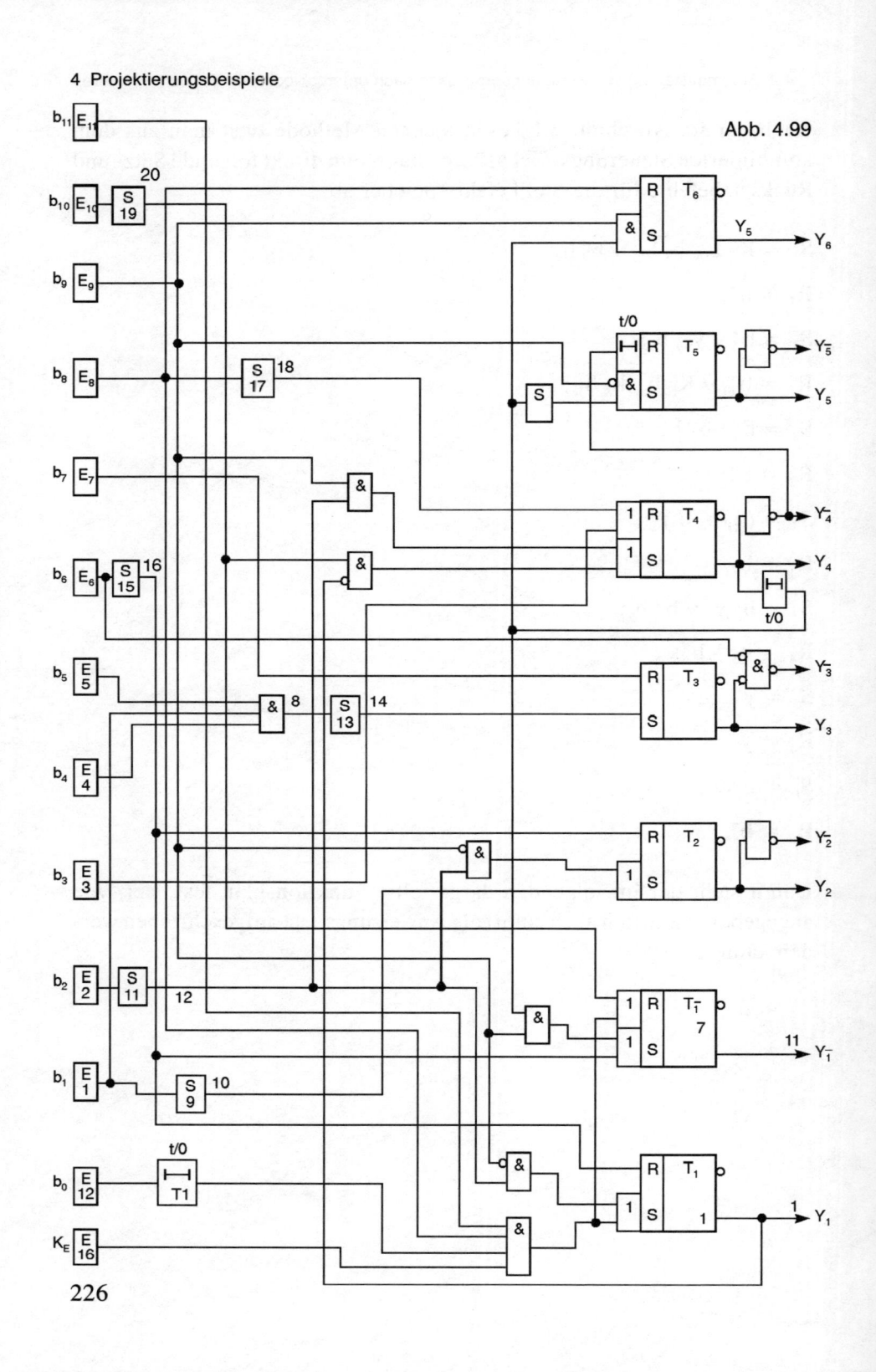

Abb. 4.99

4.3 Automatisierung von Fertigungsprozessen nach unterschiedlichen Entwurfsverfahren

Tabelle 4.16 Anweisungslilste für eine MODICON A020

①	③	⑤
UE12	UM15	UT2
=T1	OM128	UE9
UM4	RLM1	SLM6
=T2	UT2	UE8
UT2	UE9	OM128
UNM21	OM16	RLM6
=M22	SLM7	UM1
UT2	UM20	=A1
=M21	O(	UM7
UNM4	UE11	=A11
=T3	UE8	UM2
UE1	UT1	=A2
UNM9	UE16	UNM2
=M10	)	=A12
UE1	OM128	UM3
=M9	RLM7	=A3
UE2	UNE9	UNM3
UNM11	UM12	UNE6
=M12	OM10	=A13
UE2	SLM2	UN4
=M11	UM16	=A4
UE1	OM128	UNM4
UE4	RLM2	=A14
UE5	UM14	UM5
=M8	SLM3	=A5
UM8	UE7	UNM5
UNM13	OM128	=A15
=M14	RLM3	UM6
UM8	UE9	=A6
=M13	UM12	UM128
UE6	O(	RLM128
UNM15	UM20	PE
=M16	UNA1	
UE6	)	
=M15	SLM4	
UE8	UM18	

4 Projektierungsbeispiele

②   ④

UNM17	OE3
=M18	OM128
UE8	RLM4
=M17	UM22
UE10	UNE9
UNM19	SLM5
=M20	UT3
UE10	OM128
=M19	RLM5
UM12	
UNE9	
O(	
UE11	
UE8	
UT1	
UE16	
)	
SLM1	

Beispiel 32

Sondermaschine zum Zerteilen von Stangenmaterial
(Schwierigkeitsstufe 2)

Der Automat, der im vorigen Beispiel beschrieben wurde, soll mit etwas mehr Intelligenz ausgestattet werden.

Er wird mit den Wahlschaltern K_2, K_3 und K_4 ausgerüstet. Wenn der Wahlschalter K_i (i = 2, 3, 4) gesetzt ist, soll der Automat erst nach dem i. Transportschritt sägen. Wenn kein Wahlschalter gesetzt ist, sägt er nach jedem Transportschritt.

Die Steuerung soll nach dem Petrinetzverfahren programmiert werden (s. Abschnitte 3.4 und 4.2).

Für die Vorwahl von m möglichen Transportschritten werden m-1 Vorwahlschalter K_i (i = 2, 3 ... m) benötigt.

Im Petrinetz ändern sich für diesen allgemeinen Fall nur die Befehle R_1 und R_2.

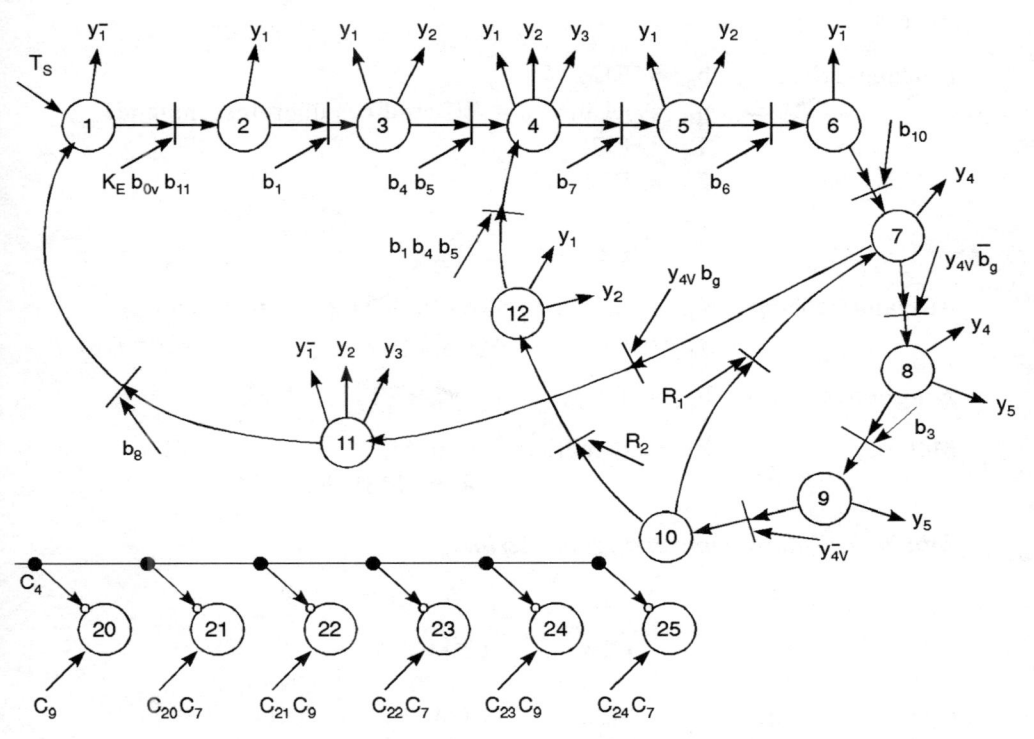

4.3 Automatisierung von Fertigungsprozessen nach unterschiedlichen Entwurfsverfahren

$R_1 = b_2[K_2\bar{C}_{21} \vee K_3\bar{C}_{23} \vee K_4\bar{C}_{25}]$

$R_2 = b_2[(\bar{K}_2 \vee C_{21})(\bar{K}_3 \vee C_{23})(\bar{K}_4 \vee C_{25})]$

Abb. 4.100

Sie nehmen folgende Gestalt an:

$R = b_2[K_2\bar{c}_{21} \vee K_3\bar{c}_{23} \vee K_4\bar{c}_{25} \vee K_5\bar{c}_{27} \vee K_6\bar{c}_{29} \vee \ldots \vee K_m\bar{c}_{20+2m-3}]$

$R_2 = b_2[(\bar{K}_2 \vee c_{21})(\bar{K}_3 \vee c_{23})(\bar{K}_4 \vee c_{25})(\bar{K}_5 \vee c_{27})(\bar{K}_6 \vee c_{29}) \ldots (\bar{K}_m \vee c_{20+2m-3})]$

Als Anweisungsliste in der MODICON-A020-Version aufgeschrieben, kann man allein mit Hilfe des Programms DOLOG AKL das Petrinetz auch ohne Steuerung und Bewegungssimulatoren mit dem Rechner testen.

Mit einiger Übung kann man auch auf das Aufschreiben der AWL verzichten und das Programm ausgehend vom Petrinetz direkt eingeben.

4 Projektierungsbeispiele

Adressierung:

Eingangsgrößen: b_0 = E12;
b_1 = E1 bis b_{11} = E11 (Indices übereinstimmend),
T_S = E13,
K_2 = E22,
K_3 = E23,
K_4 = E24.

Ausgangsgrößen: $y_1 = A_1$ bis $y_6 = A_6$ (Indices übereinstimmend);
$\overline{y_1} = A_{11}$; $\overline{y_2} = A_{12}$; $\overline{y_3} = A_{13}$; $\overline{y_4} = A_{14}$; $\overline{y_5} = A_{15}$.

Zeitglieder: $b_{Ov} = T_1$; $y_{4v} = T_2$; $\overline{y_{4v}} = T_3$.

Merker: Zustandsmerker: $c_i = M_i$;
$R_1 = M31$; $R_2 = M32$

Tabelle 4.17 Anweisungsliste zum Petrinetz

①	③	⑤	⑦	⑨
UE12	RLM2	UT2	UNM9	=A3
=T1	UM2	UNM9	SLM22	UNA3
UA4	UE1	SLM8	UM4	UNE6
=T2	SLM3	UM9	RLM22	=A13
	UM4			
	RLM3			
UA14	UM3	RLM8	UM22	UM7
=T3	UE4	UM8	UM7	OM8
UE22	UE5	UE3	SLM23	OM11
UNM21	O(	SLM9	UM4	=A4
O(	UM12	UM10	RLM23	UNA4
	UM12	UM10		UNA4
UE23	UE1	RLM9	UM23	=A14
UNM23	UE4	UM9	UM9	UM8
)	UE5	UT3	SLM24	OM9
O(	)	SLM10	UM4	=A5
UE24	SLM4	UM12	RLM24	UNA5
UNM25	UM5	OM7	UM24	=A15
)	RLM4	RLM10	UM7	UM11
=M33	UM4	UM7	SLM25	=A6
UM33	UE7	UT2	UM4	PE
UE2	SLM5	UE9	RLM25	

4.3 Automatisierung von Fertigungsprozessen nach unterschiedlichen Entwurfsverfahren

②	④	⑥	⑧
=M31	UM6	SLM11	UM2
UNM33	RLM5	UM1	OM3
UE2	UM5	RLM11	OM4
=M32	UE6	OM10	OM5
UE13	SLM6	UM32	OM12
O(	UM7	SLM12	=A1
UM11	RLM6	UM4	UM1
UE8	UM6	RLM12	OM6
)	UE10	UM9	OM11
SLM1	O(	SLM20	=A11
UM2	UM10	UM4	UM3
RLM1	UM31	RLM20	OM4
UM1	)	UM20	OM5
UE16	SLM7	UM7	OM12
UT1	UM8	SLM21	=A2
UE11	OM11	UM4	UNA2
SLM2	RLM7	RLM21	=A12
UM3	UM7	UM21	UM4

Beispiel 33

Die nächsten Beispiele beziehen sich auf den nachfolgend skizzierten einfachen pneumatisch angetriebenen Industrieroboter, der z. B. aus Standardbauelementen der Firma NORGREN MARTONAIR sehr einfach aufgebaut werden kann.

Der Schwenkbereich ist bis nahezu 360° mit Hilfe von Anschlägen einstellbar. Mit dem Gerät können durch mechanische Anschlagpositionierung acht Positionen fest angefahren werden. Der Greifer kann waagerecht oder senkrecht stehen, offen oder geschlossen sein.

Die Endpositionen bis auf „Greifer offen" werden mit Hilfe induktiver Näherungsschalter als 24-V-DC-Signal gemeldet, das von der MODICON A020 plus, die das Gerät steuert, direkt verarbeitet werden kann.

Die 24-DC-Ausgangsbefehle der SPS werden mit pneumatisch vorgesteuerten 3/2-Magnetventilen direkt auf die Antriebe des Roboters weitergegeben. Die Steuerungen sind zum Zweck der Programmierung mit entsprechender Rechentechnik ausgerüstet, so daß mit Hilfe dieser Bewegungssimulatoren im Laborbetrieb viele unterschiedliche Bewe-

4 Projektierungsbeispiele

gungsabläufe nachvollzogen werden können. Versuchsstände dieser Art haben sich im Labor für Automatisierungstechnik des Fachbereichs Maschinenbau der FHS Schmalkalden seit Jahren gut bewährt.

Geräteskizze: A020R

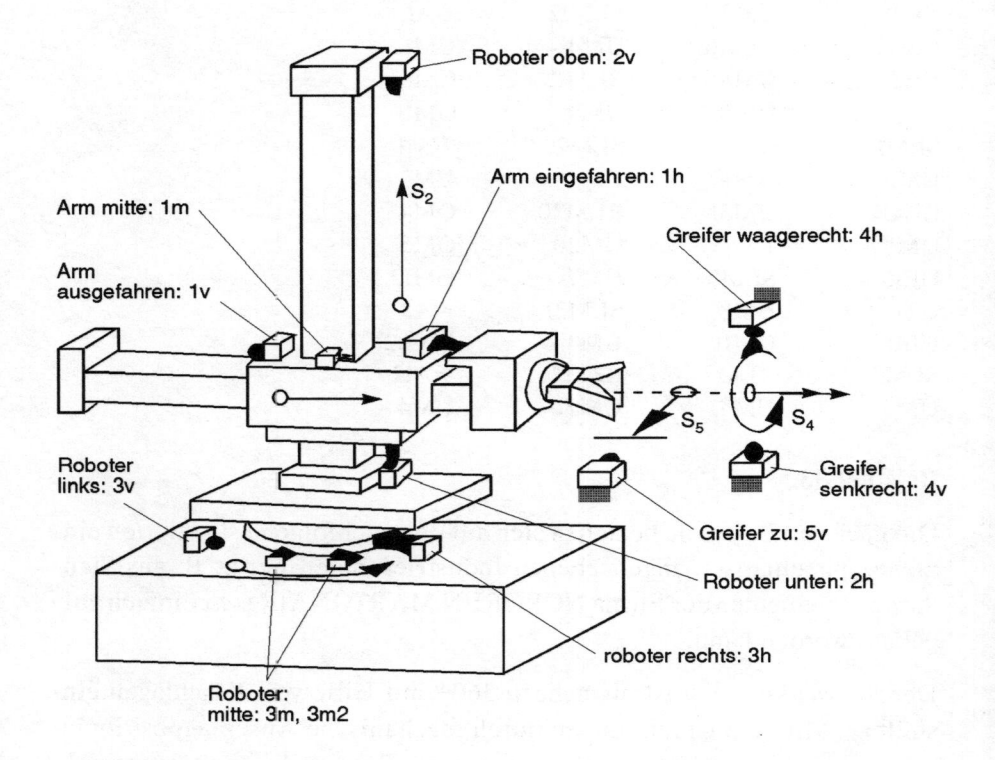

Abb. 4.101

Zum Zweck der einfachen Beschreibung der Bewegungsabläufe sollen die anfahrbaren Positionen wie folgt laufend durchnumeriert werden.

4.3 Automatisierung von Fertigungsprozessen nach unterschiedlichen Entwurfsverfahren

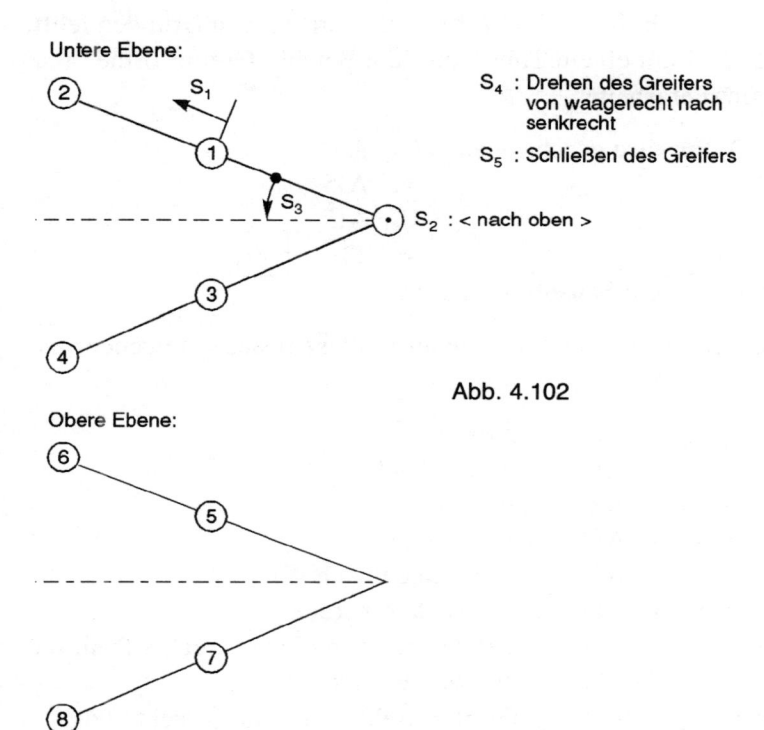

Untere Ebene:

S_4 : Drehen des Greifers von waagerecht nach senkrecht

S_5 : Schließen des Greifers

S_2 : < nach oben >

Obere Ebene:

Abb. 4.102

Es wird mit folgender Adressierung der Ein- und Ausgänge gearbeitet:
Abkürzungen:
1h = S_1 hinten
1v = S_1 vorn
1h = E1   Arm einfahren
1v = E3   Arm ausfahren
2h = E4   Arm unten
2v = E6   Arm oben
3h = E7   Schwenkarm in Ausgangsposition hinten
3v = E9   Schwenkarm ist nach vorn geschwenkt
          S3 schwenkt im mathematisch positiven Drehsinn!
4h = E10 Greifer waagerecht
4v = E12 Greifer senkrecht
5v = E14 Greifer geschlossen

4 Projektierungsbeispiele

Da ein Sensor für „Greifer offen" (5h) aus konstruktuven Gründen fehlt, wird dieser Befehl mit einem Timer aus dem Befehl „Greifer öffne" (ca. 1 s Verzögerung) erarbeitet.

5h = A15v Dafür wird geschrieben: UN A5
                                               = A15
                                               U A15
                                               = T1 |10|

T_1 entspricht dann dem Sensoreingang 5h!

Die Ausgangsbefehle werden, wie immer in diesem Buch, folgendermaßen adressiert:

S_1 vorwärts	= y_1 = A1	:	Arm vor
S_1 rückwärts	= y_1^- = A11	:	Arm zurück
S_2 vorwärts	= y_2 = A2	:	Arm hoch
S_2 rückwärts	= y_2^- = A12	:	Arm runter
S_3 vorwärts	= y_3 = A3	:	Schwenken nach vorn
S_3 rückwärts	= y_3^- = A13	:	Schwenken zurück
S_4 vorwärts	= y_4 = A4	:	Greifer dreht in die senkrechte Position und bleibt senkrecht.
S_4 rückwärts	= y_4^- = A14	:	Greifer dreht in die waagerechte Position und bleibt waagerecht.
S_5 vorwärts	= y_5 = A5	:	Greifer schließen
S_5 rückwärts	= y_5^- = A15	:	Am Modell ist an den Ausgang A15 kein Magnetventil angeschlossen, da der Greifer durch eine Feder geöffnet wird.

Schwierigkeitsstufe 1

Zum Gewöhnen an das Bewegungsmodell soll mit dem Roboter zunächst einmal die folgende einfache Aufgabe gelöst werden:

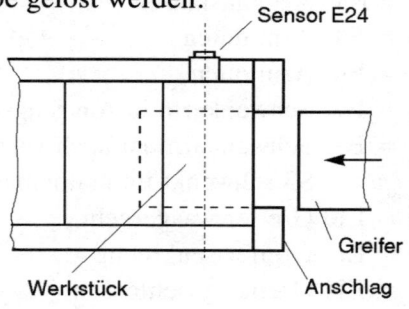

Abb. 4.103

4.3 Automatisierung von Fertigungsprozessen nach unterschiedlichen Entwurfsverfahren

Auf einer schiefen Ebene rollen Teile gegen einen Anschlag in Position 2. Der Greifer kann in senkrechter Stellung ein Teil greifen, muß es dann vor dem Zurückfahren aber über den Anschlag heben. Er soll es in der Position 1 auf einen Amboß stellen und in waagerechter Haltung öffnen, ehe, von einem Antrieb S_6 betätigt, ein Stempel ein Zeichen in das Werkstück prägt. Nach Abschluß des Prägevorgangs schließt der Greifer wieder und transportiert das Werkstück über die Positionen 3 und 7 zur Position 8. Unterwegs dreht er in die vertikale Greiferstellung. In der Position 8 öffnet der Greifer und läßt das Werkstück auf einer schiefen Ebene zur nächsten Station rollen.

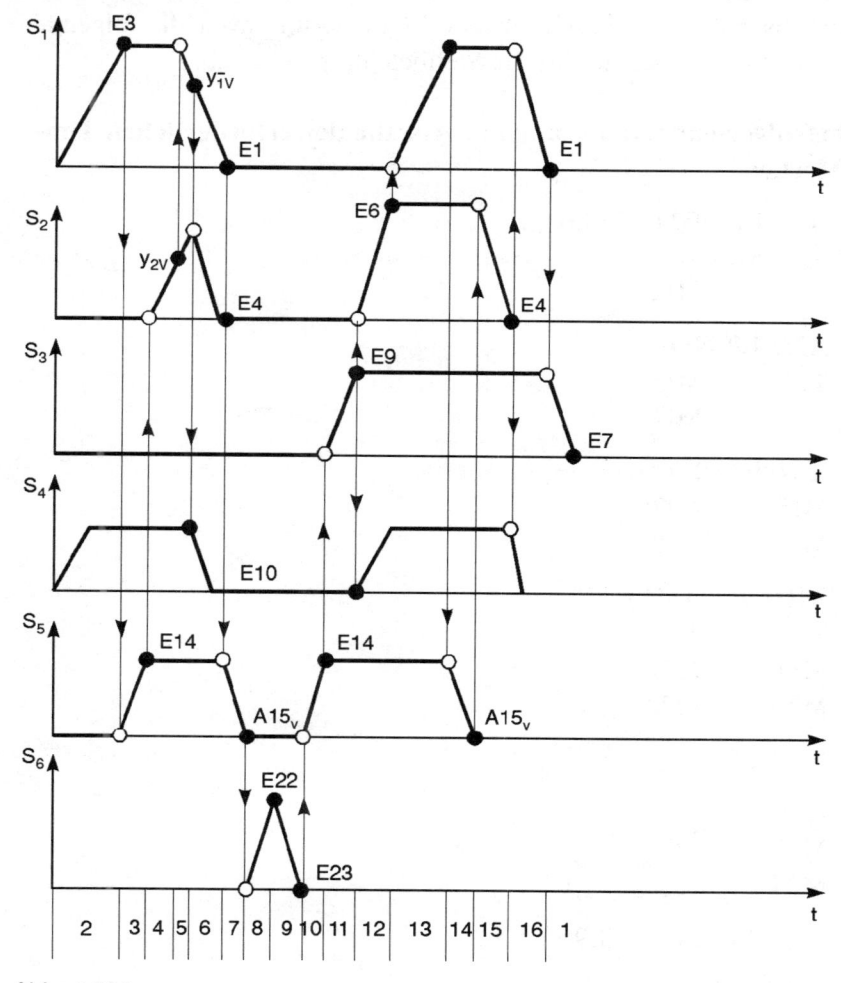

Abb. 4.104

4 Projektierungsbeispiele

Der Greifer fährt nun über die Positionen 4 und 3 zurück zur Position 1. Wenn noch eingeschaltet ist (E16=1) und der Sensor E24 das Vorhandensein eines Teiles am Anschlag meldet, wiederholt sich der Vorgang.

Für diese Bearbeitungsstation sind Steuerungen nach dem stellbefehlsorientierten und nach dem speicherminimierten Entwurfsverfahren zu entwickeln.

Stellbefehlsorientierter Entwurf:

Aus dem kombinierten Steuerungs-/Schaltfolgediagramm liest man nach der im Abschnitt 3.1.2 beschriebenen Methode unschwer die folgenden Setz- und Rücksetzbefehle für die Stellbefehlsspeicher ab:

Stellbefehlsorientierte Lösung mit Angabe der erforderlichen Timer und Merker

$S_1 = (E7 \cdot E16 \cdot E24)^{\cdot +} \vee E6$,
   M10 M11
        M12

$R_1 = A2_v \cdot \overline{E9} \vee E4^{\cdot +}$,
   T1   M13
         M14

$S_2 = \dot{E}14^+ E3 \vee \dot{E}9^{\cdot +}$
   M15   M17
   M16   M18

$R_2 = A11^{\cdot +}{}_v \vee A15^{\cdot +}{}_v$,
   T2   T3
   M19   M21
   M20   M22

$S_3 = \dot{E}14^+ \, \overline{E}3$,

$R_3 = \dot{E}1^+$,
   M23
   M24

$S_4 = (E7 \cdot E16 \cdot E24)^{\cdot +} \vee \dot{E}9^{\cdot +}$,

$R_4 = A11^{\cdot +}{}_v \vee \dot{E}4^+$,

4.3 Automatisierung von Fertigungsprozessen nach unterschiedlichen Entwurfsverfahren

$S_5 = \underset{\substack{M25\\M26}}{E3^{\cdot+}} \bar{E}6 \vee \underset{\substack{M27\\M28}}{E23^{\cdot+}}$,

$R_5 = \underset{\substack{M9}}{(E1\ E4} \underset{\substack{M29\\M30}}{E10)^{\cdot+}} \vee E3^{\cdot+} E6$,

$S_6 = A15_v^{\cdot+} \bar{E}9$,

$R_6 = E22$

Unter Nutzung der angegebenen Hilfsmerker läßt sich die Struktur als AWL auch ohne Funktionsplan auf den EEPROM abspeichern.

$\dot{E}1, \dot{E}3, \dot{E}4, E6, E7, \dot{E}9, E10, \dot{E}14, E22, \dot{E}23, E16, E24$

sind die Eingangsgrößen, die im nachfolgend dargestellten Funktionsplan links in Erscheinung treten.

Tabelle 4.18 Anweisungsliste

①	③	⑤	⑦	
UE7	UT2	OM18	=A1	Die Spalten 2 bis 8 des
UE16	=M19	SLM2	UNM1	Programms befinden sich
UE24	UT3	UM20	=A11	auf der Seite 240
=M10	UNM21	OM22	UM2	
UE1	=M22	OM128	=A2	
UE4	UT3	RLM2	UNM2	
UE10	=M21	UM16	=A12	
=M9	UE1	UNE3	UM3	
UA2	UNM23	SLM3	=A3	
=T1	=M24	UM24	UNM3	
UA11	UE1	OM128	=A13	
=T2	=M23	RLM3	UM4	
UA15	UE3	UM12	=A4	
=T3	UNM25	OM18	UNM4	
UM10	=M26	SLM4	=A14	
UNM11	UE3	UM20	UM5	
=M12	=M25	OM14	=A5	
UM10	UE23	OM128	UNM5	
=M11	UNM27	RLM4	=A15	

4 Projektierungsbeispiele

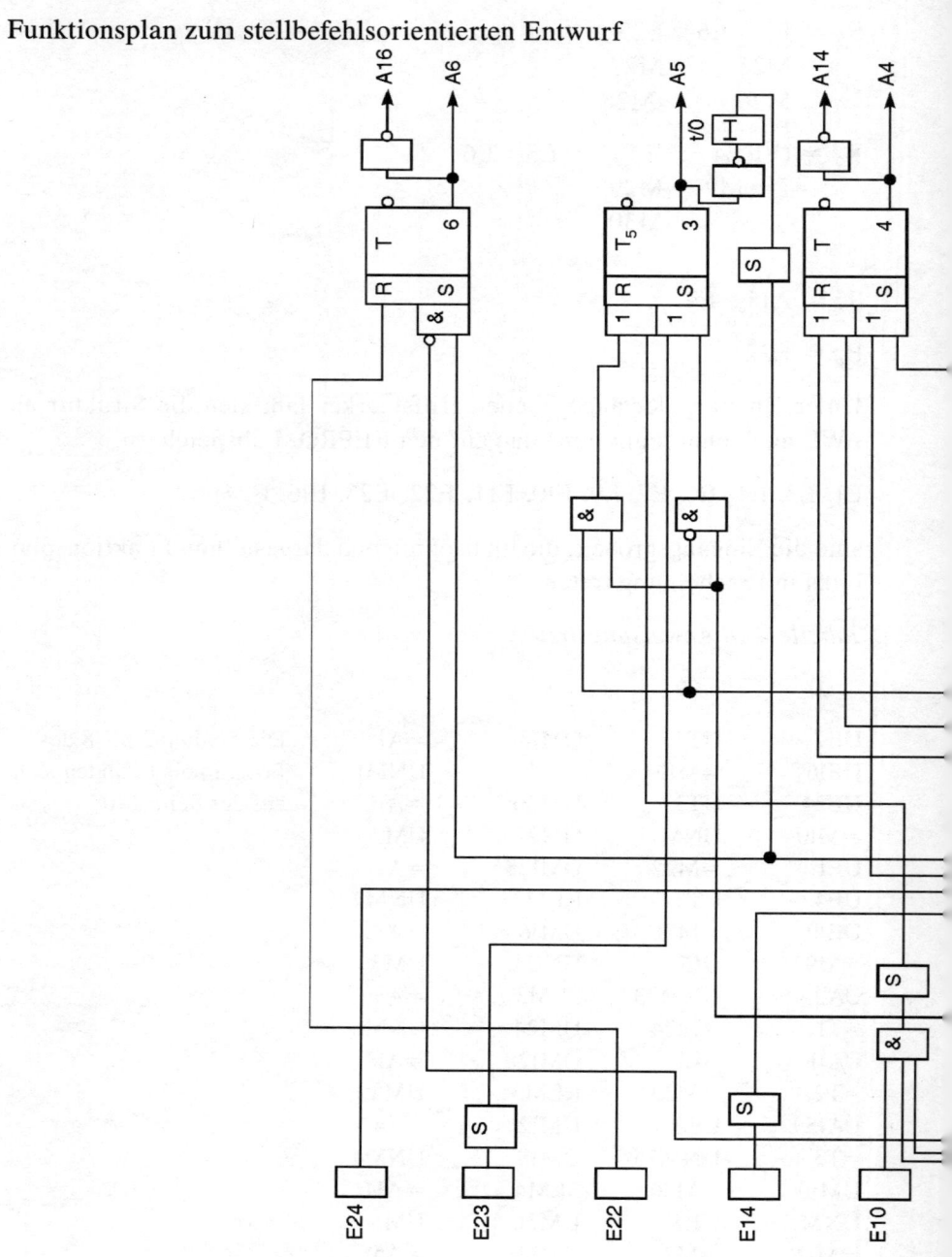

Funktionsplan zum stellbefehlsorientierten Entwurf

238

4.3 Automatisierung von Fertigungsprozessen nach unterschiedlichen Entwurfsverfahren

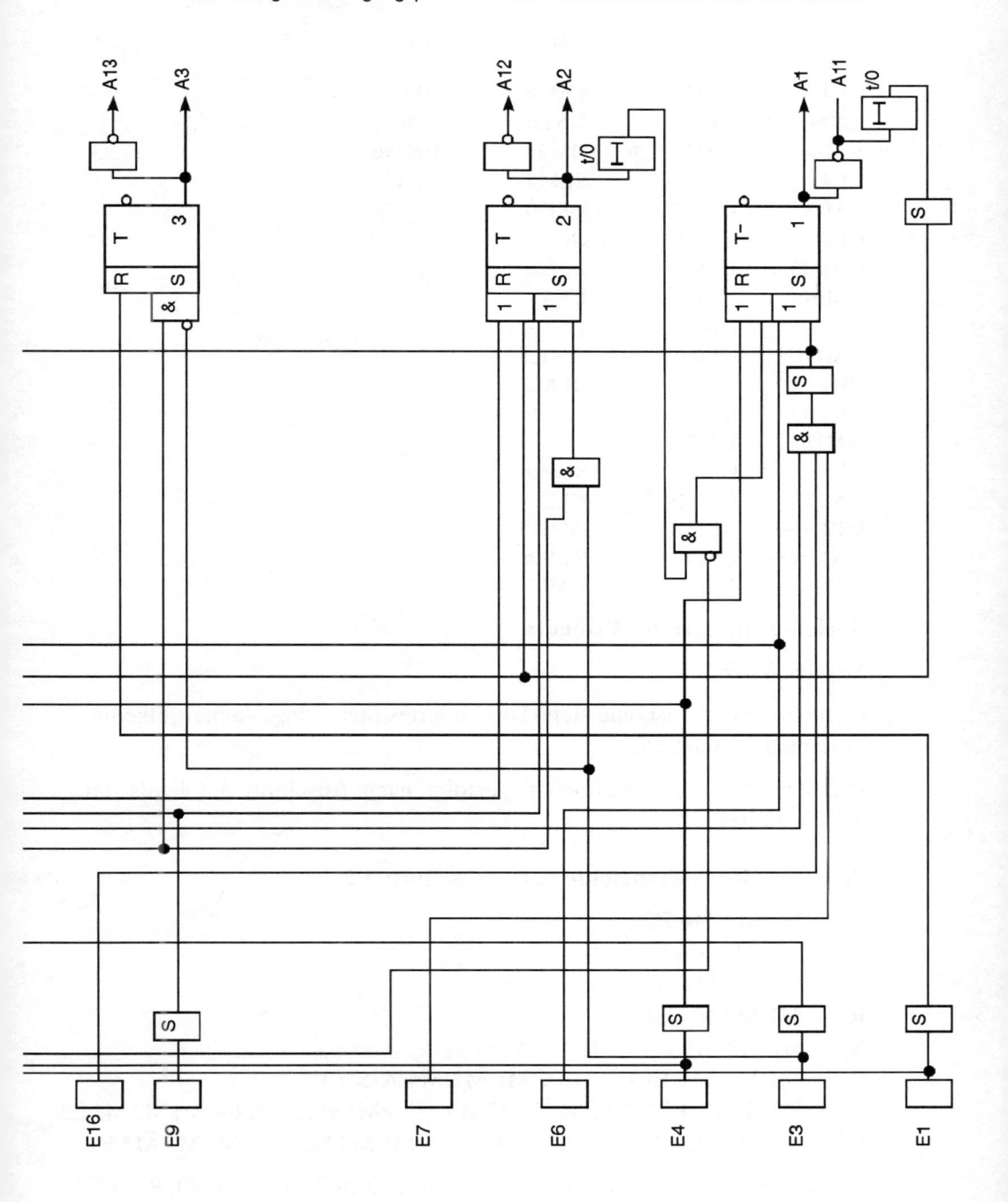

Abb. 4.105

4 Projektierungsbeispiele

②	④	⑥	⑧
UE4	=M28	UM26	UM6
UNM13	UE23	UNE6	=A6
=M14	=M27	OM28	UNM6
UE4	UM9	SLM5	=A16
=M13	UNM29	UM30	UM118
UE14	=M30	O(	RLM128
UNM15	UM9	UM26	PE
=M16	=M29	UE6	
UE14	UM12	)	
=M15	OE6	OM128	
UE9	SLM1	RLM5	
UNM17	UT1	UM22	
=M18	UNE9	UNE9	
UE9	OM14	SLM6	
=M17	OM128	UE22	
UT2	RLM1	OM128	
UNM19	UM16	RLM6	
=M20	UE3	UM1	

Speicherminimiertes Projekt:

Sequenzleiter

(Einteilung der Zustände siehe kombiniertes Steuerungs-/Schaltfolgediagramm auf Seite 235)

Die Ermittlung der Stellbefehle erfolgt nach Abschnitt 3.2.4 aus der Sequenzleiter

Setz- und Rücksetzbefehle nach Abschnitt 3.2.3

$S_1 = M2 \, \overline{M3} \, \overline{M4} \, E22$

$R_1 = \overline{M2} \, \overline{M3} \, \overline{M4} \, E1$

$S_2 = \overline{M1} \, M3 \, \overline{M4} \, A2_v$

$R_2 = M1 \, M3 \, \overline{M4} \, E6$

$S_3 = \overline{M1} \, \overline{M2} \, M4 \, E3 \vee M1 \, M2 \, M4 \, E14$

$R_3 = \overline{M1} \, M2 \, M4 \, E1 \, E4 \, E10 \vee M1 \, \overline{M2} \, M4 \, A15_v T3$

$S_4 = \overline{M1} \, \overline{M2} \, \overline{M3} \, E7 \, E16 \, E24 \vee \overline{M1} M2 \, M3 \, A11_v \vee M1 \, M2 \, \overline{M3} \, E23 \vee M1 \, \overline{M2} \, M3 \, E3$

$R_4 = \overline{M1} \, \overline{M2} \, M3 \, E14 \vee \overline{M1} \, M2 \, \overline{M3} \, A15_v \vee M1 \, M2 \, M3 \, E9 \vee M1 \, \overline{M2} \, \overline{M3} \, E4$

Auf den Seiten 240ff wird die speicherminimierte Lösung als FUP (*Abb. 4.106*) und AWL dargestellt.

$A1 = \overline{M}2 \, (M3 \vee M4)$

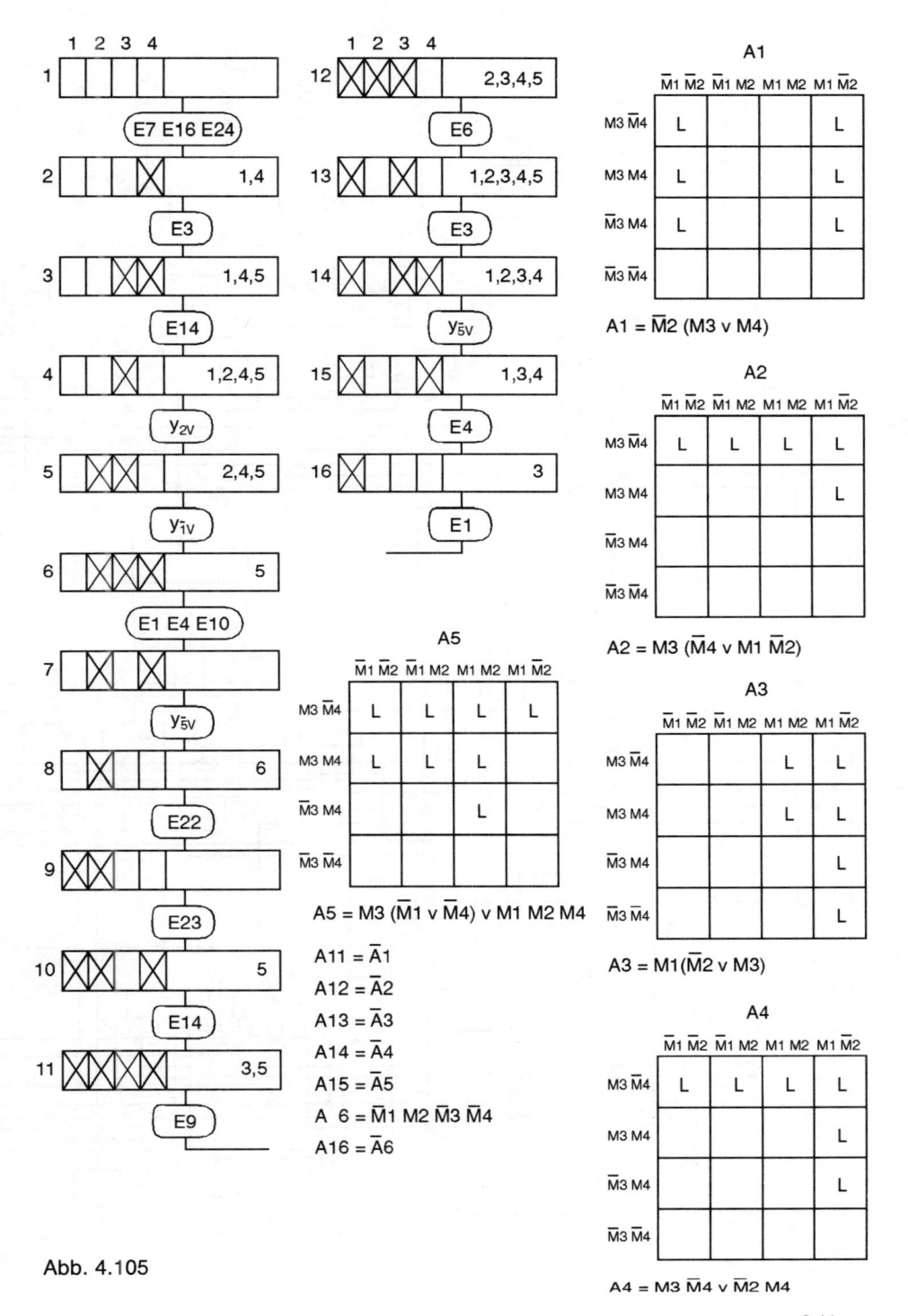

$A2 = M3 \, (\overline{M}4 \vee M1 \, \overline{M}2)$

$A3 = M1 \, (\overline{M}2 \vee M3)$

$A4 = M3 \, \overline{M}4 \vee \overline{M}2 \, M4$

$A5 = M3 \, (\overline{M}1 \vee \overline{M}4) \vee M1 \, M2 \, M4$

$A11 = \overline{A}1$
$A12 = \overline{A}2$
$A13 = \overline{A}3$
$A14 = \overline{A}4$
$A15 = \overline{A}5$
$A\,6 = \overline{M}1 \, M2 \, \overline{M}3 \, \overline{M}4$
$A16 = \overline{A}6$

Abb. 4.105

241

4 Projektierungsbeispiele

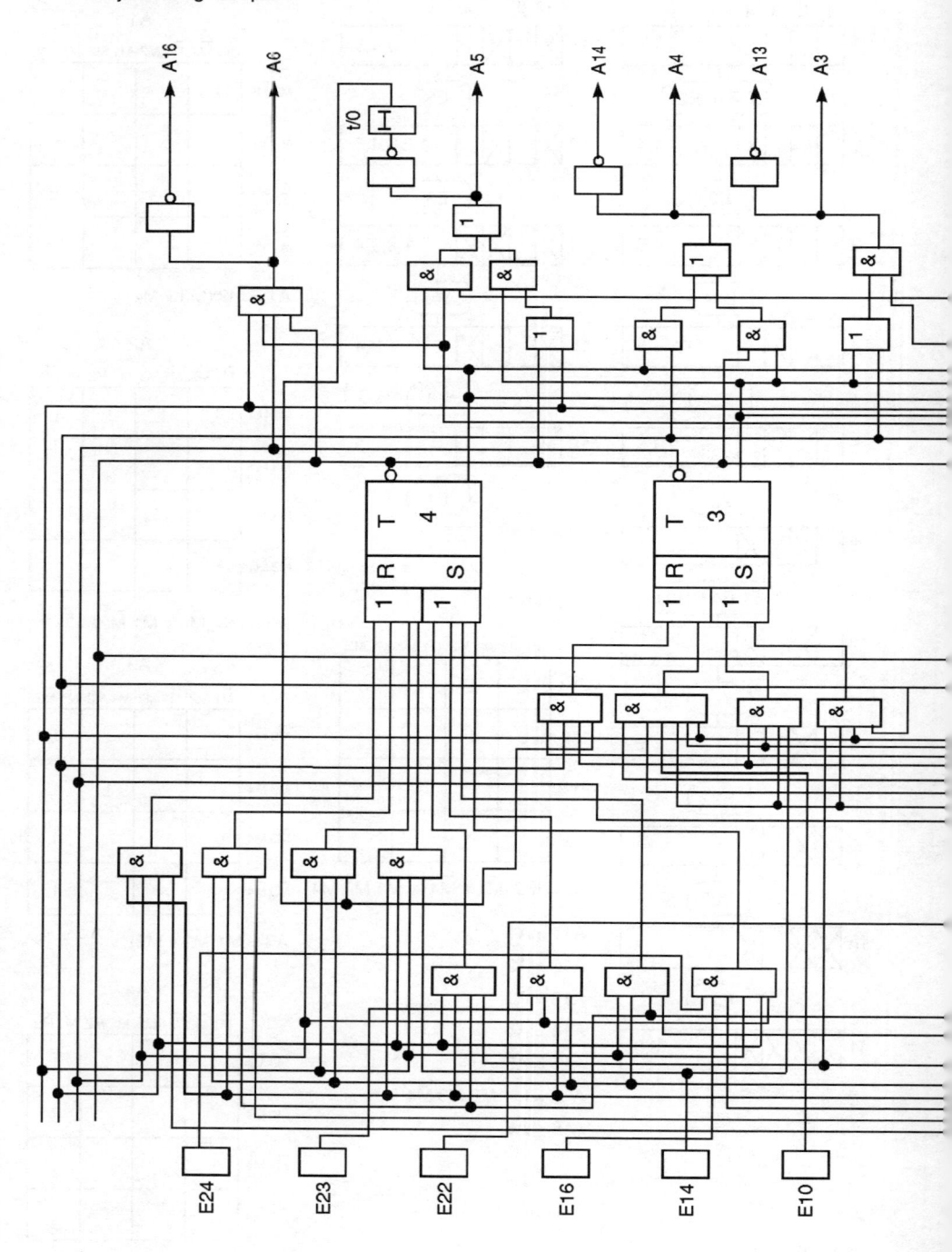

242

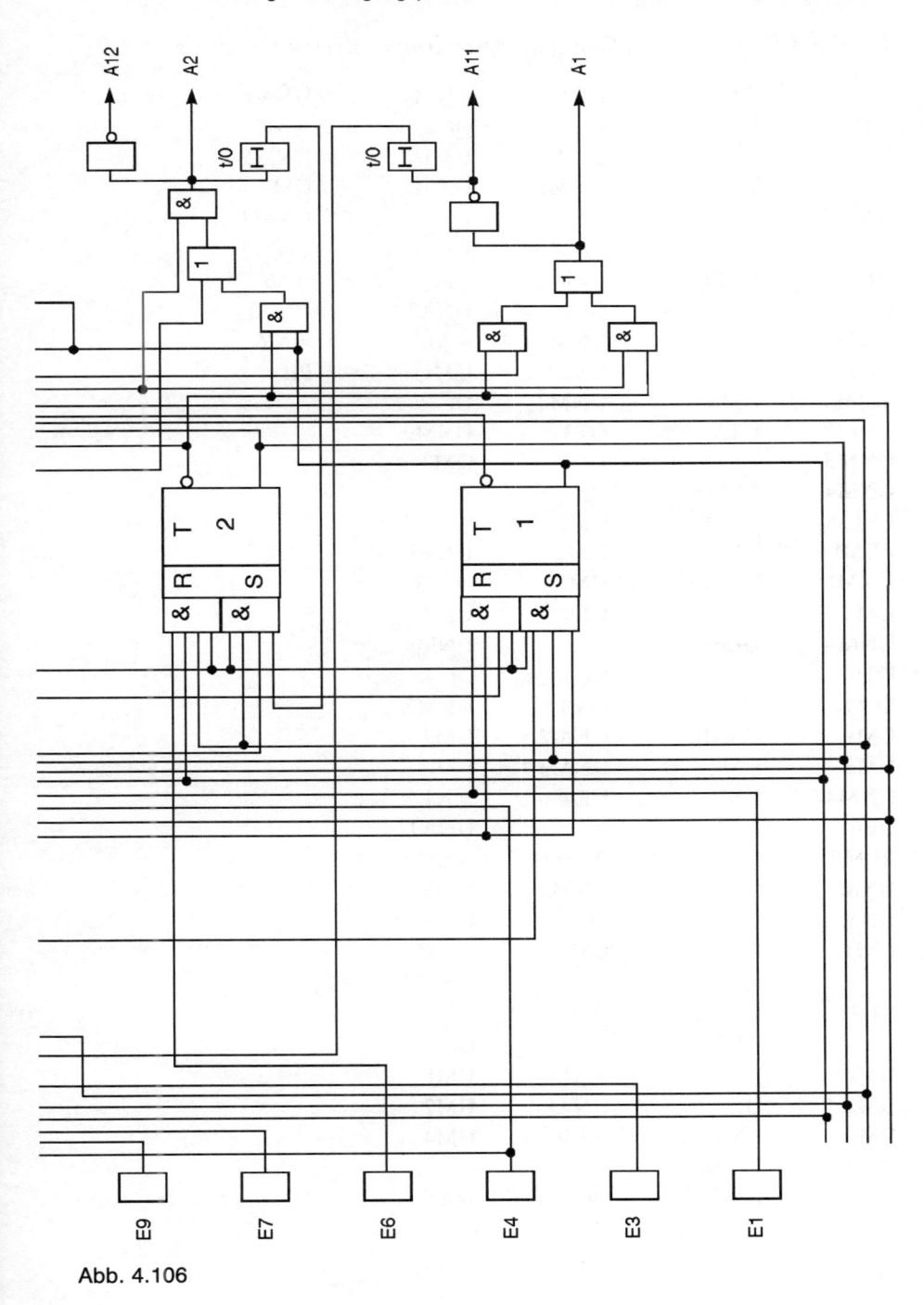

4.3 Automatisierung von Fertigungsprozessen nach unterschiedlichen Entwurfsverfahren

Abb. 4.106

Tabelle 4.19 Anweisungsliste des speicherminimierten Projektes

UA2	SLM3	UE3	UNM4	UNA5
=T1	UNM1	)	O(	=A15
UA11	UM2	SLM4	UM1	UNM1
=T2	UM4	UNM1	UNM2	UM2
UA15	UE1	UNM2	)	UNM3
=T3	UE4	UM3	)	UNM4
UM2	UE10	UE14	=A2	=A6
UNM3	O(	O(	UNA2	UNA6
UNM4	UM1	UNM1	=A12	=A16
UE22	UNM2	UM2	UM1	PE
SLM1	UM4	UNM3	U(	
UNM2	UT3	UT3	UNM2	
UNM3	)	)	OM3	
UNM4	RLM3	O(	)	
UE1	UNM1	UM1	=A3	
RLM1	UNM2	UM2	UNA3	
UNM1	UNM3	UM3	=A13	
UM3	UE7	UE9	UM3	
UNM4	UE16	)	UNM4	
UT1	UE24	O(	O(	
SLM2	O(	UM1	UNM2	
UM1	UNM1	UNM2	UM4	
UM3	UM2	UNM3	)	
UNM4	UM3	UE4	=A4	
UE6	UT2	)	UNA4	
RLM2	)	RLM4	=A14	
UNM1	O(	UNM2	UM3	
UNM2	UM1	U(	U(	
UM4	UM2	UM3	UNM1	
			ONM4	
UE3	UNM3	OM4	)	
O(	UE23	)	O(	
UM1	)	=A1	UM1	
UM2	O(	UNA1	UM2	
UM4	UM1	=A11	UM4	
UE14	UNM2	UM3	)	
)	UM3	U(	=A5	

4.3 Automatisierung von Fertigungsprozessen nach unterschiedlichen Entwurfsverfahren

Beispiel 34:

Mit dem Roboter des Beispiels 33 sollen zylindrische Teile mit einer axialen Bohrung nach der Qualität der Bohrung in Qualitätsstufen I, II und III sortiert werden. Die nachzuarbeitenden Teile und die Ausschußteile sollen gesondert ausgegeben werden.

Die Qualitätsstufen- und die Ausschußmarkierung sind vor Verlassen der Sortiereinrichtung mit entsprechenden Schlagwerkzeugen aufzuprägen.

Die Teile rollen auf einer schiefen Ebene mit Anschlag an der Position 2 an. Sie werden, wie im Beispiel 33, vom Greifer in vertikaler Position aufgenommen.

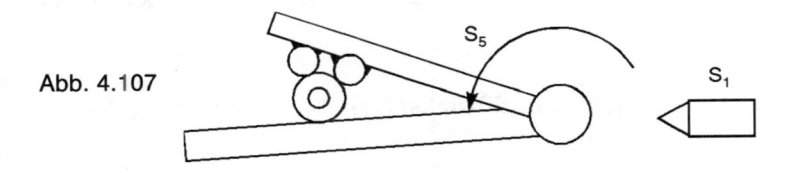

Abb. 4.107

Durch seine konstruktive Gestaltung kann der Greifer die Teile nach dem Zurückschwenken in die waagerechte Greiferstellung zum Messen und Prägen hinstellen. Er kann sie aber auch bei vertikaler Greiferstellung an der entsprechenden Roboterposition nach dem Öffnen auf die Abrollebene rollen lassen.

Beschreibung des Ablaufs:

Ausgangsposition ist die Position 1 mit waagerechter Greiferstellung. Diese Position ist bei diesem Roboter als Grundposition vereinbart worden. Nach dem Start schwenkt der Roboter in die vertikale Greiferstellung und fährt die Position 2 an. Hier greift er ein Werkstück und hebt es beim Zurückfahren über die Anschlagkante. Beim Zurückfahren wird das Werkstück in die senkrechte Position (waagerechte Greiferstellung) gedreht und an der Position 1 wird angehalten.

Hier wird von einem Pneumatikantrieb s_6 von unten der pneumatische Bohrungsmeßfühler eingeführt. 3 s nach dem Erreichen der vorderen Meßfühlerposition (E22=1) werden die Eingänge E2, E5, E8, E11 und E13

4 Projektierungsbeispiele

abgefragt und deren Signale auf den Merkern M51, M52, M53, M54 und M55 abgespeichert. Die genannten Eingänge sind wie folgt für die Ausgänge der pneumoelektronischen Bohrungsmeßeinrichtung zuständig:

Qualität I   → E2 → M51
Qualität II   → E5 → M52
Qualität III → E8 → M53
Ausschuß   → E11 → M54
Nacharbeit   → E13 → M55

Die Weichen beim Ablauf des Roboters werden im Petrinetz von den Merkern M51, M52, M53, M54 und M55 gestellt.

Diese Merker werden erst beim erneuten Anfahren der Position 2 wieder gelöscht, damit sie das Qualitätsmerkmal des nächsten Werkstücks wieder aufnehmen können.

Funktionsplan für das Setzen und Rücksetzen der Qualitätsmerkmalspeicher:

Nachdem die Qualitätsmerkmalspeicher mit Sicherheit gesetzt sind, also 4 s nach dem Erreichen von E22, fährt der Meßfühler zurück bis auf seine hintere Position E23 und nun fährt der Roboter an die folgenden Ablagepositionen:

Qualität I   → M51 → Position 6
Qualität II   → M52 → Position 8
Qualität III → M53 → Position 4
Ausschuß   → M54 → Position 7
Nacharbeit   → M55 → Position 3

Die Position wird mit horizontaler Greiferhaltung (also Werkstück vertikal) erreicht (bis auf Position 3).

Nach dem *sicheren* Anhalten öffnet der Greifer und das Werkstück steht auf einer festen Unterlage.
Jetzt prägt von oben ein entsprechendes Werkzeug das Qualitätsmerkmal ein:

Position 6 → A7 → Q I
Position 8 → A8 → QII
Position 4 → A9 → QIII
Position 7 → A10 → A

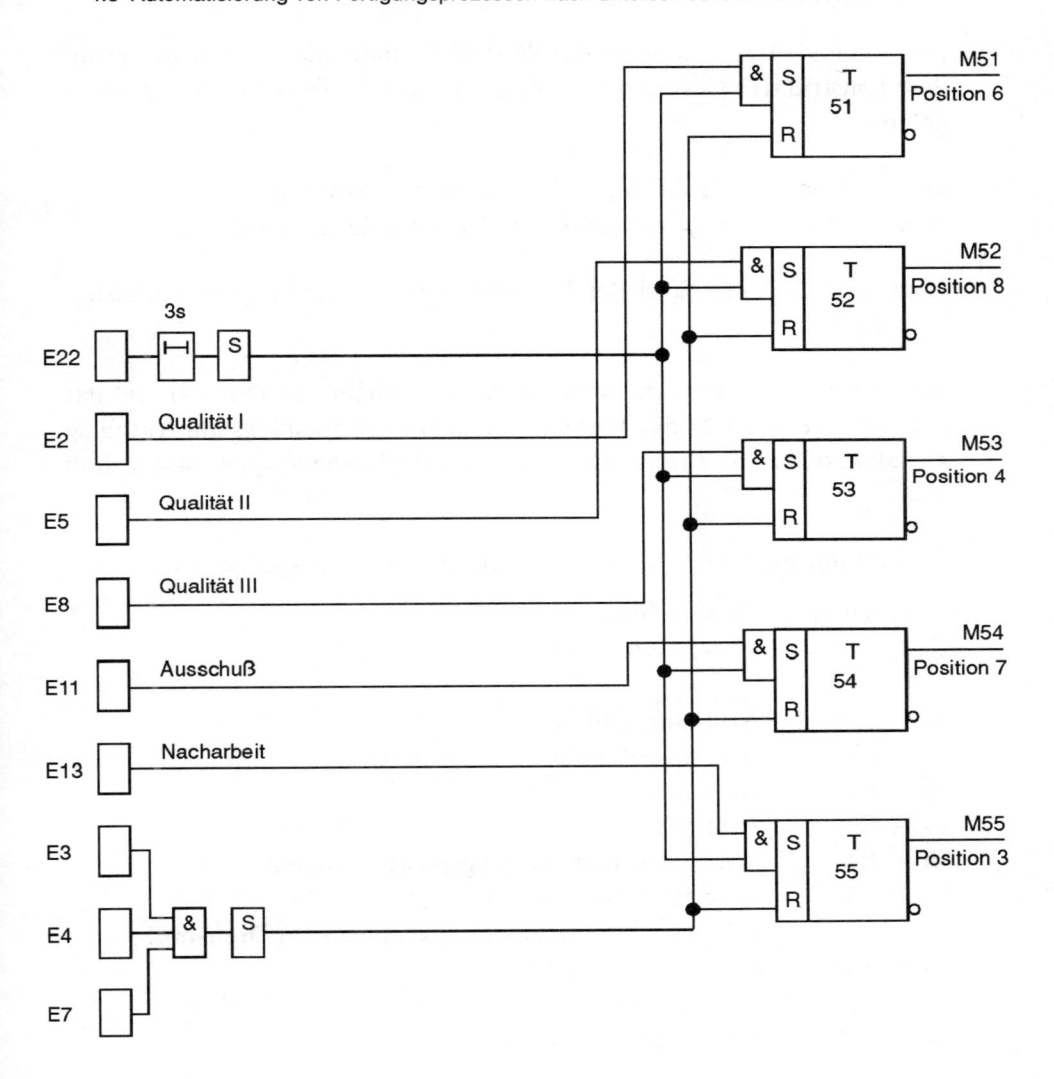

4.3 Automatisierung von Fertigungsprozessen nach unterschiedlichen Entwurfsverfahren

Abb. 4.108

Die Nacharbeit in Position 3 wird nicht gekennzeichnet.

Nach dem Prägen wird das Werkstück wieder gegriffen.

Von den Positionen 4, 6 und 8 fährt der Greifer ein Stück zurück und von der Position 7 ein Stück vor, ehe er das Werkstück in die horizontale Abrollage dreht (Greifer vertikal). Dann fährt er in die jeweilige Ablage-

4 Projektierungsbeispiele

position und öffnet, wodurch das Werkstück, unterstützt durch die besondere konstruktive Gestaltung des Greifers, auf die jeweilige Abrollebene gelangt.

Die Position 3 für das Ablegen der Nacharbeit wird wegen der fehlenden Prägeoperation schon mit vertikaler Greiferstellung angefahren.

Nach dem Ablegen fährt der Roboter immer zurück in die Grundstellung 1.

Von hier aus holt er sich, wenn noch eingeschaltet ist (E16=1) und der induktive Sensor E24 das Vorhandensein eines Werkstücks am Anschlag signalisiert, das nächste Werkstück und der gesamte Vorgang wiederholt sich.

Es wird mit folgender Adressierung der Ein- und Ausgänge gearbeitet:

Abkürzungen: 1h = S_1 hinten
1v = S_1 vorn usw.

1h = E1	Arm eingefahren
1v = E3	Arm ausgefahren
2h = E4	Arm unten
2v = E6	Arm oben
3h = E7	Schwenkarm in Ausgangsposition hinten
3v = E9	Schwenkarm ist nach vorn geschwenkt
	S_3 schwenkt im mathematisch positiven Drehsinn!
4h = E10	Greifer waagerecht
4v = E12	Greifer senkrecht
5v = E14	Greifer geschlossen

Da ein Sensor für „Greifer offen" (5h) aus konstruktiven Gründen fehlt, wird dieser Befehl mit einem Timer aus dem Befehl „Greifer öffne" (ca. 1 s Verzögerung) erarbeitet.

5h = A15V   Dafür wird geschrieben: UNA5
=A15
UA15
=T1   [10]

T1 entspricht dann dem Sensoreingang 5h !

4.3 Automatisierung von Fertigungsprozessen nach unterschiedlichen Entwurfsverfahren

Die Ausgangsbefehle werden, wie immer in diesem Buch, folgendermaßen adressiert:

S_1 vorwärts   = y_1 = A1   : Arm vor
S_1 rückwärts = $\overline{y_1}$ = A11 : Arm zurück
S_2 vorwärts   = y_2 = A2   : Arm hoch
S_2 rückwärts = $\overline{y_2}$ = A12 : Arm runter
S_3 vorwärts   = y_3 = A3   : Schwenken nach vorn
S_3 rückwärts = $\overline{y_3}$ = A13 : Schwenken zurück
S_4 vorwärts   = y_4 = A4   : Greifer dreht in die senkrechte Position und bleibt senkrecht.
S_4 rückwärts = $\overline{y_4}$ = A14 : Greifer dreht in die waagerechte Position und bleibt waagerecht.
S_5 vorwärts   = y_5 = A5   : Greifer schließen
S_5 rückwärts = $\overline{y_5}$ = A15 : Am Modell ist an dem Ausgang A15 kein Magnetventil angeschlossen, da der Greifer durch eine Feder geöffnet wird.

Die Steuerung der Sortiereinrichtung wird durch das folgende Petrinetz und die dargestellte Anweisungsliste dokumentiert.

Tabelle 4.20 Anweisungsliste:

1	:	UN	A	5	13	:	U	A	10	25	:	U	E	22
2	:	=	T	1	15	:	=	T	7	26	:	=	T	13
3	:	U	A	11	15	:	UN	A	7	27	:	U	E	22
4	:	=	T	2	16	:	=	T	8	28	:	=	T	14
5	:	U	A	1	17	:	UN	A	8	29	:	U	T	14
6	:	=	T	3	18	:	=	T	9	30	:	UN	M	59
										31	:	=	M	60
7	:	U	A	7	19	:	UN	A	9					
8	:	=	T	4	20	:	=	T	10	32	:	U	T	14
										33	:	=	M	59
9	:	U	A	8	21	:	UN	A	10					
10	:	=	T	5	22	:	=	t	11	34	:	U	E	3
										35	:	U	E	4
11	:	U	A	9	23	:	U	A	2	36	:	U	E	7
12	:	=	T	6	24	:	=	T	12	37	:	=	M	56

4 Projektierungsbeispiele

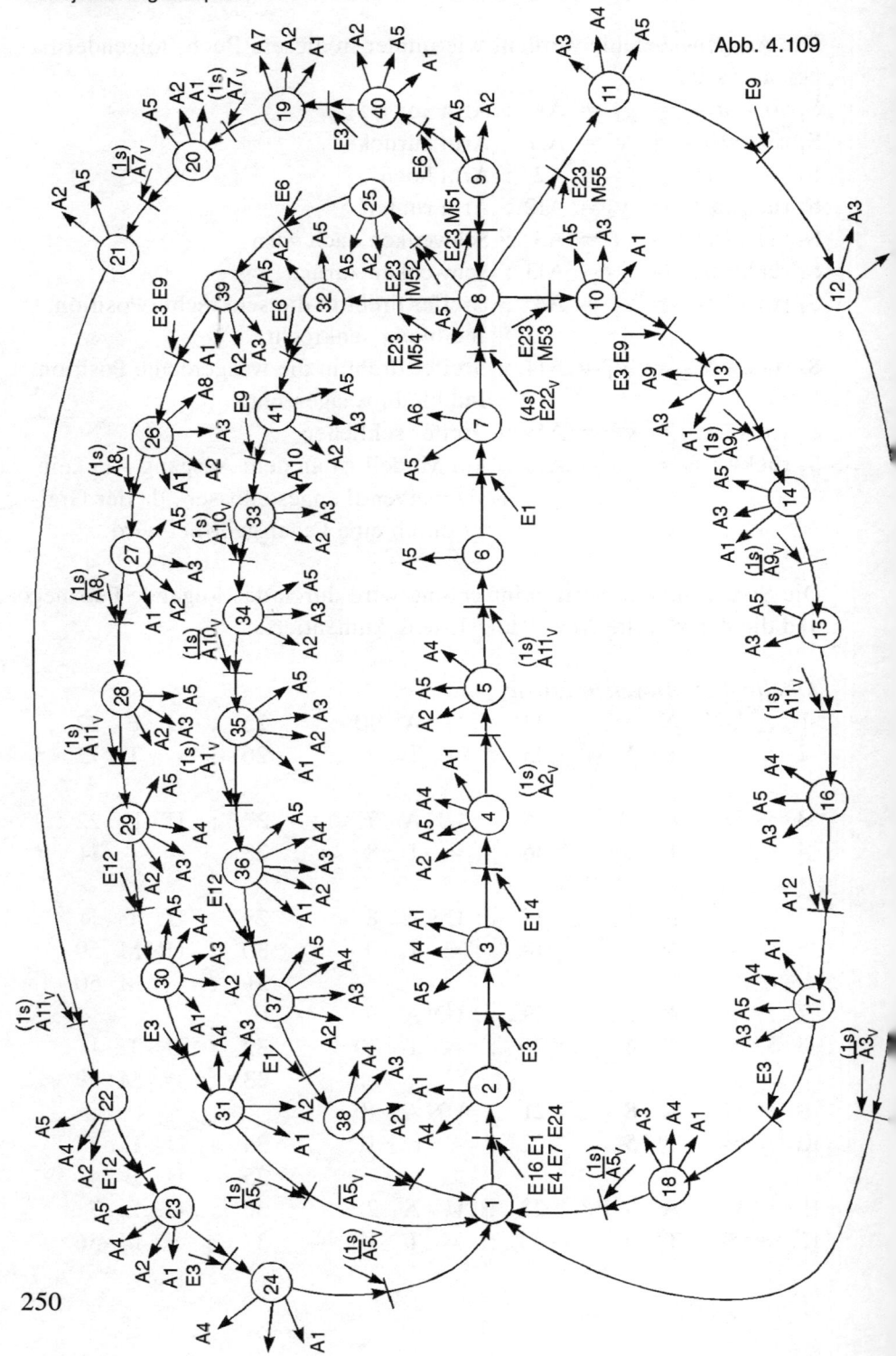

Abb. 4.109

4.3 Automatisierung von Fertigungsprozessen nach unterschiedlichen Entwurfsverfahren

ADR	:	Anweisung	ADR	:	Anweisung	ADR	:	Anweisung
38	:	U M 56	65	:	O M 128	98	:	U M 1
39	:	UN M 57	66	:	RL M 54	99	:	U E 16
40	:	= M 58	67	:	U E 13	100	:	U E 1
			68	:	U M 60	101	:	U E 4
41	:	U M 56	69	:	SL M 55	102	:	U E 7
42	:	= M 57				103	:	U E 24
			70	:	U M 58	104	:	SL M 2
43	:	U M 60	71	:	O M 128			
44	:	U E 2	72	:	RL M 55	105	:	U M 3
45	:	SL M 51				106	:	O M 128
			73	:	U E 21	107	:	RL M 2
46	:	U M 58	74	:	O(			
47	:	O M 128	75	:	U T 1	108	:	U M 2
48	:	RL M 51	76	:	U M 31	109	:	U E 3
			77	:	)	110	:	SL M 3
49	:	U M 60	78	:	O(			
50	:	U E 5	79	:	U T 1	111	:	U M 4
51	:	SL M 52	80	:	U M 24	112	:	O M 128
			81	:	)	113	:	RL M 3
52	:	U M 58	82	:	O(			
53	:	O M 128	83	:	U T 1	114	:	U M 3
54	:	RL M 52	84	:	U M 12	115	:	U E 14
			85	:	)	116	:	SL M 4
55	:	U M 60	86	:	O(			
56	:	U E 8	87	:	U T 1	117	:	U M 5
57	:	SL M 53	88	:	U M 18	118	:	O M 128
			89	:	)	119	:	RL M 4
58	:	U M 58	90	:	O(			
59	:	O M 128	91	:	U T 1	120	:	U M 4
60	:	RL M 53	92	:	U M 38	121	:	U T 12
			93	:	)	122	:	SL M 5
61	:	U M 60	94	:	SL M 1			
62	:	U E 11				123	:	U M 6
63	:	SL M 54	95	:	U M 2	124	:	O M 128
			96	:	O M 128	125	:	RL M 5
64	:	U M 58	97	:	RL M 1			

4 Projektierungsbeispiele

ADR	:	Anweisung			ADR	:	Anweisung			ADR	:	Anweisung		
126	:	U	M	5	155	:	U	M	10	185	:	RL	M	17
127	:	U	T	2	156	:	U	E	3	186	:	U	M	17
128	:	SL	M	6	157	:	U	E	9	187	:	U	E	3
					158	:	SL	M	13	188	:	SL	M	18
129	:	U	M	7										
130	:	O	M	128	159	:	U	M	14					
131	:	RL	M	6	160	:	O	M	128	189	:	U	M	1
					161	:	RL	M	13	190	:	O	M	128
										191	:	RL	M	18
132	:	U	M	6										
133	:	U	E	1	162	:	U	M	13					
134	:	SL	M	7	163	:	U	T	6	192	:	U	M	8
					164	:	SL	M	15	193	:	U	E	23
135	:	U	M	8						194	:	U	M	55
136	:	O	M	128	165	:	U	M	15	195	:	SL	M	11
137	:	RL	M	7	166	:	O	M	128					
					167	:	RL	M	14	196	:	U	M	12
138	:	U	M	7						197	:	O	M	128
139	:	U	T	13	168	:	U	M	14	198	:	RL	M	11
140	:	SL	M	8	169	:	U	T	10					
					170	:	SL	M	15	199	:	U	M	11
141	:	U	M	10						200	:	U	E	9
142	:	O	M	11	171	:	U	M	16	201	:	SL	M	12
143	:	O	M	9	172	:	O	M	128					
144	:	O	M	25	173	:	RL	M	15	202	:	U	M	1
145	:	O	M	32	174	:	U	M	15	203	:	O	M	128
146	:	O	M	128	175	:	U	T	2	204	:	RL	M	12
147	:	RL	M	8	176	:	SL	M	16					
					177	:	U	M	17	205	:	U	M	8
148	:	U	M	8	178	:	O	M	128	206	:	U	E	23
149	:	U	E	23	179	:	RL	M	16	207	:	U	M	51
150	:	U	M	53						208	:	SL	M	9
151	:	SL	M	10	180	:	U	M	16	209	:	U	M	40
					181	:	U	E	12	210	:	O	M	128
152	:	U	M	13	182	:	SL	M	17	211	:	RL	M	9
153	:	O	M	128	183	:	U	M	18					
154	:	RL	M	10	184	:	O	M	128					

4.3 Automatisierung von Fertigungsprozessen nach unterschiedlichen Entwurfsverfahren

ADR	:	Anweisung	ADR	:	Anweisung	ADR	:	Anweisung
212	:	U M 9	239	:	O M 128	266	:	U M 39
213	:	U E 6	240	:	RL M 22	267	:	U E 3
214	:	SL M 40				268	:	U E 9
			241	:	U M 22	269	:	SL M 26
215	:	U M 19	242	:	U E 12			
216	:	RL M 40	243	:	SL M 23	270	:	U M 27
						271	:	O M 128
217	:	U M 40	244	:	U M 24	272	:	RL M 26
218	:	U E 3	245	:	O M 128			
219	:	SL M 19	246	:	RL M 23	273	:	U M 26
						274	:	U T 5
220	:	U M 20	247	:	U M 23	275	:	SL M 27
221	:	O M 128	248	:	U E 3			
222	:	RL M 19	249	:	SL M 24	276	:	U M 28
						277	:	O M 128
223	:	U M 19	250	:	U M 1	278	:	RL M 27
224	:	U T 4	251	:	O M 128			
225	:	SL M 20	252	:	RL M 24	279	:	U M 27
						280	:	U T 9
226	:	U M 21	253	:	U M 8	281	:	SL M 28
227	:	O M 128	254	:	U E 23			
228	:	RL M 20	255	:	U M 52	282	:	U M 29
			256	:	SL M 25	283	:	O M 128
229	:	U M 20				284	:	RL M 28
230	:	U T 8	257	:	U M 39			
231	:	SL M 21	258	:	O M 128	285	:	U M 28
			259	:	RL M 25	286	:	U T 2
232	:	U M 22				287	:	SL M 29
233	:	O M 128	260	:	U M 25			
234	:	RL M 21	261	:	U E 6	288	:	U M 30
			262	:	SL M 39	289	:	O M 128
235	:	U M 21				290	:	RL M 29
236	:	U T 2	263	:	U M 26			
237	:	SL M 22	264	:	O M 128	291	:	U M 29
			265	:	RL M 39	292	:	U E 12
238	:	U M 23				293	:	SL M 30

4 Projektierungsbeispiele

ADR	:	Anweisung			ADR	:	Anweisung			ADR	:	Anweisung		
294	:	U	M	31	321	:	U	M	33	348	:	U	M	1
295	:	O	M	128	322	:	U	T	7	349	:	O	M	128
296	:	RL	M	30	323	:	SL	M	34	350	:	RL	M	38
297	:	U	M	30	324	:	U	M	35	351	:	U	M	2
298	:	U	E	3	325	:	O	M	128	352	:	O	M	3
299	:	SL	M	31	326	:	RL	M	34	353	:	O	M	4
										354	:	O	M	10
300	:	U	M	1	327	:	U	M	34	355	:	O	M	13
301	:	O	M	128	328	:	U	T	11	356	:	O	M	14
302	:	RL	M	31	329	:	SL	M	35	357	:	O	M	17
										358	:	O	M	18
303	:	U	M	8	330	:	U	M	36	359	:	O	M	19
304	:	U	E	23	331	:	O	M	128	360	:	O	M	20
305	:	U	M	54	332	:	RL	M	35	361	:	O	M	23
306	:	SL	M	32						362	:	O	M	24
					333	:	U	M	35	363	:	O	M	39
307	:	U	M	41	334	:	U	T	3	364	:	O	M	26
308	:	O	M	128	335	:	SL	M	36	365	:	O	M	27
309	:	RL	M	32						366	:	O	M	30
					336	:	U	M	37	367	:	O	M	31
310	:	U	M	32	337	:	O	M	128	368	:	O	M	35
11	:	U	E	6	338	:	RL	M	36	369	:	O	M	36
312	:	SL	M	41						370	:	O	M	40
					339	:	U	M	36	371	:	=	A	1
313	:	U	M	33	340	:	U	E	12					
314	:	RL	M	41	341	:	SL	M	37	372	:	U	M	5
										373	:	O	M	9
315	:	U	M	41	342	:	U	M	38	374	:	O	M	4
316	:	U	E	9	343	:	O	M	128	375	:	O	M	19
317	:	SL	M	33	344	:	RL	M	37	376	:	O	M	20
										377	:	O	M	21
318	:	U	M	34	345	:	U	M	37	378	:	O	M	22
319	:	O	M	128	346	:	U	E	1	379	:	O	M	23
320	:	RL	M	33	347	:	SL	M	38	380	:	O	M	24
										381	:	O	M	25

4.3 Automatisierung von Fertigungsprozessen nach unterschiedlichen Entwurfsverfahren

ADR :	Anweisung			ADR :	Anweisung			ADR :	Anweisung		
382 :	O	M	39	417 :	O	M	34	451 :	O	M	16
383 :	O	M	26	418 :	O	M	35	452 :	O	M	17
384 :	O	M	27	419 :	O	M	36	453 :	O	M	11
385 :	O	M	28	420 :	O	M	37	454 :	O	M	9
386 :	O	M	29	421 :	O	M	38	455 :	O	M	20
387 :	O	M	30	422 :	=	A	3	456 :	O	M	21
388 :	O	M	31					457 :	O	M	22
389 :	O	M	32	423 :	U	M	2	458 :	O	M	23
390 :	O	M	33	424 :	O	M	3	459 :	O	M	25
391 :	O	M	34	425 :	O	M	4	460 :	O	M	27
392 :	O	M	35	426 :	O	M	5	461 :	O	M	28
393 :	O	M	36	427 :	O	M	16	462 :	O	M	29
394 :	O	M	37	428 :	O	M	17	463 :	O	M	30
395 :	O	M	38	429 :	O	M	18	464 :	O	M	32
396 :	O	M	40	430 :	O	M	11	465 :	O	M	34
397 :	O	M	41	431 :	O	M	12	466 :	O	M	35
398 :	=	A	2	432 :	O	M	22	467 :	O	M	36
				433 :	O	M	23	468 :	O	M	37
399 :	U	M	10	434 :	O	M	24	469 :	O	M	39
400 :	O	M	13	435 :	O	M	29	470 :	O	M	40
401 :	O	M	14	436 :	O	M	30	471 :	O	M	41
402 :	O	M	15	437 :	O	M	31	472 :	=	A	5
403 :	O	M	16	438 :	O	M	36				
404 :	O	M	17	439 :	O	M	37	473 :	U	M	7
405 :	O	M	18	440 :	O	M	38	474 :	=	A	6
406 :	0	M	11	441 :	=	A	4				
407 :	O	M	12					475 :	U	M	19
408 :	O	M	39	442 :	U	M	3	476 :	=	A	7
409 :	O	M	26	444 :	O	M	4				
410 :	O	M	27	444 :	O	M	5	477 :	U	M	26
411 :	O	M	28	445 :	O	M	6	478 :	=	A	8
412 :	O	M	29	446 :	O	M	7				
413 :	O	M	30	447 :	O	M	8	479 :	U	M	13
414 :	O	M	31	448 :	O	M	10	480 :	=	A	9
415 :	O	M	41	449 :	O	M	14				
416 :	O	M	33	450 :	O	M	15				

4 Projektierungsbeispiele

ADR	:	Anweisung	
481	:	U M	33
482	:	= A	10
483	:	UN A	1
484	:	= A	11
485	:	UN A	2
486	:	= A	12
487	:	UN A	3
488	:	= A	13
489	:	UN A	4
490	:	= A	14
491	:	UN A	5
492	:	= A	15
493	:	U M	128
494	:	RL M	128
495	:	PE	

Beispiel 35:

Es soll ein Produktionssystem zur Bearbeitung prismatischer Teile getestet werden, an das im einzelnen folgende Anforderungen gestellt werden:

1. Das Produktionssystem soll maximal drei parallele Kanäle von zwei unterschiedlichen Längen in die prismatischen Teile fräsen (z. B. Kanal halbe Werkstücklänge, siehe Beispiel 17 „Fräsautomat").

2. Eine weitere Bearbeitungssituation soll an neun Stellen Bohrungen ausführen können (s. Beispiele 18 und 19).

3. Die Teile rollen auf einer schiefen Ebene an, die gleichzeitig als Werkstückspeicher dient. Ein induktiver Sensor meldet das Vorhandensein eines Werkstücks am Anschlag der Zuführrollbahn (E2.3).

4.3 Automatisierung von Fertigungsprozessen nach unterschiedlichen Entwurfsverfahren

4. Wenn eingeschaltet ist und E3.2 1-Signal gibt, setzt das nachfolgend skizzierte Handlingsystem ein Werkstück auf den Tisch der Frässtation (s. Abb. 4.47).
Die Wegrichtungen heißen hier s_{11} und s_{12} und die Schalter sollen anstelle von b_0 bis b_5 in Abb. 4.47 mit b_{10} bis b_{15} bezeichnet werden.

5. Wenn das Fräsen entsprechend dem Anwenderprogramm abgeschlossen worden ist, wird entspannt und das Werkstück auf den Tisch der Bohrstation gesetzt.
Nach dem Spannen durch s_9 beginnt hier die Fertigung der Bohrungen nach dem Anwenderprogramm, und das Handlingsystem befördert das nächste Werkstück vom Förderband 1 auf die Frässtation.

6. Wenn beide Stationen die Bearbeitung abgeschlossen haben, wird das Werkstück aus der Bohrstation auf die Abrollbahn gestoßen, das Werkstück von der Frässtation in die Bohrstation transportiert, diese gestartet und anschließend, bei Vorhandensein eines Werkstücks am Sensor E3.2, die Frässtation neu geladen.

7. Dieser Vorgang wiederholt sich im Automatikbetrieb so lange, bis die eingestellte Zahl der Werkstücksorte A erreicht wurde.
Der Automat stellt sich bei Erreichen der Stückzahl der Werkstückart A selbständig auf die Werkstückart B um und fertigt die vorgesehene Stückzahl dieser Werkstücke.
Es muß beachtet werden, daß die Bohrstation erst in dem Moment umgestellt wird, wenn ihr das erste bereits nach Zeichnung B gefräste Werkstück zugeführt wird.

8. Der Automat soll auf vier unterschiedliche Werkstücktypen pro Sortiment beschränkt werden. Nach der Fertigung der einprogrammierten Stückzahl des Werkstücks D beginnt der Automat wieder mit dem Werkstück A im Sortiment.

9. Mit einem Wahlschalter k=1 kann das Sortiment II gewählt werden. Im Automatikbetrieb wird der Werkstücktyp ebenfalls automatisch in fester Folge nach der Fertigung der jeweiligen Stückzahl umgestellt.

10. Mit dem Schalter k_H kann auf Fertigung des Werkstücktyps von Hand umgestellt werden. In beiden Sortimenten (k=0, k=1) lassen sich die Werkstücktypen dann mit zwei Wahlschaltern festlegen:

$A = \bar{k}_1 \bar{k}_2$; $B = \bar{k}_1 k_2$; $C = k_1 k_2$; $D = k_1 \bar{k}_2$.

4 Projektierungsbeispiele

Das Bearbeitungszentrum soll durch eine Verkettung der in den Beispielen 17 und 18 beschriebenen Automaten aufgebaut werden.
Zur Verkettung soll das nachfolgend skizzierte Handlingsystem herangezogen werden:

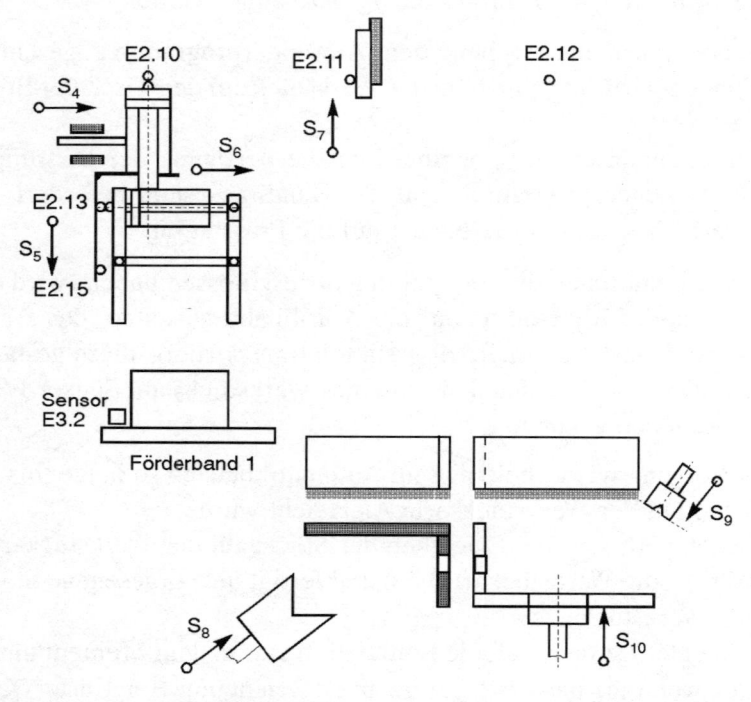

Der Automat soll 8 unterschiedliche Bohrbilder fertigen können. Zu jedem Bohrbild werden andere Nuten gefräst (s. Abb. 4.115 und 4.116)

Abb. 4.110

s_8, s_9 und s_{10} gehören zu den Bearbeitungsstationen.

Bezeichnung der Signale am Handlingsystem:

E3.2: Induktiver Näherungsschalter, erkennt auf dem Förderband 1 ankommende Rohlinge.

E2.10 bis E2.13 und E2.15: Näherungsschalter zur Lageerkennung siehe Skizze.

4.3 Automatisierung von Fertigungsprozessen nach unterschiedlichen Entwurfsverfahren

A4.4: s_4 vorwärts
A4.9: s_4 rückwärts
A4.5: s_5 vorwärts
A4.8: Greifer zu, s_6 vorwärts
A4.10: s_7 vorwärts, Anschlag ziehen

Die Signale an der Frässtation werden folgendermaßen bezeichnet:

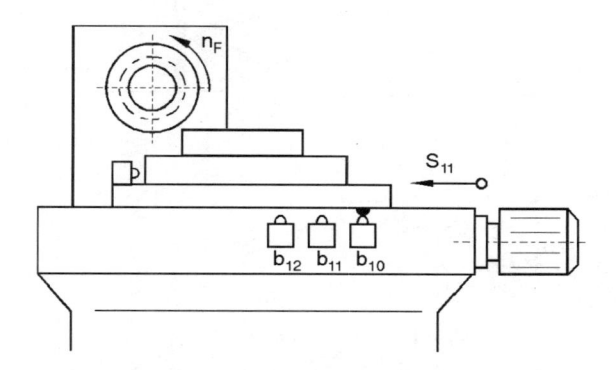

Abb. 4.111

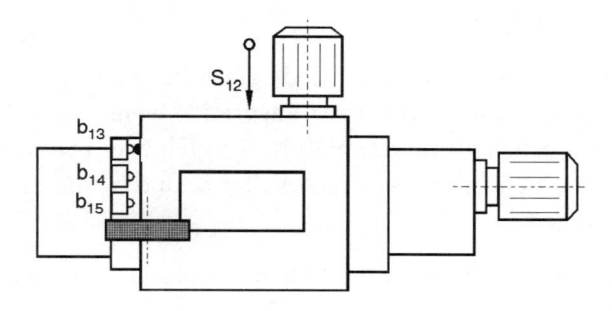

b_{10} = E3.10 b_{13} = E3.13   A4.11: s_8 vorwärts, Spannen der Frässtation
b_{11} = E3.11 b_{14} = E3.14   A4.14: s_{11} vorwärts
b_{12} = E3.12 b_{15} = E3.15   A4.15: s_{12} vorwärts
                                      A4.16: s_{12} rückwärts

4 Projektierungsbeispiele

Signalbezeichnung an der Bohrstation:

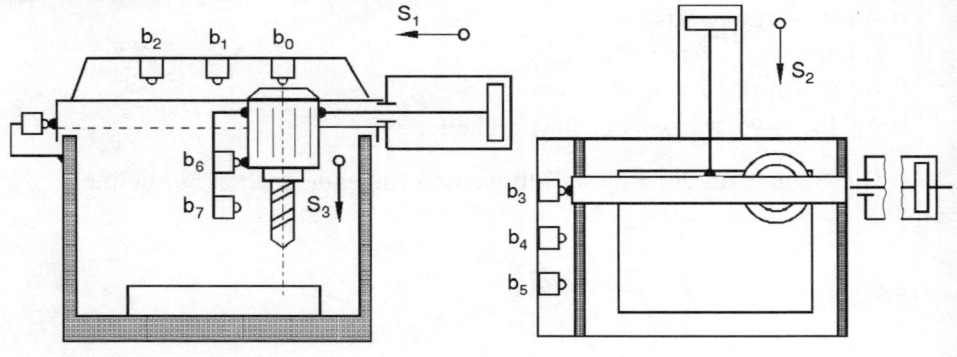

Abb. 4.112

$b_0 = E2.1 \quad b_3 = E2.4 \quad b_6 = E2.7$
$b_1 = E2.2 \quad b_4 = E2.5 \quad b_7 = E2.9$
$b_2 = E2.3 \quad b_5 = E2.6$

A4.1 = s_1 vorwärts
A4.2 = s_2 vorwärts
A4.3 = s_3 vorwärts
A4.6 = s_1 rückwärts
A4.7 : s_2 rückwärts
A4.12 : s_9 vorwärts — Spannen
A4.13 : s_{10} vorwärts — Auswerfen

Die Kolbenstangen der Antriebe s_1 und s_2 sind mit einer Druckluftexzenterbremsung ausgerüstet, die immer anspricht, wenn die Vorwärts- und Rückwärtsantriebsbefehle an einem Zylinder gleichzeitig null sind, so daß angenommen werden kann, daß die Schalter b_1 und b_4 ausreichend genau angefahren werden.

Die Rücklaufbefehle von s_3, s_5 und s_{11} werden wie folgt relaistechnisch erzeugt:

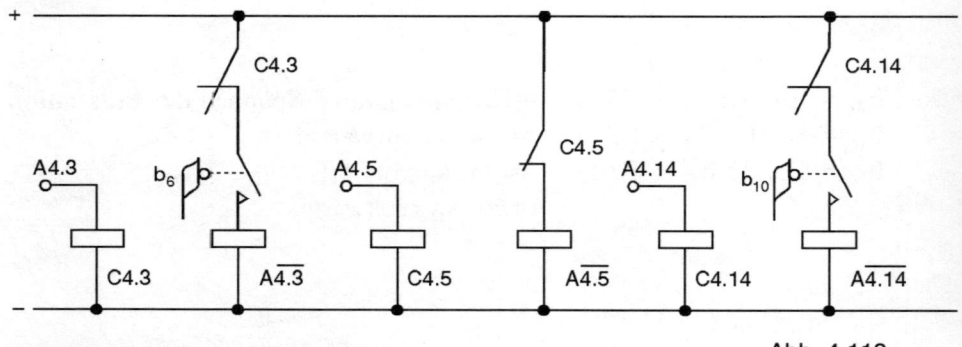

Schalter in Ausgangsposition gedrückt!

Abb. 4.113

4.3 Automatisierung von Fertigungsprozessen nach unterschiedlichen Entwurfsverfahren

Die Spannantriebe s_6, s_8 und s_9, der Anschlag s_7 und der Auswerfer s_{10} haben Federrückstellung.

Die Rohlinge, die auf der Zuführrollbahn anrollen, wurden auf einer Sondermaschine nach Beispiel 31 vorgefertigt. Diese Sondermaschine arbeitet in loser Verkettung mit dem hier zu steuernden Fertigungszentrum, d. h. wenn der Rückstau auf der Rollbahn oder dem Förderband 1 einen bestimmten Sensor erreicht, wird die Zerteilmaschine so lange ausgeschaltet, bis das letzte Werkstück vom Handlingsystem auf den Tisch der Fräsmaschine gelegt worden ist.

Zu diesem Zweck wird nur der Schrittransportmechanismus im Beispiel 31 von einem Speicher unterbrochen.

Das kann z. B. in der stellbefehlsorientierten Lösung des Beispiels 31 dadurch erreicht werden, daß der Befehl R_5 geringfügig geändert wird. Wenn M_s der Speicher ist, der den Rückstau meldet, lautet R_5 in seiner neuen Fassung

$R_5 = \overline{y_{4v}} \, \overline{M_s}$ (anstelle von $R_5 = \overline{y_{4v}}$).

Wenn x_{SM} ein optoelektronischer Näherungsschalter an der Stelle des maximal zulässigen Rückstaus ist, wird M_s wie folgt gesetzt und zurückgesetzt:

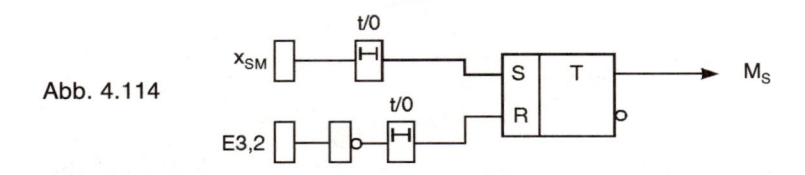

Abb. 4.114

Damit wurde das hier zu steuernde Bearbeitungszentrum über einen Zwischenspeicher an die Sondermaschine zum Zerteilen des Stangenmaterials angebunden.

Vom Bearbeitungszentrum sollen die nachfolgend dargestellten Sortimente gefertigt werden:

4 Projektierungsbeispiele

$K = O$: Sortiment I

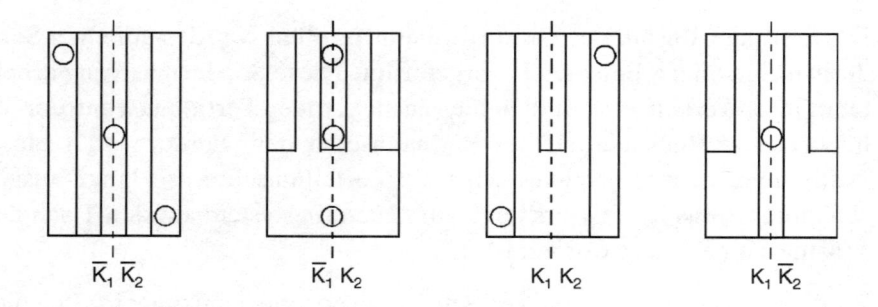

Abb. 4.115

$K = I$: Sortiment II

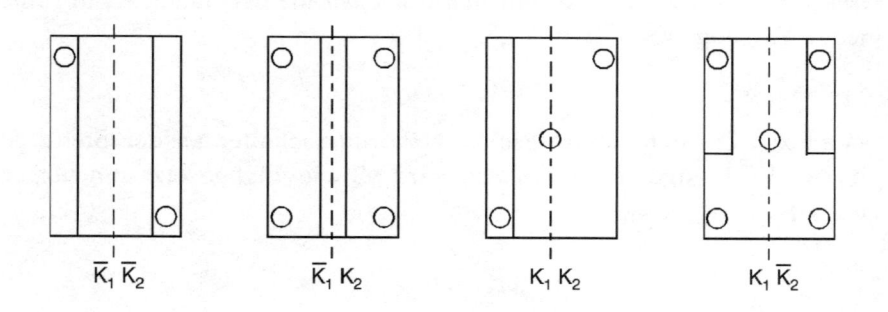

Abb. 4.116

Adressierung der Wahlschalter und Anforderungen an die Werkstückvorwahl:

$K_H = 1$: Vorwahl des zu fertigenden Werkstücks von Hand (K_H = E3.4):

$\qquad K = E3.3 \qquad$ 0: Sortiment I $\quad ; \quad$ 1: Sortiment II

Die Auswahl des Werkstückes aus dem Sortiment erfolgt mit den Schaltern $K_1 = E3.5$ und $K_2 = E3.6$ entsprechend der Darstellung der Sortimente.

4.3 Automatisierung von Fertigungsprozessen nach unterschiedlichen Entwurfsverfahren

$K_H = 0$: Nur die Sortimentsauswahl erfolgt von Hand. Die Umstellung auf den nächsten Werkstücktyp erfolgt nach Abarbeitung der fest eingegebenen Stückzahl automatisch.

Die Umschaltung von ,,Hand" auf ,,Automatik" und umgekehrt soll nur nach dem Ausschalten erfolgen, wenn beide Stationen die Bearbeitung abgeschlossen haben.

Das Einstellen des Sortiments soll direkt im Organisationsbaustein berücksichtigt werden:

Organisationsbaustein OB1

U E 3.3
BAB PB5
UE 3.3
BAB PB6
} Wenn E3.3 = 1 ist, werden die Programmbausteine PB5 und PB6 für das Bohren und Fräsen aufgerufen.

U E 3.3
BAZ PB1
UE 3.3
BAZ PB2
} Wenn E3.3 = 0 ist, kommen die Programmbausteine PB1 und PB2 für das Bohren und Fräsen zum Einsatz.

BA PB3
BA PB4
BA PB7
} Immer aufgerufen werden: das Handlingsystem PB3, die Zählschaltung PB4 und die Berücksichtigung der möglichen Handfestlegung der Werkstückart durch PB7.

Der Baustein PB7 verarbeitet folgende Signale:

E 3.4: Bei 1-Signal Handeinstellung der Werkstückart

E 3.5
E 3.6
Schalter für die Handeinstellung der Werkstückart (K_1, K_2)

M 4.31
M 4.32
Einstellsignale für die Frässtation aus dem Automatikbetrieb

M 4.21
M 4.22
Einstellsignale für die Bohrstation aus dem Automatikbetrieb

4 Projektierungsbeispiele

Er liefert die endgültigen Einstellsignale für die Frässtation und die Bohrstation (M7.1; M7.2; M8.1; M8.2) nach folgendem einfachen Funktionsplan:

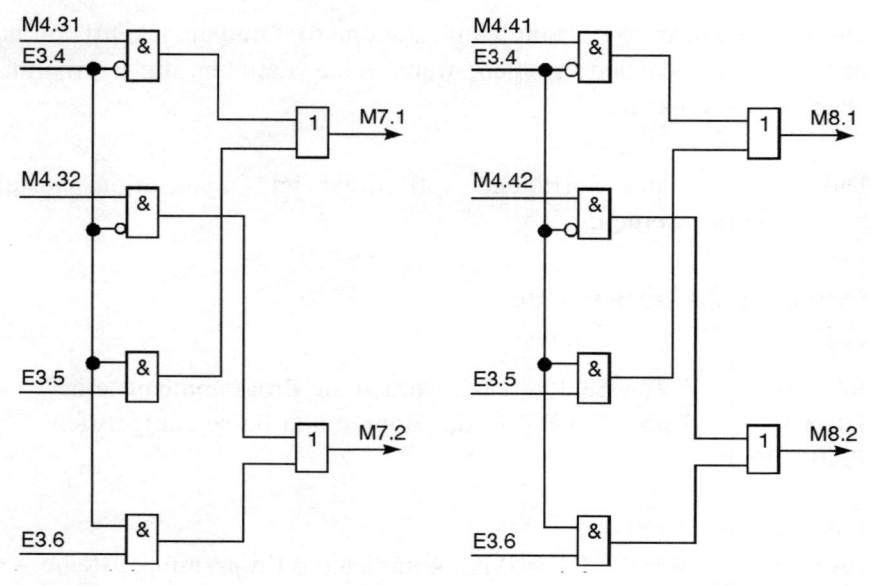

Abb. 4.117

Für den Programmbaustein PB7 ergibt sich daraus die folgende Anweisungsliste:

Tabelle 4.21

| PB7 |

U M 4.31	U M 4.21
UN E 3.4	UN E 3.4
O(	O(
U E 3.5	U E 3.5
U E 3.4	U E 3.4
)	)
= M 7.1	= M 8.1
U M 4.32	U M 4.22
UN E 3.4	UN E 3.4
O(	O(
U E 3.6	U E 3.6
U E 3.4	U E 3.4
)	)
= M 7.2	= M 8.2

4.3 Automatisierung von Fertigungsprozessen nach unterschiedlichen Entwurfsverfahren

Eine zentrale Stelle in der Fertigungsstation nimmt das Handlingsystem ein, das für die Beschickung und die Verkettung sorgt.

Es transportiert das erste Werkstück in die Frässtation, legt es nach dem Fräsen auf den Tisch der Bohrstation und transportiert anschließend wieder das nächste Werkstück in die Frässtation.

Es erteilt im richtigen Moment die Startbefehle für die Bohr- und die Frässtation und liefert den Impuls für die Erarbeitung der Befehle für die Umstellung auf den nächsten Werkstücktyp im Automatikbetrieb im Baustein PB 4.

Bedeutung der Signale im nachfolgend dargestellten Petrinetz der Steuerung des Handlingsystems (PB 3):

E 3.1 — Inbetriebnahmeschalter

E 2.16 — Einschalter

M 3.6 — Übernimmt die Sperre für den Zählimpuls beim Einschieben des 1. Werkstücks nach dem Start. Beim Einschieben des 1. Werkstücks einer Type muß der Zähler immer auf „0" stehen, weil immer das (n+1)te Werkstück, also das 1. Werkstück der nächsten Type, im Zähler die Zahl n erreicht und damit den Zähler zurückstellt und auf die nächste Werkstücktype schaltet.

M 3.20 bis M 3.32 — Zustandsspeicher des Petrinetzes

M 3.1 bis M 3.5 — ebenfalls Zustandsspeicher des Petrinetzes

$M\ 3.21 \cdot + \overline{M\ 3.6}$ — Eingangszählimpuls für den Baustein PB4 (M 3.18)

$(M\ 3.28\ E\ 2.10)^{\cdot +}$ — Starten der Frässtation

$(M\ 3.5\ E\ 2.10)^{\cdot +}$ — Starten der Bohrstation

Alle anderen Ein- und Ausgangsgrößen werden unter der Geräteskizze des Handlingsystems erläutert.

4 Projektierungsbeispiele

Für den Programmbaustein PB3 „Handlingsystem ergibt sich damit folgendes Petrinetz:

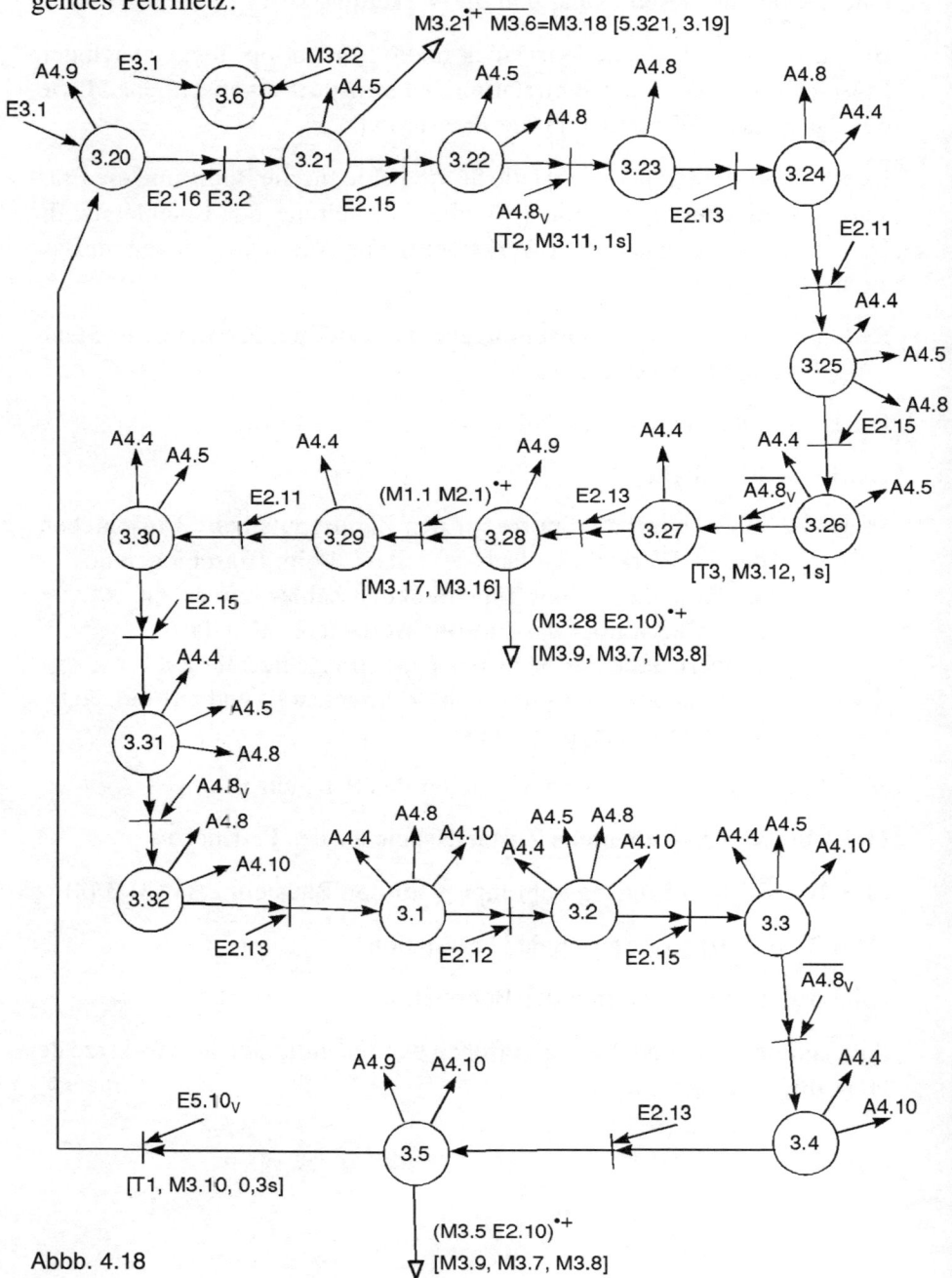

Abbb. 4.18

4.3 Automatisierung von Fertigungsprozessen nach unterschiedlichen Entwurfsverfahren

Dieses Petrinetz liefert den folgenden Programmbaustein für die Steuerung des Handlingsystems:

Tabelle 4.22

UE3.1	FLPM3.15	UM3.24	FLPM3.17
SM3.6	=M3.14	RM3.23	=M3.16
UM3.22	UM3.5	=M3.23	UM3.28
RM3.6	UE2.10	UM3.23	UM3.16
=M3.6	=M3.9	UE2.13	SM3.29
LK30	UM3.9	SM3.24	UM3.30
=TSW1	FLPM3.7	UM3.25	RM3.29
UE2.10	=M3.8	RM3.24	=M3.29
SET1	U(	=M3.24	UM3.29
DZB10MS	UE3.1	UM3.24	UE2.11
LTSW1	O(	UE2.11	SM3.30
FREI	UM3.5	SM3.25	UM3.31
NOP	UM3.10	UM3.26	RM3.30
=M3.10	)	RM3.25	=M3.30
LK100	)	=M3.25	UM3.30
=TSW2	SM3.20	UM3.25	UE2.15
UA4.8	UM3.21	UE2.15	SM3.31
SET2	RM3.20	SM3.26	UM3.32
DZB10MS	=M3.20	UM3.27	RM3.31
LTSW2	UM3.20	RM3.26	=M3.31
FREI	UE2.16	=M3.26	UM3.31
NOP	UE3.2	UM3.26	UM3.11
=M3.11	SM3.21	UM3.12	SM3.32
LK100	UM3.22	SM3.27	UM3.1
=TSW3	RM3.21	UM3.28	RM3.32
UNA4.8	=M3.21	RM3.27	=M3.32
SET3	UM3.21	=M3.27	UM3.32
DZB10MS	UE2.15	UM3.27	UE2.13
LTSW3	SM3.22	UE2.13	SM3.1
FREI	UM3.23	SM3.28	UM3.2
NOP	RM3.22	UM3.29	RM3.1
=M3.12	=M3.22	RM3.28	=M3.1
UM3.28	UM3.22	M3.28	UM3.1
UE2.10	UM3.11	UM1.1	UE2.12
	SM3.23	UM2.1	SM3.2

4 Projektierungsbeispiele

UM3.3	UM3.4	OM3.3	UM3.22	UM3.21
RM3.2	UE2.13	OM3.4	OM3.23	FLPM3.19
=M3.2	SM3.5	=A4.4	OM3.24	=M5.32
UM3.2	UM3.20	UM3.20	OM3.25	UM5.32
		OM3.26		
UE2.15	RM3.5	OM3.5	OM3.31	UNM3.6
SM3.3	=M3.5	=A4.9	OM3.32	=M3.18
UM3.4	UM3.24	UM3.21	OM3.1	
RM3.3	OM3.25	OM3.22	OM3.2	
=M3.3	OM3.26	OM3.25	=A4.8	
UM3.3	OM3.27	OM3.26	UM3.32	
UM3.12	OM3.29	OM3.30	OM3.1	
SM3.4	OM3.30	OM3.31	OM3.2	
UM3.5	OM3.31	OM3.2	OM3.3	
RM3.4	OM3.1	OM3.3	OM3.4	
=M3.4	OM3.2	=A4.5	OM3.5	
			=A4.10	

Für die Fertigung der Bohrungen mit der Bohreinrichtung nach Beispiel 18 ergeben sich unter Berücksichtigung der Besonderheiten des hier zu steuernden Bearbeitungssystems folgende Petrinetze für die beiden Werkstücksortimente:

4.3 Automatisierung von Fertigungsprozessen nach unterschiedlichen Entwurfsverfahren

Sortiment 1 — PB1

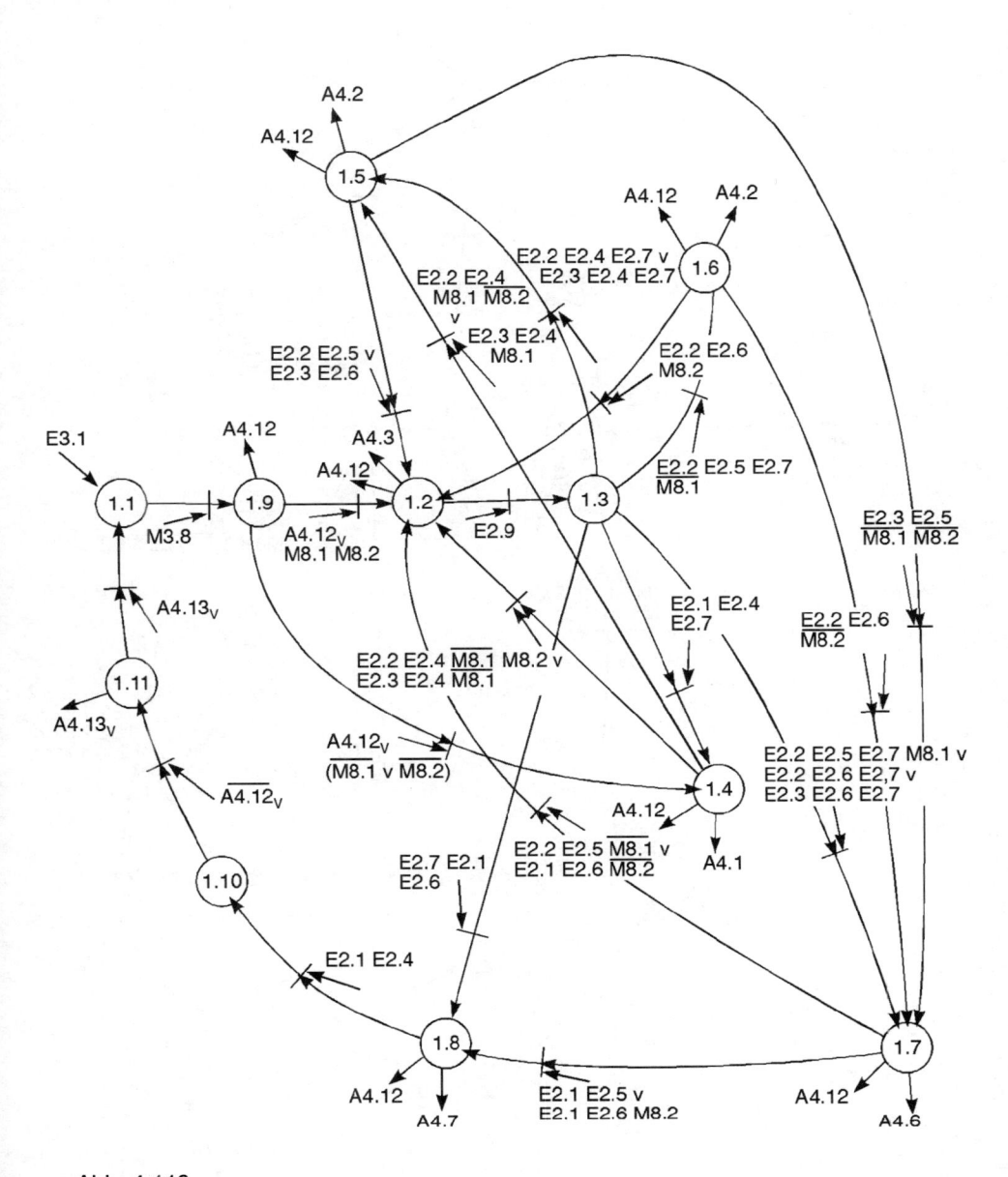

Abb. 4.119

4 Projektierungsbeispiele

Sortiment 2 — PB5

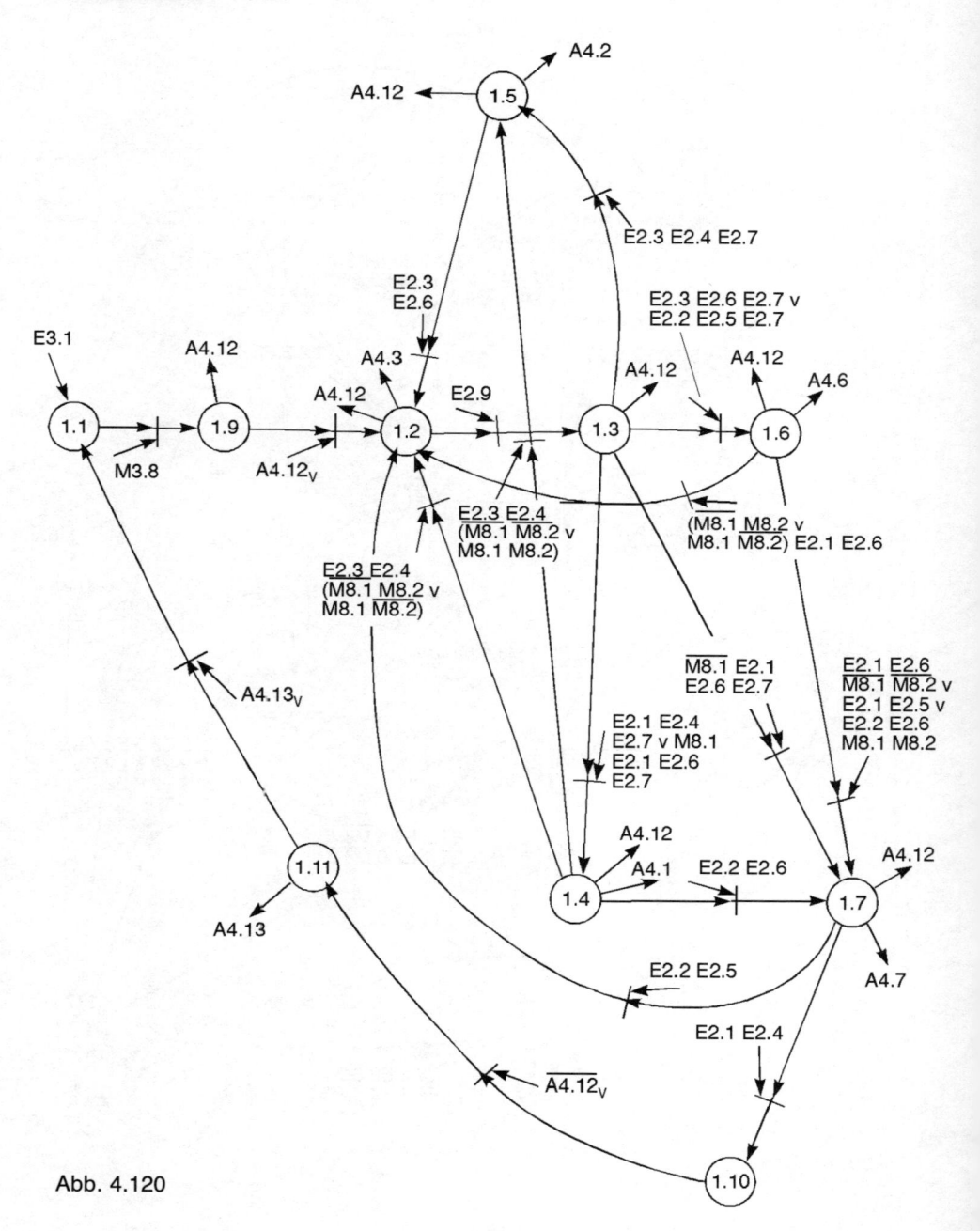

Abb. 4.120

4.3 Automatisierung von Fertigungsprozessen nach unterschiedlichen Entwurfsverfahren

Für die Fertigung der Nuten auf der Frässtation ergeben sich folgende Petrinetze:

Sortiment I — PB2

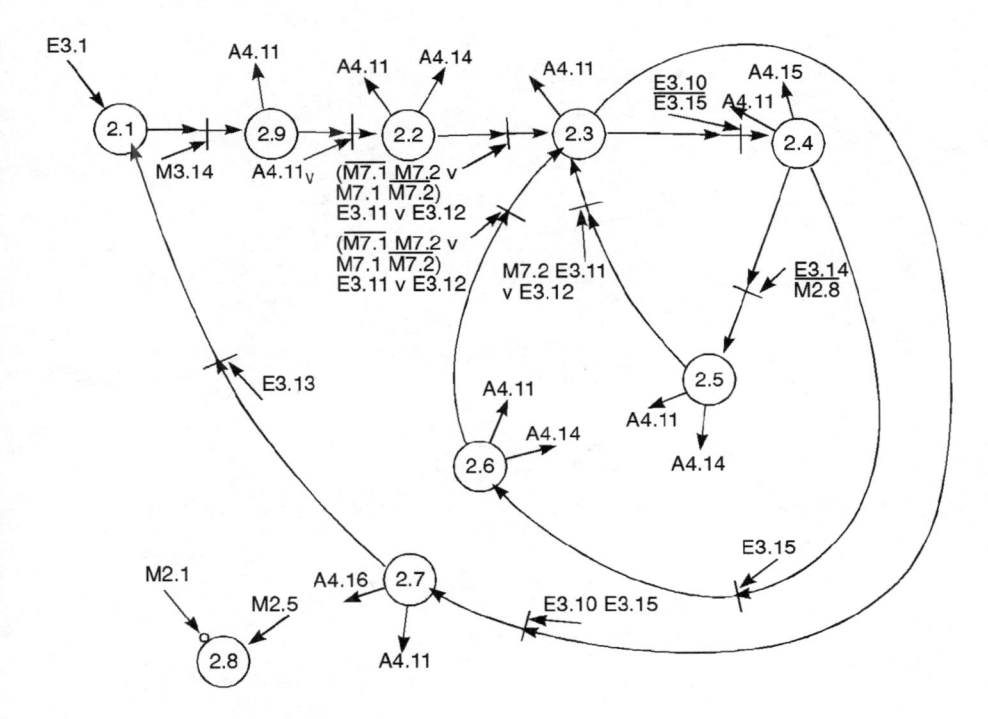

Abb. 4.21

4 Projektierungsbeispiele

Sortiment II — PB6

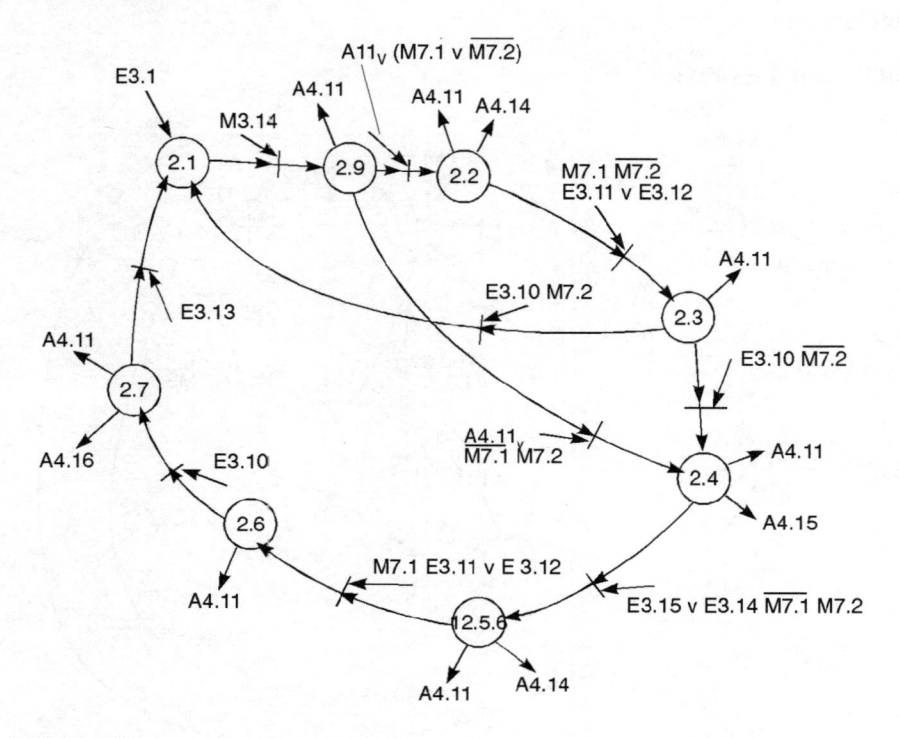

Abb. 4.122

4.3 Automatisierung von Fertigungsprozessen nach unterschiedlichen Entwurfsverfahren

Die Schaltung für das automatische Umstellen läßt sich am besten im folgenden Funktionsplan darstellen:

Funktionsplan für die automatische Werkstückumstellung — PB4

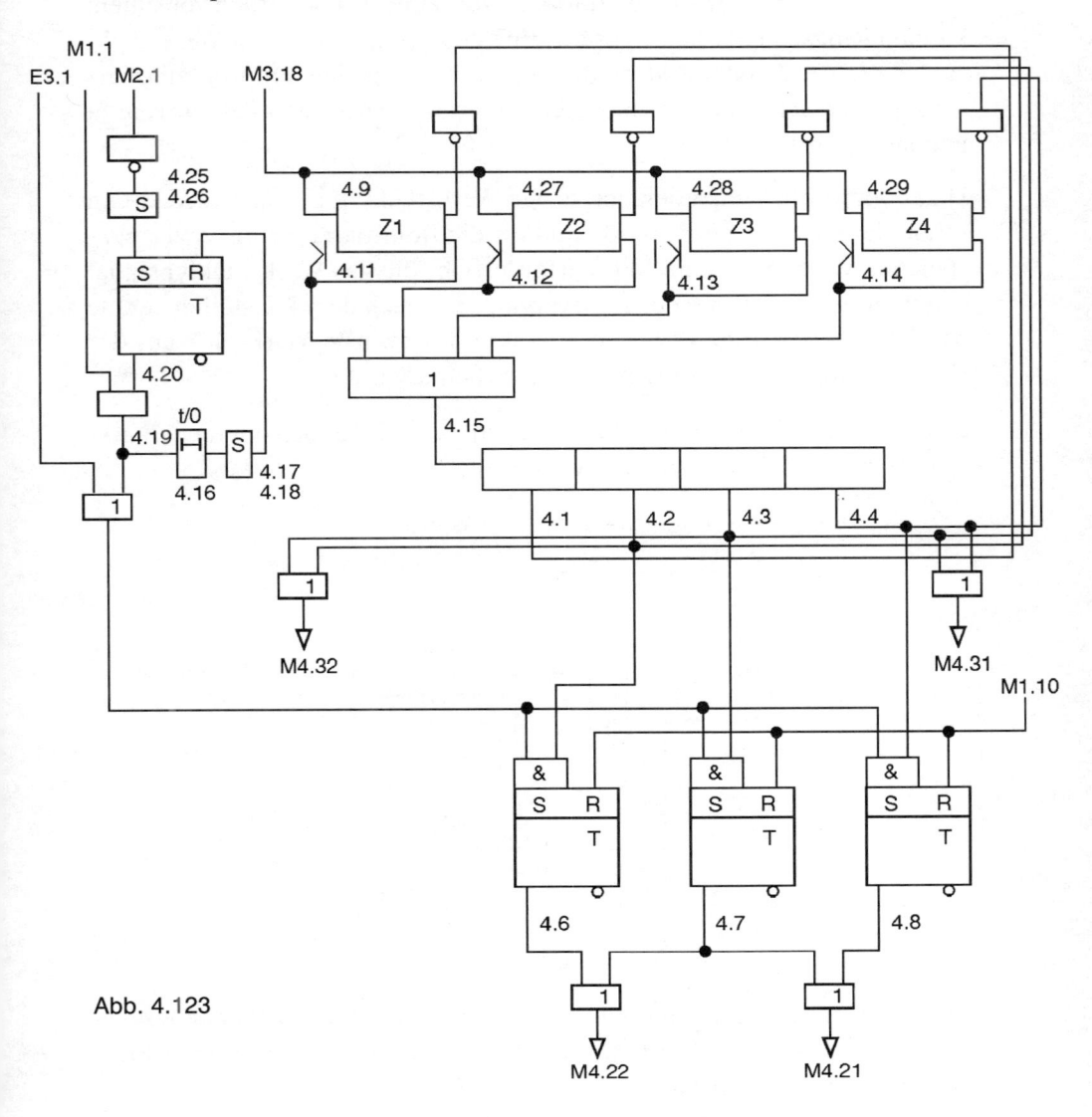

Abb. 4.123

4 Projektierungsbeispiele

Der Funktionsplan liefert die Befehle für die automatische Umstellung des Werkstücktyps an der Frässtation M4.31 und M4.32 und an der Bohrstation M4.21 und M4.22.
Die Werkstücktypsignale M4.1, M4.2, M4.3 und M4.4 werden von einem kleinen Ringschieber bereitgestellt. Sie geben den jeweiligen Werkstückzähler Z1, Z2, Z3 oder Z4 frei, der beim Erreichen einer einprogrammierten Zahl den Schieber weiterschiebt, dadurch den nächsten Zähler freigibt und sich selbst löscht.

Da es vorkommt, daß noch der vorige Werkstücktyp gebohrt wird, wenn schon der nächste gefräst wird, sind für die Bohrmaschine die Zwischenspeicher M4.6, M4.7 und M4.8 erforderlich, die das Werkstücktypsignal erst übernehmen, wenn der Bohrvorgang des nach dem Umstellen gerade bearbeiteten Werkstücks beendet ist und das nächste Werkstück auf der Fräsmaschine bearbeitet wird oder bearbeitet wurde.

Der Übernahmebefehl M4.20 soll nach dem folgenden kleinen Funktionsplan im PB4 bereitgestellt werden:

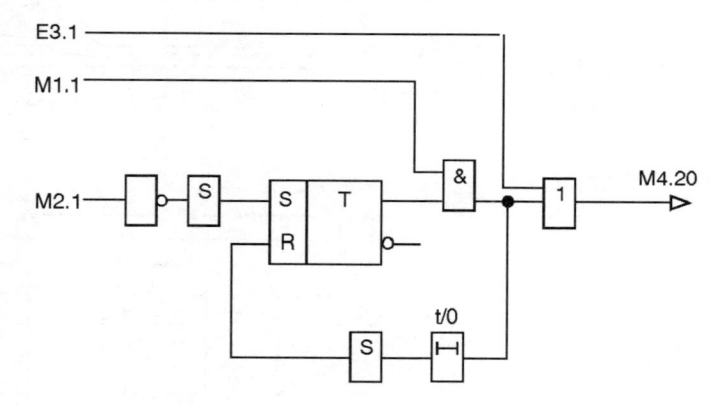

Abb. 4.124

M4.20 zeigt die Bereitschaft zum Einlesen des aktuellen Werkstücktypsignals an. Die Steuerung funktioniert auch dann sicher, wenn der Fräsvorgang vor dem Bohrvorgang abgeschlossen ist.

Aus den Petrinetzen und Funktionsplänen lassen sich, wie es schon anhand vieler Beispiele gezeigt wurde, die Anweisungslisten für die SPS leicht ablesen.

4.3 Automatisierung von Fertigungsprozessen nach unterschiedlichen Entwurfsverfahren

Tabelle 4.23 Programmbaustein PB 1: Bohren des Sortiments I

①	②	③	④
LK100	RM1.9	)	UE2.7
=TSW11	=M1.9	)	O(
UA4.12		)	UE2.3
SET11	U(	)	UE2.4
DZB10MS	UM1.9	SM1.2	UE2.7
LTSW11	UM1.12	UM1.3	)
FREI	UM8.1	RM1.2	)
NOP	UM8.2	=M1.2	O(
=M1.12	O(		UM1.4
	UM1.4	UM1.2	U(
LK100	U(	UE2.9	UE2.2
=TSW12	UE2.2	SM1.3	UE2.4
UNA4.12	UE2.4	U(	UM8.1
SET12	UNM8.1	UM1.4	UNM8.2
DZB10MS	UM8.2	OM1.5	O(
LTSW12	O(	OM1.6	UE2.3
FREI	UE2.3	OM1.7	UE2.4
NOP	UE2.4	OM1.8	UM8.1
=M1.14	UNM8.1	)	)
	)	RM1.3	)
LK200	)	=M1.3	)
=TSW13	)		)
UA4.13	O(	U(	SM1.5
SET13	UM1.5	UM1.3	U(
DZB10MS	U(	UE2.1	UM1.2
LTSW13	UE2.3	UE2.4	UM1.7
FREI	UE2.5	UE2.7	)
NOP	O(	O(	RM1.5
=M1.13	UE2.2	UM1.9	=M1.5
	UE2.6	UM1.12	
U(	)	U(	
E3.1	)	UNM8.1	
O(	)	ONM8.2	
UM1.11		)	
UM1.13	O(	)	
)	UM1.6	)	
)	UE2.2	)	
SM1.1	UE2.6	SM1.4	
UM1.9	UM8.2	U(	
RM1.1	)	UM1.2	
=M1.1	O(	OM1.5	
	UM1.7	)	
UM1.1	U(	RM1.4	
UM3.8	UE2.2	=M1.4	
SM1.9	UE2.5		
U(	UNM8.1	U(	
UM1.2	O(	UM1.3	
OM1.4	UE2.1	U(	
)	UE2.6	UE2.2	
	UNM8.2	UE2.4	

275

4 Projektierungsbeispiele

⑤	⑥	⑦	⑧
UM1.3	UNM8.2	RM1.8	UM1.8
UE2.2	)	=M1.8	=A4.7
UE2.5	O(		
UE2.7	UM1.5	UM1.8	UM1.2
UNM8.1	UE2.3	UE2.1	=A4.3
SM1.6	UE2.5	UE2.4	
U(	UNM8.1	SM1.10	UM1.7
UM1.2	UNM8.2	UM1.11	=A4.6
OM1.7	)	RM1.10	
)	)	=M1.10	UM1.11
RM1.6	SM1.7		=A4.13
=M1.6	U(	UM1.10	
M1.2	UM1.12	UM1.14	
U(	OM1.8	SM1.11	
UM1.3	)	UM1.1	
U(	RM1.7	RM1.11	
UE2.2	=M1.7	=M1.11	
UE2.5	U(		
UE2.7	UM1.7	UM1.9	
UM8.1	U(	OM1.2	
O(	UE2.1	OM1.3	
UE2.2	UE2.5	OM1.4	
UE2.6	O(	OM1.5	
UE2.7	UE2.1	OM1.6	
)	UE2.6	OM1.7	
O(	UM8.2	OM1.8	
	)		
UE2.3	)	=A4.12	
UE2.6	O(		
UE2.7	UM1.3	UM1.4	
)	UE2.7	=A4.1	
)	UE2.1		
	UE2.6	UM1.5	
UM1.6	)	OM1.6	
UE2.2	)	=A4.2	
UE2.6	SM1.8		
	UM1.10		

4.2 Automatisierung von Fertigungsprozessen nach unterschiedlichen Entwurfsverfahren

Tabelle 4.24 Programmbaustein PB5: Bohren des Sortiments II

①	②	③	④
		UNM8.2	U=2.7
		)	O(
		)	UM1.4
		)	U=2.3
		)	UE2.4
LK100	UM1.1	SM1.2	U(
=TSW11	UM3.8	UM1.3	UNM8.1
UA4.12	SM1.9	RM1.2	UNM8.2
SET11	UM1.2	=M1.2	O(
DZB10MS	RM1.9		UM8.1
LTSW11	=M1.9	UM1.2	UM8.2
FREI		UE2.9	)
NOP	U(	SM1.3	)
=M1.12	UM1.9	U(	)
	UM1.12	UM1.4	)
LK100	O(	OM1.5	SM1.5
=TSW12	UM1.4	OM1.6	UM1.2
UNA4.12	UE2.3	OM1.7	RM1.5
SET12	UE2.4	)	=M1.5
DZB10MS	U(	RM1.3	
LTSW12	UNM8.1	=M1.3	UM1.3
FREI	UM8.2		U(
NOP	O(	UM1.3	UE2.3
=M1.14	UM8.1	U(	UE2.6
	UNM8.2	UE2.1	UE2.7
LK200	)	UE2.4	O(
=TSW13	)	UE2.7	UE2.2
UA4.13	)	O(	UE2.5
SET13	O(	UM8.1	UE2.7
DZB10MS	UM1.5	UE2.1	)
LTSW13	UE2.3	UE2.6	)
FREI	UE2.6	UE2.7	SM1.6
NOP	)	)	U(
		)	
=M1.13	O(	)	UM1.7
	UM1.7	SM1.4	OM1.2
U(	UE2.2	U(	)
UE3.1	UE2.5	UM1.2	RM1.6
O(	)	OM1.5	=M1.6
UM1.11	O(	OM1.7	U(
UM1.13	UM1.6	)	UM1.3
)	UE2.1	RM1.4	UNM8.1
)	UE2.6	=M1.4	UE2.1
SM1.1	U(		UE2.6
UM1.9	UNM8.1	U(	UE2.7
RM1.1	UM8.2	UM1.3	O(
=M1.1	O(	UE2.3	UM1.4
	UM8.1	UE2.4	UE2.2

4 Projektierungsbeispiele

⑤	⑥	⑦	⑧
UNM8.2	UE2.7	UE2.6	
)	O(	)	
	)	UM1.4	O(
)	UE2.3	UM1.6	
)	UE2.4		
U(	UM1.7	UM1.4	
UE2.1	UE2.1	=A4.1	
UE2.6	UE2.4		
UNM8.1	SM1.10	UM1.6	
UNM8.2	UM1.11	=A4.6	
O(	RM1.10		
UE2.1	=M1.10	UM1.5	
UE2.5		=A4.2	
)	UM1.10		
O(	UM1.12	UM1.7	
UE2.2	SM1.11	=A4.7	
UE2.6	UM1.1		
UM8.1	RM1.11	UM1.2	
UM8.2	=M1.11	=A4.3	
)			
UE2.6			
)	UM1.9	UM1.11	
)	OM1.2	=A4.13	
	OM1.3		
SM1.7	OM1.4	***	
U(	OM1.5		
UM1.2	OM1.6		
OM1.10	OM1.7		
)	=A4.12		
RM1.7			
=M1.7			

4.2 Automatisierung von Fertigungsprozessen nach unterschiedlichen Entwurfsverfahren

Tabelle 4.25 Programmbaustein PB2 : Fräsen des Sortiments I

U(	O(	UM2.4
UE3.1	UM2.2	UE3.14
O(	UE3.12	UNM2.8
UM2.7	)	SM2.5
UE3.13	O(	UM2.3
)	UM2.6	RM2.5
)	UE3.11	=M2.5
SM2.1	U(	
UM2.9	UNM7.1	UM2.4
RM2.1	UM7.2	UE3.15
=M2.1	O(	SM2.6
	UM7.1	UM2.3
UM2.£	UNM7.2	RM2.6
UM3.14	)	=M2.6
SM2.9	)	
UM2.2	)	UM2.3
RM2.9	O(	UE3.10
=M2.9	UM2.6	UE3.15
	UE3.12	SM2.7
LK200	)	UM2.1
=TSW14	O(	RM2.7
UA4.11	UM2.5	=M2.7
SET14	UM2.7	
DZB10MS	UE3.11	UM2.5
LTSW14	)	SM2.8
FREI	O(	UM2.1
NOP	UM2.5	RM2.8
=M2.11	UE3.12	=M2.8
	)	
UM2.9	)	UM2.9
UM2.11	SM2.3	OM2.2
SM2.2	U(	OM2.3
UM2.3	UM2.4	OM2.4
RM2.2	OM2.7	OM2.5
=M2.2	)	OM2.6
	RM2.3	OM2.7
U(	=M2.3	=A4.11
UM2.2		
UE3.11	UM2.3	UM2.2
U(	UE3.10	OM2.5
UNM7.1	UNE3.15	OM2.6
UM7.2	SM2.4	=A4.14
O(	U(	
UM7.1	UM2.5	UM2.4
UNM7.2	OM2.6	=A4.15
)	)	
)	RM2.4	UM2.7
	=M2.4	=A4.16

4 Projektierungsbeispiele

Tabelle 4.26 Programmbaustein PB6 : Fräsen des Sortiments II

LK200	UM2.9	)	UM2.9
=TSW14	UM2.11	)	OM2.2
UA4.11	U(	SM2.4	OM2.3
SET14	UM7.1	UM2.5	OM2.4
DZB10MS	ONM7.2	RM2.4	OM2.5
LTSW14	)	=M2.4	OM2.6
FREI	SM2.2		OM2.7
NOP	UM2.3	UM2.4	=A4.11
=M2.11	RM2.2	U(	
=M2.2	UE3.15	UM2.2	
U(		O(	OM2.5
UE3.1	UM2.2	UE3.14	=A4.14
O(	U(	UNM7.1	
UM2.7	UM7.1	UM7.2	UM2.4
UE3.13	UNM7.2	)	=A4.15
)	UE3.11	)	
O(	OE3.12	SM2.5	UM2.7
UM2.3	)	UM2.6	=A4.16
UE3.10	SM2.3	RM2.5	
UM2.7	U(	=M2.5	***
)	UM2.1		
)	OM2.4	UM2.5	
SM2.1	)	U(	
UM2.9	RM2.3	UM7.1	
RM2.1	=M2.3	UE3.11	
=M2.1		OE3.13	
	U(	)	
UM2.1	UM2.3	SM2.6	
UM3.14	UE3.10	UM2.7	
SM2.9	UNM7.2	RM2.6	
U(	O(	=M2.6	
UM2.2	UM2.9		
OM2.4	UM2.11	UM2.6	
)	UNM7.1	UE3.10	
RM2.9	UM7.2	SM2.7	
=M2.9		UM2.1	
		RM2.7	
		=M2.7	

4.3 Automatisierung von Fertigungsprozessen nach unterschiedlichen Entwurfsverfahren

Erarbeiten der Befehle für die automatische Umstellung der Werkstückart
Tabelle 4.27 Programmbaustein PB4

①	②	③
	)	MA2: LMW1
LK2	SZ3	TBWM4.1
=ZSW1	LZSW3	DBBAN75
UM3.18	UNM4.3	UM4.5
ZVZ1	RZ3	OE3.7
U(	=M4.28	SPZ=MA3
UM4.11		LK1
OE3.7	LZIW3	=MW1
)	>=ZSW3	
SZ1	=M4.13	MA3: LMW1
LZSW1		TBWM4.1
UNM4.1	LK5	DBBANZ4
RZ1	=ZSW4	UM4.3
=M4.9	UM3.18	OM4.4
	ZVZ4	=M4.31
LZIW1	U(	
>=ZSW1	UM4.14	UM4.2
1=M4.11	OE3.7	OM4.3
	)	=M4.32
LK3	SZ4	
=ZSW2	LZSW4	UM2.1
UM3.18	UNM4.4	FLNM4.25
ZVZ2	RZ4	=M4.26
U(	=M4.29	
UM4.12		UM1.1
OE3.7	LZIW4	UM4.20
)	>=ZSW4	=M4.19
SZ2	=M4.14	
LZSW2		LK10
UNM4.2	UM4.11	=TSW15
RZ2	OM4.12	UM4.19
=M4.27	OM4.13	SET15
	OM4.14	DZB10MS
LZIW2	=M4.15	LTSW15
>ZSW2		FREI
=M4.12	USM2	NOP
	SPZ=MA1	=M4.16
LK4	LK1	
=ZSW3	=MW1	UM4.16
UM3.18		FLPM4.17
ZVZ3	MA1: UM4.15	=M4.18
U(	SPZ=MA2	
UM4.13	UMW1	
OE3.7	ROLK1	
	=MW1	

4 Projektierungsbeispiele

④	⑤	⑥
UM4.26	UM1.10	SM4.8
SM4.20	RM4.6	UM1.10
UM4.18	=M4.6	RM4.8
RM4.20		=M4.8
=M4.20	UM4.3	
	UM4.30	UM4.6
UM4.19	SM4.7	OM4.7
OE3.1	UM1.10	=M4.22
=M4.30	RM4.7	
	=M4.7	UM4.7
UM4.2		OM4.8
UM4.30	UM4.4	=M4.21
SM4.6	UM4.30	

***

E3.7 setzt die Zähler auf O und das Register auf Werkstück A:

4.3 Automatisierung von Fertigungsprozessen nach unterschiedlichen Entwurfsverfahren

Beispiel 36:

Eine Bearbeitungsstation kann 8 Werkstücke fertigen. Ein Verbraucher fordert über den Kanal E3.3 mit Hilfe von Impulsfolgen sowohl die Werkstückart als auch die benötigte Anzahl von Werkstücken an. C_1 sei der Ausgangszustand der Fertigungssteuerung. Z_E sei der Zustandsspeicher „EIN" für die Fertigungssteuerung. Das Signal $Z_E v \bar{C}_{1v}$ zeigt dem Verbraucher an, daß gefertigt wird. Werkstückanforderungen werden dann ignoriert. Zur Realisierung dieser Forderungen soll die Struktur (*Abb. 4.125*) eingesetzt werden.

Die erste Impulsfolge E3.3 stellt das Werkstückartenregister.

Nach Ablauf der dafür vorgesehenen Zeit, die immer länger ist als die erste Impulsfolge, kommt die zweite Impulsfolge und stellt die Stückzahlanforderung.

Wenn die Bereitschaft zur Aufnahme der Stückzahlanforderung abgelaufen ist, wird der Fertigungsautomat über Z_E (M1.11) eingeschaltet.

Während des Fertigens können keine Werkstückanforderungen angenommen werden. Der Werkstückzähler zählt den letzten Takt im Fertigungszyklus (M5.25).

Wenn der Vergleicher Z_E zurückgesetzt hat und der Ausgangszustand der Steuerung des Fertigungszyklus erreicht wurde (M5.1 = 1), werden die drei Schieberegister zurückgestellt.

Erst nachdem die Register zurückgestellt worden sind, gibt das verzögerte Signal von C_1 den Kanal für die erneute Aufnahme einer Werkstückanforderung frei und der Prozeß kann erneut beginnen.
E3.2 ist ein Eingang, mit dem im Störungsfall die Register von Hand gelöscht werden können.

Nach der Eingabe des 1. Impulses zeigt X_{wA} eine bestimmte Zeit (z. B. 5 s) an, daß weitere Impulse bis zur Festlegung der Werkstückart 8 empfangen werden können. Danach zeigt X_{wZ} eine bestimmte Zeit (z. B. 10 s) an, daß maximal 15 Impulse zur Festlegung der Werkstückzahl eingegeben werden können.

4 Projektierungsbeispiele

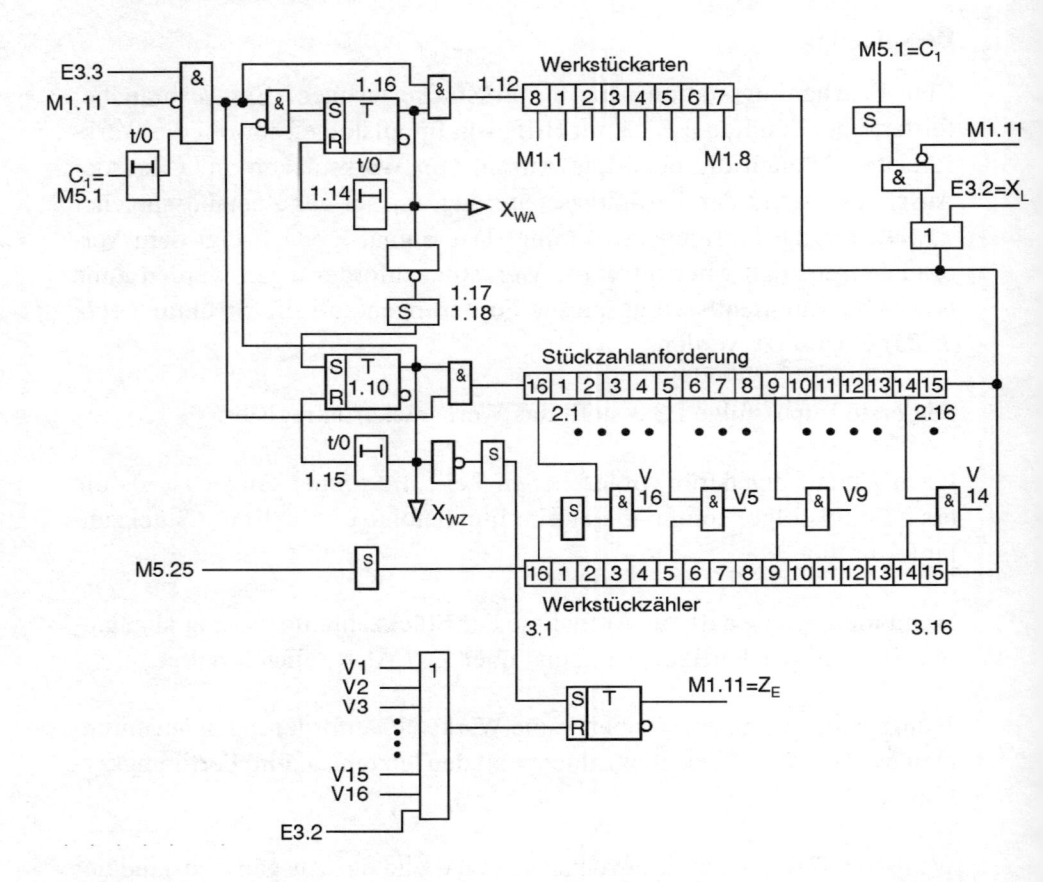

Abb. 4.125

4.3 Automatisierung von Fertigungsprozessen nach unterschiedlichen Entwurfsverfahren

Auf die Möglichkeiten der Erzeugung der maximal 8 bis 16 Impulse zur Anforderung von Werkstückart und Stückzahl soll hier nicht weiter eingegangen werden. Im einfachsten Fall wäre das mit einem Handtaster oder einer Wählscheibe möglich.

Zur ausführlichen Beschreibung der Steuerung eines solchen automatisierten Produktionssystems soll die Fertigung von Platten mit eingravierten Oktalziffern 0 bis 7 mit Hilfe des im Beispiel 25 beschriebenen Automaten zugrunde gelegt werden.

Das Programm soll unter Nutzung der strukturierten Programmierung mit Hilfe einer MODICON A120 realisiert werden.

Zum Einsatz gelangen die Programmbausteine PB1 bis PB8 für die Fertigung der 8 Ziffern, der Baustein PB9 für das Handlingsystem und der Programmbaustein PB10 für die Realisierung der dargestellten Struktur für die Vorwahl der Werkstückart und Werkstückzahl.

Als Organisationsbaustein **OB1** kommt das folgende Programm zum Einsatz:

BAPB10	UM1.3	UM1.7
BAPB9	BAB PB3	BAB PB7
UM1.1	UM1.4	UM1.8
BAB PB1	BAB PB4	BAB PB8
UM1.2	UM1.5	
BABPB2	BAB PB5	
	UM1.6	
	BAB PB6	

Programmbaustein **PB10**

Für den Programmbaustein 10 sollen die Merkerkanäle 1 bis 3 entsprechend der Bezeichnung im Funktionsplan eingesetzt werden. Die Schieberegister sollen durch Nutzung der Wortprogrammierung realisiert werden (s. Abschnitt 2.5). Aus dem dargestellten Funktionsplan liest man für den Programmbaustein PB10 die folgende Anweisungsliste ab:

Tabelle 4.28

LK800	UM1.18	MA1: UM1.12	MA5: LMW2
=TSW1	SM1.10	FLPM1.31	TBWM2.1
UM1.16	UM1.15	=M1.32	DBBANZ16
SET1	RM1.10	UM1.32	UNM1.11
DZB10MS	=M1.10	SPZMA2	UM5.30
LTSW1		UMW1	OE3.2
FREI	UM1.16	ROLK1	SPZMA6
NOP	UE3.3	=MW1	LK1
=M1.14	UM5.32		=MW2
	UNM1.11	MA2: LMW1	
LK1000	=M1.12	TBWM1.1	MA6: LMW2
=TSW2		DBBANZ9	TBWM2.1
UM1.10	UM1.10	UM1.9	DBBANZ16
SET2	UE3.3	O(	USM2
DZB10MS	UM5.32	UNM1.11	SPZMA7
LTSW2	UNM1.11	UM5.30	LK1
FREI	=M1.13	OE3.2	=MW3
NOP		)	
=M1.15	UNSM2	SPZMA3	MA7: UM5.28
	SPZMA1	LK1	FLPM3.31
UM1.16	LK1	=MW1	=M3.32
FLNM1.17	=MW1		UM3.32
=M1.18		MA3: LMW1	SPZMA8
		TBWM1.1	UMW3
UM1.10		DBBANZ8	ROLK1
FLNM1.19			=MW3
=M1.20		USM2	
		SPZMA4	MA8: LMW3
UE3.3		LK1	TBWM3.1
UM5.32		=MW2	DBBANZ16
UNM1.11			UNM1.11
UNM1.10		MA4: UM1.13	UM5.30
SM1.16		FLPM2.31	OE3.2
UM1.14		=M2.32	SPZMA9
RM1.16		UM2.32	LK1
=M1.16		SPZMA5	=MW3
		UMW2	
		ROLK1	
		=MW2	

4.3 Automatisierung von Fertigungsprozessen nach unterschiedlichen Entwurfsverfahren

MA9:LMW3	UM3.5	)	LK50
TBWM3.1	)	O(	=TSW3
DBBANZ16	O(	UM2.12	UM5.1
UM3.1	UM2.6	UM3.12	SET3
FLPM1.21	UM3.6	)	DZB10MS
=M1.22	)	O(	LTSW3
UM1.20	O(	UM2.13	FREI
SM1.11	UM2.7	UM3.13	NOP
U(	UM3.7	)	=M5.32
UM2.1	)	O(	
UM1.22	O(	UM2.14	UM5.1
O(	UM2.8	UM3.14	FLPM5.29
UM2.2	UM3.8	)	=M5.30
UM3.2	)	O(	UM5.25
)	O(	UM2.15	FLPM5.27
O(	UM2.9	UM3.15	=M5.28
UM2.3	UM3.9	)	
UM3.3	)	O(	UM1.16
)	O(	UM2.16	=A4.15
O(	UM2.10	UM3.16	
UM2.4	UM3.10	)	UM1.10
UM3.4	)	OE3.2	=A4.16
)	O(	)	
O(	UM2.11	RM1.11	
UM2.5	UM3.11	=M1.11	

Programmbaustein **PB9**

Das gesamte Handlingsystem wurde auf die Freiheitsgrade s_4 und s_5 reduziert (s. *Abb. 4.126*).

Bezeichnung der Stellbefehle:
s_4 vorwärts = A4.4 ; s_4 rückwärts = A4.9
s_5 vorwärts = A4.5 ; s_5 rückwärts = A4.10

4 Projektierungsbeispiele

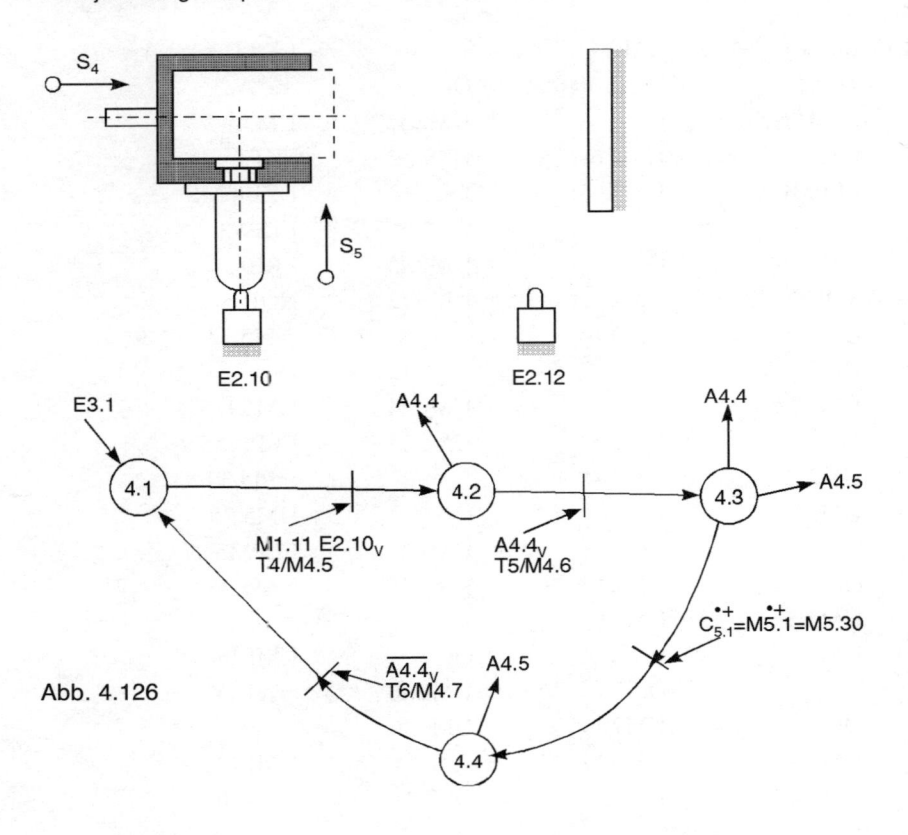

Abb. 4.126

E3.1 ist wie immer der Inbetriebnahmeschalter.

M1.11 wird nach Programmbaustein PB10 in dem Moment gesetzt, wenn die Übernahme der Information über die angeforderte Werkstückart und deren Stückzahl abgeschlossen ist.

E2.12$^{\cdot+}$ leitet den Start der Werkstückbearbeitung nach einem der vom Organisationsbaustein OB1 festgelegten Programmbausteine PB1 bis PB8 ein.

Nach Abschluß der Bearbeitung sorgt C5.1$^{\cdot+}$ für die Entnahme des bearbeiteten Werkstücks. Dieser Vorgang wiederholt sich so lange, bis die angeforderte Stückzahl abgearbeitet worden ist. Dann bleibt die Einrichtung stehen und wartet auf die nächste Anforderung.

4.3 Automatisierung von Fertigungsprozessen nach unterschiedlichen Entwurfsverfahren

Aus dem Petrinetz ergibt sich für den Programmbaustein **PB9** die folgende Anweisungsliste:

Tabelle 4.29

LK100	U(	UM4.3
=TSW4	UE3.1	UM5.30
UE2.10	O(	SM4.4
SET4	UM4.4	UM4.1
DZB10MS	UM4.7	RM4.4
LTSW4	)	=M4.4
FREI	)	
NOP	SM4.1	UE2.12
=M4.5	UM4.2	FLPM4.9
	RM4.1	=M4.10
LK50	=M4.1	
=TSW5		UM4.2
UA4.4	UM4.1	OM4.3
SET5	UM4.5	=A4.4
DZB10MS	UM1.11	
LTSW5	SM4.2	UM4.3
FREI	UM4.3	OM4.4
NOP	RM4.2	=A4.5
=M4.6	=M4.2	
		UNA4.4
LK30	UM4.2	=A4.9
=TSW6	UM4.6	
UNA4.4	SM4.3	UNA4.5
SET6	UM4.4	=A410
DZB10MS	RM4.3	
LTSW6	=M4.3	
FREI		
NOP		
=M4.7		

Das Fräsen der Ziffern soll fertigungstechnisch nach der gleichen Methode ausgeführt werden, die im Beispiel 24 (Abb. 192) beschrieben wurde.

4 Projektierungsbeispiele

Das Programm soll allerdings hier strukturiert erarbeitet werden. Die Schalter liegen so, wie es im Bild 4.74 dargestellt worden ist. Sie werden hier folgendermaßen adressiert:

b_0 = E2.1   Bezeichnung der Stellbefehle:
b_2 = E2.3 s_1 vorwärts = A4.1   ; s_1 rückwärts = A4.6
b_3 = E2.4   2 vorwärts = A4.2   ; s_2 rückwärts = A4.7
b_4 = E2.5 s_3 vorwärts = A4.3   ; s_3 rückwärts = A4.8
b_5 = E2.6
b_6 = E2.7
b_7 = E2.9

Programmbaustein **PB1** — Fertigung der „□" *(angefordert durch 8 Impulse)*

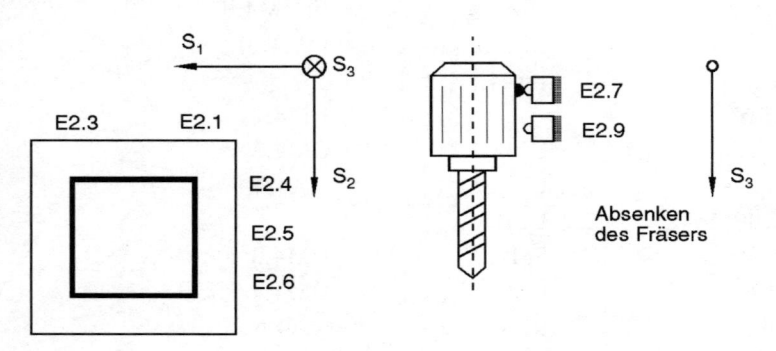

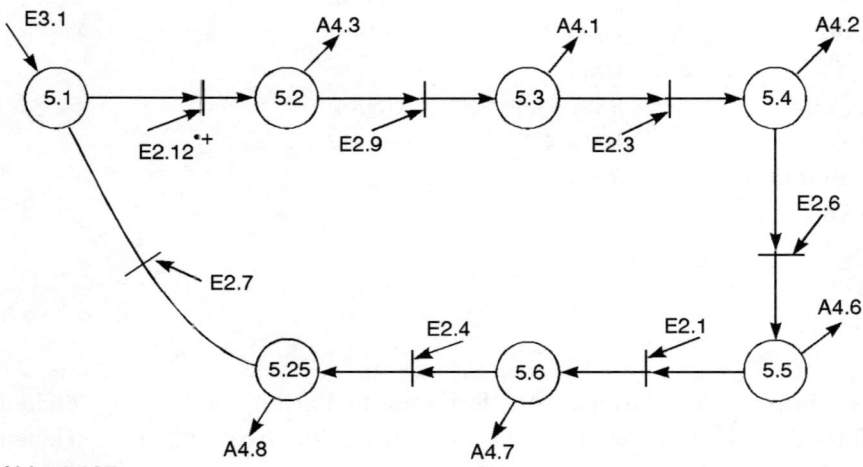

Abb. 4.127

4.3 Automatisierung von Fertigungsprozessen nach unterschiedlichen Entwurfsverfahren

Aus dem Petrinetz liest man folgende Anweisungsliste für den Programmbaustein **PB1** ab:

Tabelle 4.30

U(	UM5.3	UM5.6
UE3.1	UE2.3	UE2.4
O(	SM5.4	SM5.25
UM5.25	UM5.5	UM5.1
UE2.7	RM5.4	RM5.25
)	=M5.4	=M5.25
)		
SM5.1	UM5.4	UM5.3
UM5.2	UE2.6	=A4.1
RM5.1	SM5.5	
=M5.1	UM5.6	UM5.4
	RM5.5	=A4.2
UM5.1	=M5.5	
UM4.10		UM5.2
SM5.2	UM5.5	=A4.3
UM5.3	UE2.1	
RM5.2	SM5.6	UM5.5
=M5.2	UM5.25	=A4.6
	RM5.6	
UM5.2	=M5.6	UM5.6
UE2.9		=A4.7
SM5.3		
UM5.4		UM5.25
RM5.3		=A4.8
=M5.3		

4 Projektierungsbeispiele

Programmbaustein **PB2** — Fertigung der ,, | ''

Daraus ergibt sich folgende Anweisungsliste:

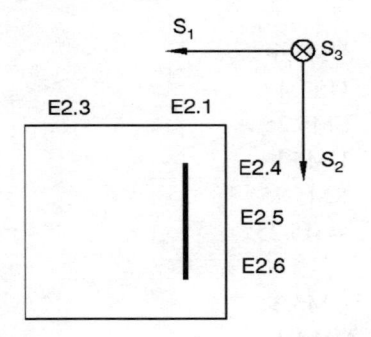

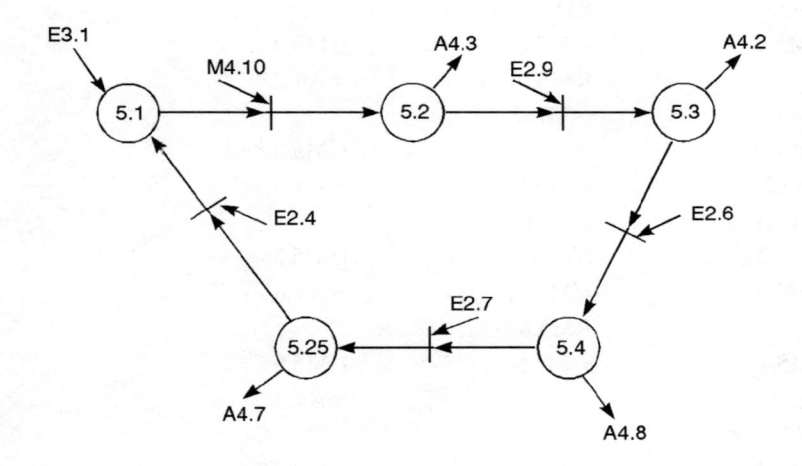

Abb. 4.128

4.3 Automatisierung von Fertigungsprozessen nach unterschiedlichen Entwurfsverfahren

Tabelle 4.31

U(	UM5.1	UM5.3	UM5.3
UE3.1	UM4.10	UE2.6	=A4.2
O(	SM5.2	SM5.4	
UM5.25	UM5.3	UM5.25	UM5.2
UE2.4	RM5.2	RM5.4	=A4.3
)	=M5.2	=M5.4	
)			UM5.25
SM5.1	UM5.2	UM5.4	=A4.7
UM5.2	UE2.9	UE2.7	
RM5.1	SM5.3	SM5.25	UM5.4
=M5.1	UM5.4	UM5.1	=A4.8
	RM5.3	RM5.25	
	=M5.3	=M5.25	

4. Projektierungsbeispiele

Programmbaustein **PB3** — Fertigen der „⊐"

Abb. 4.129

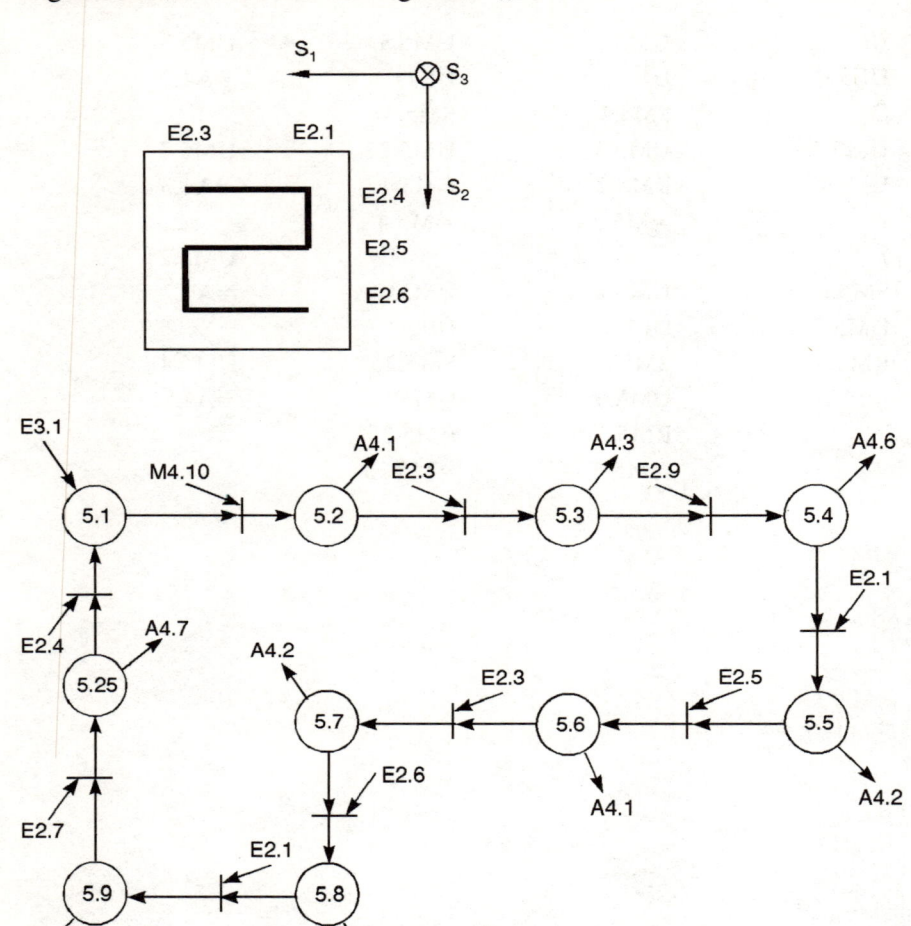

4.3 Automatisierung von Fertigungsprozessen nach unterschiedlichen Entwurfsverfahren

Die Anweisungsliste dazu lautet:

Tabelle 4.32

U(	UM5.1	UM5.3	UM5.5	UM5.7
UE3.1	UM4.10	UE2.9	UE2.5	UE2.6
O(	SM5.2	SM5.4	SM5.6	SM5.8
UM5.25	UM5.3	UM5.5	UM5.7	UM5.9
UE2.4	RM5.2	RM5.4	RM5.6	RM5.8
)	=M5.2	=M5.4	=M5.6	=M5.8
)				
SM5.1	UM5.2	UM5.4	UM5.6	UM5.8
UM5.2	UE2.3	UE2.1	UE2.3	UE2.1
RM5.1	SM5.3	SM5.5	SM5.7	SM5.9
=M5.1	UM5.4	UM5.6	UM5.8	UM5.25
	RM5.3	RM5.5	RM5.7	RM5.9
	=M5.3	=M5.5	=M5.7	=M5.9
UM5.9	UM5.2	UM5.3	UM5.25	
UE2.7	OM5.6	=A4.3	=A4.7	
SM5.25	=A4.1			
UM5.1		UM5.4	UM5.9	
RM2.25	UM5.5	OM5.8	=A4.8	
=M5.25	OM5.7	=A4.6		
	=A4.2			

4 Projektierungsbeispiele

Programmbaustein **PB4** — Fertigen der „$\exists$"

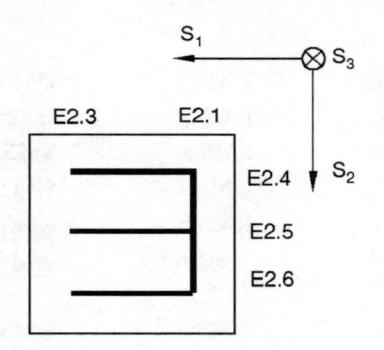

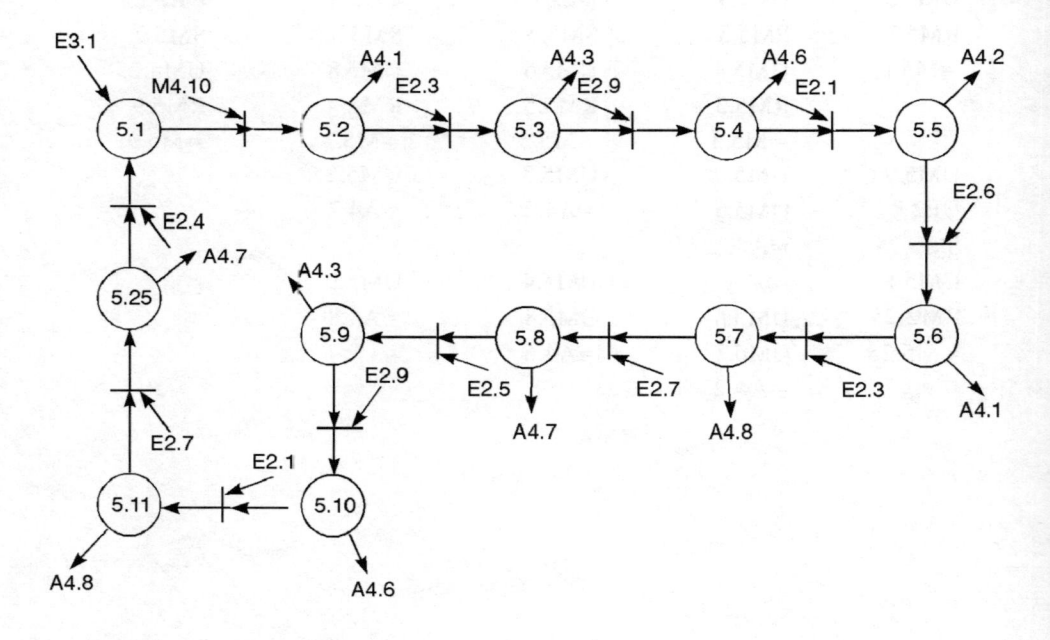

Abb. 4.130

4.3 Automatisierung von Fertigungsprozessen nach unterschiedlichen Entwurfsverfahren

Als Anweisungsliste aufgeschrieben:

Tabelle 4.33

U(	UM5.2	UM5.5	UM5.8	UM5.2
UE3.1	UE2.3	UE2.6	UE2.5	OM5.6
O(	SM5.3	SM5.6	SM5.9	=A4.1
UM5.25	UM5.4	UM5.7	UM5.10	
UE2.4	RM5.3	RM5.6	RM5.9	UM5.5
)	=M5.3	=M5.6	=M5.9	=A4.2
)				
SM5.1	UM5.3	UM5.6	UM5.9	UM5.3
UM5.2	UE2.9	UE2.3	UE2.9	OM5.9
RM5.1	SM5.4	SM5.7	SM5.10	=A4.3
=M5.1	UM5.5	UM5.8	UM5.11	
	RM5.4	RM5.7	RM5.10	UM5.4
UM5.1	=M5.4	=M5.7	=M5.10	OM5.10
UM4.10				=A4.6
SM5.2	UM5.4	UM5.7	UM5.10	
UM5.3	UE2.1	UE2.7	UE2.1	UM5.8
RM5.2	SM5.5	SM5.8	SM5.11	OM5.25
=M5.2	UM5.6	UM5.9	UM5.25	=A4.7
	RM5.5	RM5.8	RM5.11	
=M5.5	=M5.8	=M5.11	UM5.7	
				OM5.7
			UM5.11	=A4.8
			UE2.7	
			SM5.25	
			UM5.1	
			RM5.25	
			=M525	

4 Projektierungsbeispiele

Programmbaustein **PB5** — Fertigen der „⊔"

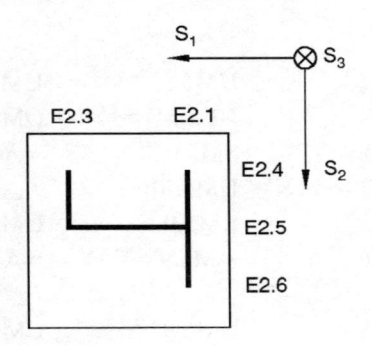

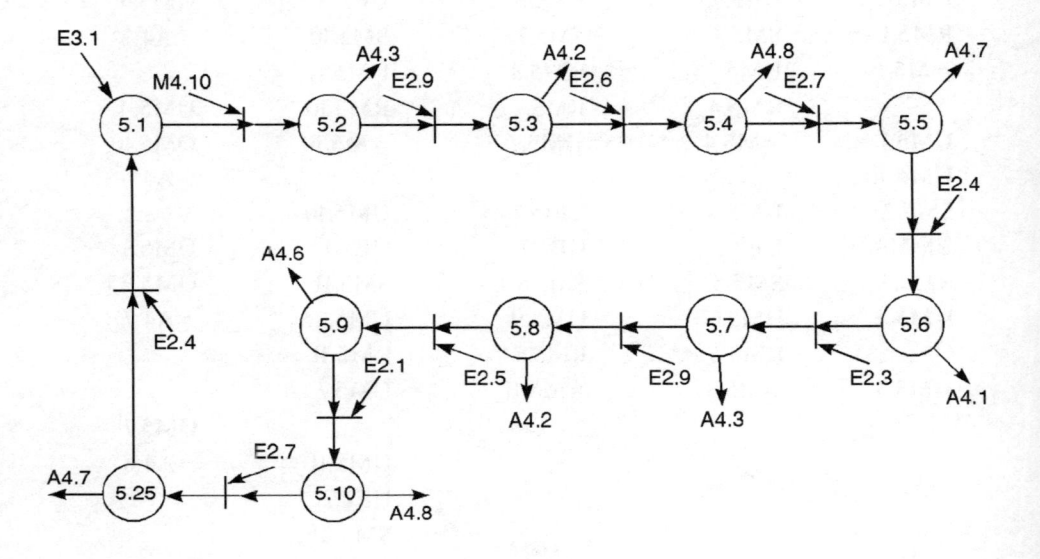

Abb. 4.131

4.3 Automatisierung von Fertigungsprozessen nach unterschiedlichen Entwurfsverfahren

Das entspricht der Anweisungsliste:

Tabelle 4.34

U(	SM5.2	SM5.4	SM5.6	SM5.8	SM5.10
UE3.1	UM5.3	UM5.5	UM5.7	UM5.9	UM5.25
O(	RM5.2	RM5.4	RM5.6	RM5.8	RM5.10
UM5.25	=M5.2	=M5.4	=M5.6	=M5.8	=M5.10
UE2.4					
)	UM5.2	UM5.4	UM5.6	UM5.8	UM5.10
)	UE2.9	UE2.7	UE2.3	UE2.5	UE2.7
SM5.1	SM5.3	SM5.5	SM5.7	SM5.9	SM5.25
UM5.2	UM5.4	UM5.6	UM5.8	UM5.10	UM5.1
RM5.1	RM5.3	RM5.5	RM5.7	RM5.9	RM5.25
=M5.1	=M5.3	=M5.5	=M5.7	=M5.9	=M5.25
UM5.1	UM5.3	UM5.5	UM5.7	UM5.9	
UM4.10	UE2.6	UE2.4	UE2.9	UE2.1	
UM5.6	UM5.2	UM5.5			
=A4.1	OM5.7	OM5.25			
	=A4.3	=A4.7			
UM5.3					
OM5.8		UM5.9		UM5.4	
=A4.2		=A4.6		OM5.10	
				=A4.8	

4 Projektierungsbeispiele

Programmbaustein **PB6** — Fertigen der „⌐„

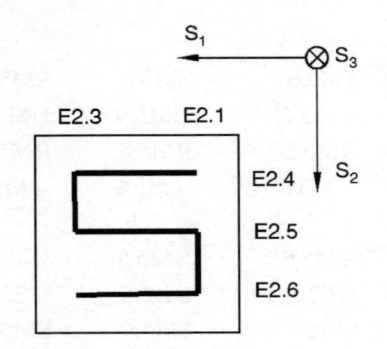

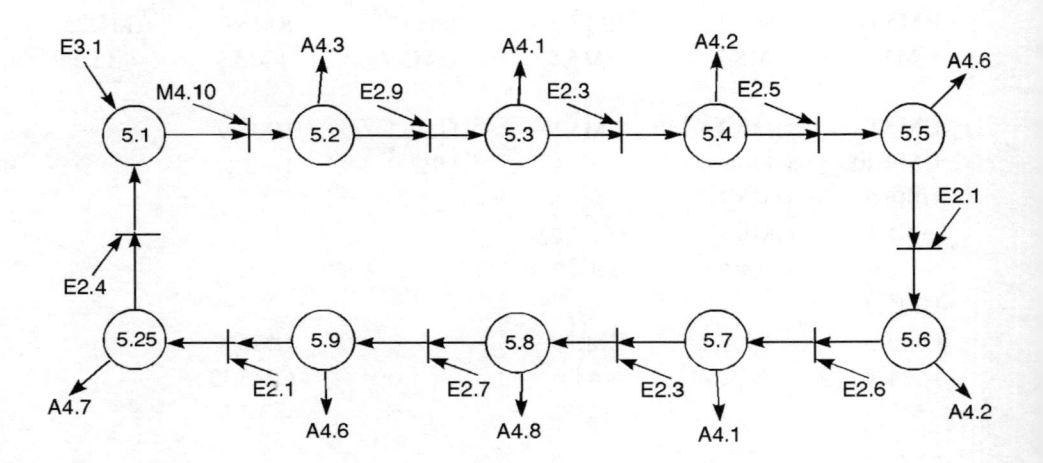

Abb. 4.132

4.3 Automatisierung von Fertigungsprozessen nach unterschiedlichen Entwurfsverahren

Als Anweisungsliste dargestellt:

Tabelle 4.35

U(	UM5.3	UM5.6	UM5.9
UE3.1	UE2.3	UE2.6	UE2.1
O(	SM5.4	SM5.7	SM5.25
UM5.25	UM5.5	UM5.8	UM5.1
UE2.4	RM5.4	RM5.7	RM5.25
)	=M5.4	=M5.7	=M5.25
)			
SM5.1	UM5.4	UM5.7	UM5.3
UM5.2	UE2.5	UE2.3	OM5.7
RM5.1	SM5.5	SM5.8	=A4.1
=M5.1	UM5.6	UM5.9	
	RM5.5	RM5.8	UM5.4
UM5.1	=M5.5	=M5.8	OM5.6
UM4.10			=A4.2
SM5.2	UM5.5	UM5.8	
UM5.3	UE2.1	UE2.7	UM5.2
RM5.2	SM5.6	SM5.9	=A4.3
=M5.2	UM5.7	UM5.25	
	RM5.6	RM5.9	UM5.8
UM5.2	=M5.6	=M5.9	=A4.8
UE2.9			
SM5.3			UM5.25
UM5.4			=A4.7
RM5.3			
=M5.3			UM5.5
			OM5.9
			=A4.6

4 Projektierungsbeispiele

Programmbaustein **PB7** — Fertigung der „6"

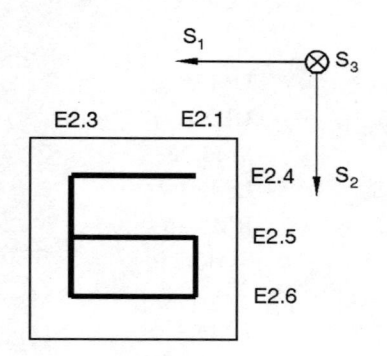

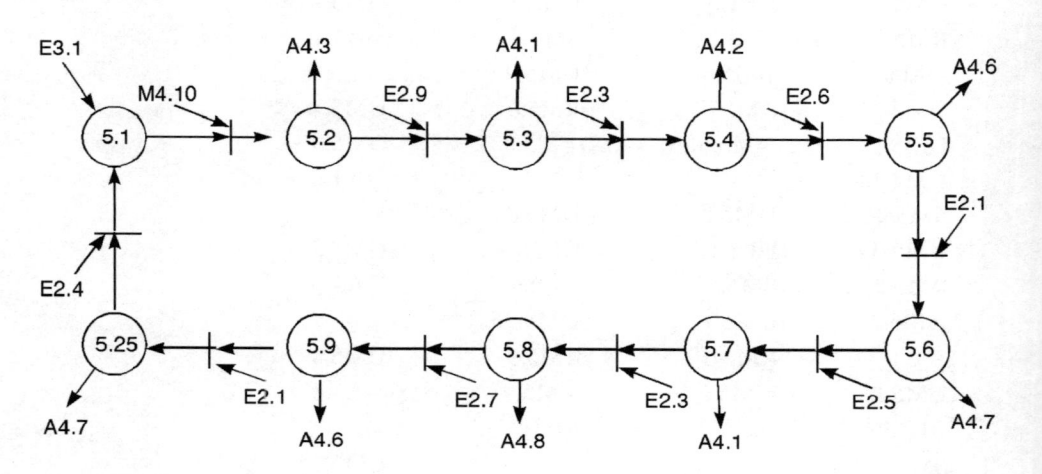

Abb. 4.133

4.3 Automatisierung von Fertigungsprozessen nach unterschiedlichen Entwurfsverfahren

Tabelle 4.36

AWL:

U(	RM5.2	UM5.4	SM5.7	RM5.9	UM5.4
UE3.1	=M5.2	UE2.6	UM5.8	=M5.9	=A4.2
O(		SM5.5	RM5.7		
UM5.25	UM5.2	UM5.6	=M5.7	UM5.9	UM5.2
UE2.4	UE2.9	RM5.5		UE2.1	=A4.3
)	SM5.3	=M5.5	UM5.7	SM5.25	
)	UM5.4		UE2.3	UM5.1	UM5.5
SM5.1	RM5.3	UM5.5	SM5.8	RM5.25	OM5.9
UM5.2	=M5.3	UE2.1	UM5.9	=M5.25	=A4.6
RM5.1		SM5.6	RM5.8		
=M5.1	UM5.3	UM5.7	=M5.8	UM5.3	UM5.6
	UE2.3	RM5.6		OM5.7	OM5.25
UM5.1	SM5.4	=M5.6	UM5.8	=A4.1	=A4.7
UM4.10	UM5.5		UE2.7		
SM5.2	RM5.4	UM5.6	SM5.9		UM5.8
UM5.3	=M5.4	UE2.5	UM5.25		=A4.8

4 Projektierungsbeispiele

Programmbaustein **PB8** — Fertigung der „ ⌐ "

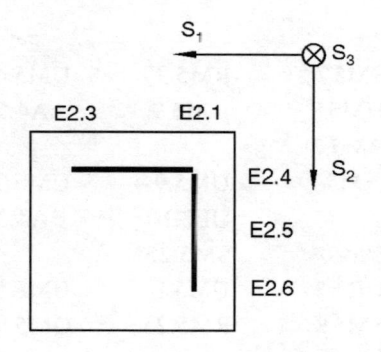

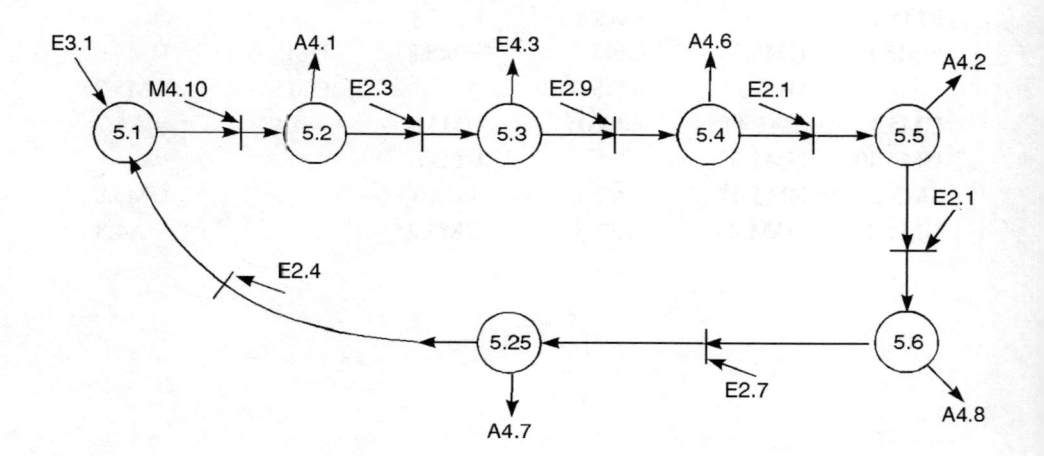

Abb. 4.134

4.3 Automatisierung von Fertigungsprozessen nach unterschiedlichen Entwurfsverfahren

Das entspricht der AWL:

Tabelle 4.37

U(	RM5.2	UM5.4	UM5.6	UM5.25
UE3.1	=M5.2	UE2.1	UE2.7	=A4.7
O(		SM5.5	SM5.25	
UM5.25	UM5.2	UM5.6	UM5.1	UM5.3
UE2.4	UE2.3	RM5.5	RM5.25	=A4.3
)	SM5.3	=M5.5	=M5.25	
)	UM5.4			UM5.6
SM5.1	RM5.3	UM5.5	UM5.2	=A4.8
UM5.2	=M5.3	UE2.6	=A4.1	
RM5.1		SM5.6		
=M5.1	UM5.3	UM5.25	UM5.5	
	UE2.9	RM5.6	=A4.2	
UM5.1	SM5.4	=M5.6		
UM4.10	UM5.5		UM5.4	
SM5.2	RM5.4		=A4.6	
UM5.3	=M5.4			

Literatur

(1) Petry, J.: Arbeitsbuch SPS-Programmierung, AEG Aktiengesellschaft Automatisierungstechnik, 1987.
(2) Petry, J.: Arbeitsbuch Band 3 SPS-Projektierung, AEG Aktiengesellschaft Automatisierungstechnik, 1987.
(3) Petry, J.: Arbeitsbuch Band 2 — Ausgeführte Anlagen, AEG Aktiengesellschaft Automatisierungstechnik, 1988.
(4) Petry, J.: Arbeitsbuch MODICON A120, Teil 1 — Programmierung mit Dolog AKF, AEG Aktiengesellschaft Automatisierungstechnik, 1991.
(5) Petry, J.: Arbeitsbuch MODICON A120, Teil 2 — Funktionsbausteine mit Dolog AKF, 1991.
(6) Petry, J.: SPS-Projektierung und Programmierung, Hüthig-Verlag, 1990
(7) Kaftan, K.: SPS-Grundkurs, Vogel-Verlag, 1990.
(8) Auer, A.: SPS Aufbau und Programmierung, Hüthig-Verlag, 1990.
(9) Andratschke, W.: Steuern und Regeln mit SPS, Franzis-Verlag, 1990.
(10) Starke, P.H.: Petri-Netze, VEB Deutscher Verlag der Wissenschaften, 1980.
(11) Zander, A.: Logischer Entwurf binärer Systeme, VEB Verlag Technik, 1982.
(12) Breier, J.: Automatisierungstechnik — Praxis — Aufgaben — Lösungen, VEB Verlag Technik, 1980.
(13) Grabowsky, J.: On the Analysis of Switsching Circuits by means of Petry-Netz, EIK 14 (1976) 12, 611—617.
(14) König, R.: Petri-Netze in ihrer Verwendung zum standardisierten Entwurf digitaler Steuerungen, Dissertation TU Dresden, Sektion Mathematik, 1981.
(15) Merlin, P.M.: A methodology for the design and implementation of communication protocols, IEEE Transaktion on Communication, COM 24 (1976) 6, 614—621.

(16) Sifakis, J.: Performance evaluation of systems using nets, Proceedings of the advanced course on general net theory of processes und systems, Hamburg 1979, Lecture notes in computer science Bd. 84, S. 307—319, Springer-Verlag, 1980.
(17) Friedrich, A.: Systematische Verfahren zur Projektierung von Steuerungen von Sondermaschinen und Handhabetechnik, Messen Steuern, Regeln, Berlin 27 (1984) 7/8.
(18) Friedrich, A.: Ein Vorschlag zur Vereinfachung der SPS-Projektierung und Programmierung — Steuergraph kontra Stromlaufplan, Elektrotechnik 11, Vogel-Verlag Würzburg, 1992.
(19) Friedrich, A.: SPS-orientierte Petrinetze erhöhen die Übersichtlichkeit — strukturierte Projektierung und Programmierung, Elektrotechnik 4, Vogel-Verlag Würzburg, 1994.

SIEMENS

SIMATIC definiert Automatisierungstechnik

„SIMATIC" – nicht umsonst Synonym für Speicherprogrammierbare Steuerungen. Denn Weltmarktführer SIMATIC hat die SPS-Technik wesentlich geprägt, und als Trendsetter immer wieder Zeichen gesetzt.

SIMATIC ist durchgängige Technik

SIMATIC S5 ist eine echte Familie, von der kleinsten bis zur High-End SPS. Das macht es für Sie einfacher, denn was immer Sie von SIMATIC einsetzen, es paßt zusammen.

Mit SIMATIC S7 und STEP 7 gibt es einen Innovationssprung in der SPS-Technik. Der Vorteil für Sie: Mit SIMATIC sind Ihre Investitionen und Know-how geschützt, denn Konverterprogramme setzen Ihre STEP 5 Programme in STEP 7 um. Sie bleiben in der SIMATIC Familie.

Auch in der Kommunikation zu Bedien- und Beobachtungssystemen ist SIMATIC durchgängig. So sparen Sie jede Menge Engineering-Aufwand.

Die Datenstrukturen von SIMATIC und COROS B+B-Systemen wurden aufeinander abgestimmt: Das ist Durchgängigkeit auf der ganzen Linie!

SIMATIC ist Standardsoftware

Einfach und gleichzeitig kom-fortabel: die Programmierung mit der Software für SIMATIC S7 (STEP 7). Denn STEP 7 nutzt starke Standards wie Windows oder die internationale Norm IEC 1131-3 (z.B. in der strukturierten Programmierung) – und setzt dabei selbstverständlich auf bewährten Funktionen der STEP 5-Software auf. Mit dieser Kombination ist STEP 7 unschlagbar – vor allem, wenn es darum geht, individuelle Lösungen für Ihre spezielle Automatisierungsaufgabe so einfach wie möglich zu machen.

SIMATIC ist dezentral

Die SPS kappt nicht nur Ihre Verkabelungskosten durch den Einsatz von SINEC L2-DP, dem PROFIBUS bei Siemens, sondern ...

... bietet Ihnen ein komplettes Angebot an dezentralen Peripheriegeräten ET 200, kommuniziert mit allen Komponenten im Feldbereich und bringt Intelligenz direkt in den Prozeß – mit SIMATIC- Kleinsteuerungen.
Damit Sie bei all den Vorzügen bei keinem Einsatz auf Ihre SIMATIC verzichten müssen, bieten wir sie Ihnen in allen Leistungsklassen: von der High-End-SPS bis zur Micro-SPS, die selbst dort noch ihren Platz findet, wo konventionelle Technik den Rahmen sprengen würde.

Das alles beweist einmal mehr:

SIMATIC definiert Automatisierungstechnik

Denn SIMATIC bietet alles, was ein Automatisierungssystem heute leisten muß, das mit einem solchen Anspruch auftritt.

Und: in SIMATIC steckt Zukunft – ein Automatisierungssystem, das offen ist für zukünftige Aufgaben und wirtschaftliche Automatisierungslösungen!

Mehr Infos über SIMATIC? Gern!
Fax genügt: 0911/ 30 01-238

Progress
in Automation.
Siemens

Notizen

Notizen

Notizen

Notizen

Notizen

Notizen

Notizen

Notizen

Notizen

Notizen

Notizen

Korrekturblatt: Friedrich : SPS Automatisierung

S.12 -NAND-Funktion: $\overline{x_0 x_1} = \overline{x_0} \vee \overline{x_1}$

-Tabelle NOR-Funktion: y ist in der zweiten Zeile gleich null

-Leistungsunterbrechung → Leitungsunterbrechung

-Seitenverbindung → Leitungsverbindung

S99 Im Bild 3.18 beim Übergang von Zustand 1 nach Zustand 2 : $y_{\overline{2}} \rightarrow \overline{y_{\overline{2}}}$

S.103 $y_3 = Y_3 \overline{X_5}$

S.105 Im Bild 3.21: $\overline{Y_2} \rightarrow \overline{Y_{\overline{2}}}$

S.140 2.Spalte, 3.Befehl von unten UE12 → UM12 und
3.Spalte, 6.Befehl von unten UE12 → UM12

S.174 In Abb.4.63 steht im Kreis ganz unten 2' statt 1' !

S175 2.Abs. 3. Zeile: E3.1M1.1E2.9 → $\overline{E3.1}$M1.1*+ E2.9

S176 Abb.4.64: Der Zustand zwischen 3 und 1 heißt 5 !
Die Transmission von 5 nach 1 heißt E2.5 !

S.177 Abb. 4.56: Der linke Eingang "Konjunktion oben links" hat einen Negativkreis !

S.190 2. Spalte, 18.Befehl von oben: M30 → M8

S.208 Abb. 4.90:Die Pfeile sind von den Zuständen 11 und 12 auf den Zustand 13 gerichtet.

S.229 Abb. 4.100: Der Zustand 11 liefert die Befehle $y_{\overline{1}}$, y_4 und y_6

b.w.

S.250　　Abb.4.109: Die Transition von 16 nach 17 heißt E12
　　　　　　　　($A12 \rightarrow E12$).
　　　　　　　　　Die Transition von 12 nach 1 heißt $\overline{A5_v}$
　　　　　　　　($A3_v \rightarrow \overline{A5_v}$)

S266　　Signal aus Zustand 3.28:
　　　　　[M3.9, M3.7, M3.8] $\rightarrow$ [M3.15, M3.13, M3..14]
　　　　　Die Transition von 3.5 nach 3.20 heißt $E2.10_v$
　　　　　　　　　　　($E5.10_v \rightarrow E2.10_v$)

S.269　　Der Zustand 1.3 liefert das Signal A4.12 !

S.273　　In das Rechteck unter 4.20 gehört ein &-Zeichen

S.277　　3. Spalte, 13. Befehl von unten: Klammer streichen!
　　　　　4. Spalte, 1. Befehl heißt UE2.7 und
　　　　　　　　　　4. Befehl heißt UE2.3 !

S.278　　Die Befehle oberhalb der Zeile :U(　U1.7　UM1.4
　　　　　streichen und dann über die erste Spalte folgende 4
　　　　　Befehle schreiben:
　　　　　UE2.6;); O(; UM1.6 !
　　　　　- der 10. Befehl von unten in der 1. Spalte heißt),
　　　　　　also: UE2.6 $\rightarrow$) !